深蓝装备理论与创新技术丛书

流固耦合计算方法及应用

张桂勇　王双强　孙铁志　孙　哲　著

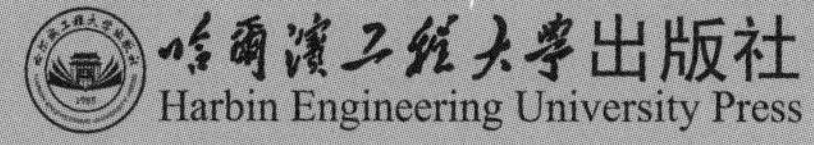

内容简介

本书介绍了流固耦合基本理论、分类方法及主要空间离散算法研究进展与现状，详细阐述了本书涉及的流固耦合算法中模拟固体大变形所采用的光滑点插值法，分别介绍了浸没光滑点插值法及应用、格子玻尔兹曼法与光滑点插值法耦合算法及应用、光滑粒子水动力法与光滑点插值法耦合算法及应用，并给出了浸没光滑点插值法源代码以供学习使用。

本书可作为高等学校船舶与海洋工程、流体力学、计算力学等专业研究生教材，也可供相关领域科技工作者参考。

图书在版编目(CIP)数据

流固耦合计算方法及应用/张桂勇等著. —哈尔滨：哈尔滨工程大学出版社，2023.1

ISBN 978 - 7 - 5661 - 3792 - 0

Ⅰ. ①流… Ⅱ. ①张… Ⅲ. ①流体动力学 - 计算方法 Ⅳ. ①O351.2

中国版本图书馆 CIP 数据核字(2022)第 253467 号

流固耦合计算方法及应用
LIUGU OUHE JISUAN FANGFA JI YINGYONG

选题策划 田立群 唐欢欢
责任编辑 张 彦 秦 悦
特约编辑 赵宝祥 杨文英 周海锋
封面设计 李海波

出　　版 哈尔滨工程大学出版社
社　　址 哈尔滨市南岗区南通大街 145 号
邮政编码 150001
发行电话 0451 - 82519328
传　　真 0451 - 82519699
经　　销 新华书店
印　　刷 哈尔滨市石桥印务有限公司
开　　本 787 mm × 960 mm 1/16
印　　张 16.75
字　　数 313 千字
版　　次 2023 年 1 月第 1 版
印　　次 2023 年 1 月第 1 次印刷
定　　价 89.00 元
http://www.hrbeupress.com
E-mail:heupress@hrbeu.edu.cn

深蓝装备理论与创新技术
丛书编委会

前　言

流固耦合是船舶与海洋工程中最典型的力学问题之一，涉及多分支学科的交叉融合。其复杂性，通常难以通过理论推导求得，而数值模拟则能提供一种有效的解决方案。著者结合多年从事流固耦合研究经验，编写了《流固耦合计算方法及应用》一书，系统、详细地阐述了流固耦合问题的基本理论和新提出的流固耦合数值计算方法及初步工程应用。

本书仅限于讨论不可压缩黏性流体，固体变形在弹性范围内，并且流固耦合界面处不存在重叠和间隙。全书共分 6 章，内容包括流固耦合概述、光滑点插值法、浸没光滑点插值法及应用、格子玻尔兹曼法与光滑点插值法耦合算法及应用、光滑粒子水动力法与光滑点插值法耦合算法及应用，以及全书内容总结。本书较系统地介绍了在无网格光滑点插值法基础上，新提出的三类分别适用于大变形流固耦合、工程中大尺度流固耦合和自由液面强非线性流固耦合问题的数值计算方法，在方法介绍过程中辅以相关的算例，并给出了浸没光滑点插值法源代码，便于读者学习和理解。

本书可作为高等学校船舶与海洋工程、流体力学、计算力学等专业研究生教材，也可供相关领域科技工作者参考。未经许可，不得以任何方式复制或抄袭本书的部分或全部内容。由于著者水平有限，书中难免存在不妥或错误之处，恳请广大读者批评指正。

目　录

第1章
流固耦合概述

1.1 流固耦合问题分类

流固耦合问题的重要特征在于两相介质间的相互作用。在一个流固耦合系统中,流体载荷作用于固体,使其发生运动或者变形,而固体的运动或者变形又会对其周围流场产生影响,从而改变流体载荷的大小和分布。总体上,流固耦合问题可根据耦合机理分为两大类:第一类为两相部分或者全部重叠在一起,需要根据具体的物理现象建立本构方程,如压铸工艺中金属流动问题;第二类为两相耦合仅发生在交界面,可通过边界条件实现耦合作用。本书研究对象属于第二类流固耦合问题,其又可以分为以下三种情况:一是流固之间具有较大的相对运动,如船舶在波浪中的运动问题;二是流固之间相互作用的时间非常短,如结构物高速入水砰击问题;三是流固之间发生长时间的相互作用,如周期性的液舱晃荡问题。

1.2 流固耦合方法介绍

1.2.1 单向耦合和双向耦合

根据界面信息传递方向,流固耦合算法可以分为单向耦合和双向耦合。单向耦合是指求解时不考虑流固两相反复的相互作用,如在流体作用下固体发生运动或变化,而不再进一步考虑固体响应对流场分布的影响;反之亦然。双向耦合则是充分考虑了流场变化与固体变形相互作用、相互影响的过程。因此双向耦合与实际情况更为接近也更为复杂,对于某些流固耦合问题可以进行模型简化,将其视为单向耦合问题求解。

1.2.2 统一方式求解和分区方式求解

根据控制方程求解方式的不同,双向耦合可以分为统一方式求解和分区方式求解。

1. 统一方式求解

统一方式求解是将流体与固体视为整体,如图 1－1(a)所示,从第 n 到第 $n+1$ 步递进时采用统一的控制方程描述整个问题域,它是一种直接的求解方式,在理论上对于多学科交叉问题具有更高的求解精度。然而统一方式求解代码的普适性不强,对于不同领域的问题往往需要采用不同的求解器,在解决实际问题时限制较多。

2. 分区方式求解

分区方式求解是将流体和固体视为两个独立的计算域,如图 1－1(b)所示,可以采用各自的网格离散和数值方法进行求解,流固之间的信息交换采用界面耦合条件实现。根据流固耦合问题的特点,在满足计算精度的前提下,从第 n 到第 $n+1$ 步递进时可以依次交错求解,既简单又高效;如果对界面守恒条件要求高,可以进行迭代求解直至达到收敛条件。分区求解能够充分利用现有的成熟算法,同时代码具有较好的继承性,能够处理各种复杂的流固耦合问题。因此,这种求解方式的主要工作在于选用适当的流固求解器,并且需要及时更新和追踪耦合界面位置。

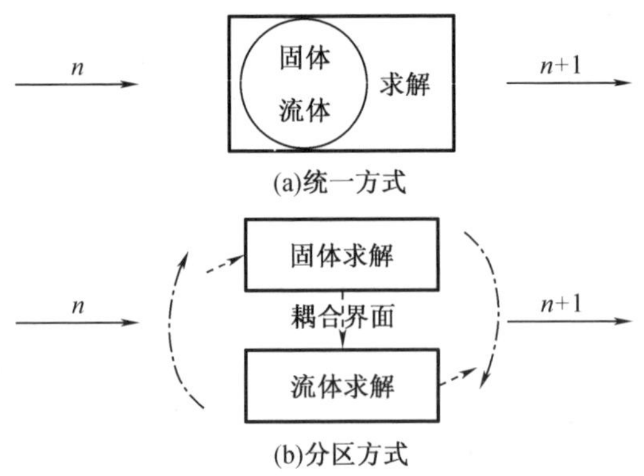

图 1－1　求解方式

注:虚线箭头表示依次交错求解,点划线箭头表示迭代求解。

1.2.3　相容性网格方法、非相容性网格方法、重叠网格方法和粒子类方法

统一方式求解和分区方式求解都需要满足流固耦合界面条件。假设存在如图1－2所示的流固耦合问题域,域内包括流体域(Ω^{f})、固体域(Ω^{s})和耦合界面($\Gamma^{fs}=\Omega^{f}\cup\Omega^{s}$)。为保证耦合界面$\Gamma^{fs}$处满足不可滑移条件,需要施加 Dirichlet 边界条件和 Neumann 边界条件,即

$$\boldsymbol{v}^{f}=\boldsymbol{v}^{s},\quad \boldsymbol{x}\in\Gamma^{fs} \tag{1-1}$$

$$\boldsymbol{\sigma}^{f}\cdot\boldsymbol{n}=\boldsymbol{\sigma}^{s}\cdot\boldsymbol{n},\ \boldsymbol{x}\in\Gamma^{fs} \tag{1-2}$$

式中,$\boldsymbol{\sigma}^{f}$和$\boldsymbol{\sigma}^{s}$分别表示来自流体与固体的柯西应力,$\boldsymbol{n}$表示边界Γ^{fs}的外法向量。

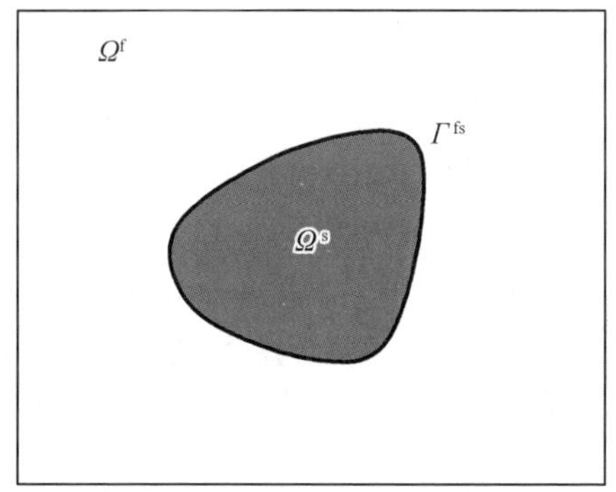

图1－2　流固耦合问题域

在处理流固耦合界面时,基于对问题域网格离散方式的不同,流固耦合算法整体上可以分为四大类:相容性网格方法、非相容性网格方法、重叠网格方法和粒子类方法(图1－3)。下面对这四种类方法做详细介绍。

1. 相容性网格方法

如图1－3(a)所示,假设先求解流体运动方程,然后将流体压力和应力施加到固体作为外力,固体发生运动的同时耦合界面也会随着更新,与新的界面协调流体网格会发生相应的变形。这类方法中比较有代表性的如任意拉格朗日－欧拉(arbitrary Lagrangian－Eulerian, ALE)算法和空间－时间(space－time, ST)算法。ALE方法是将移动网格显式地加入流体运动方程中,允许网格节点任意移动,其贴体特性可以实现边界层的准确捕捉,在模拟高雷诺数流动问题时具有较大的优势。但是在模拟固体发生较大运动,大变形或者接触现象的流固耦合问

题时，由于需要不断进行流体网格的局部调整甚至网格重构，使得计算烦琐且网格质量下降，从而影响求解精度。ST 算法是另外一种常见的相容性网格方法，通过采用网格移动技术在模拟复杂流固耦合问题时效果显著，但是基于贴体网格处理大变形问题时同样需要不断地网格重构，尤其是处理三维问题时计算难度增大。

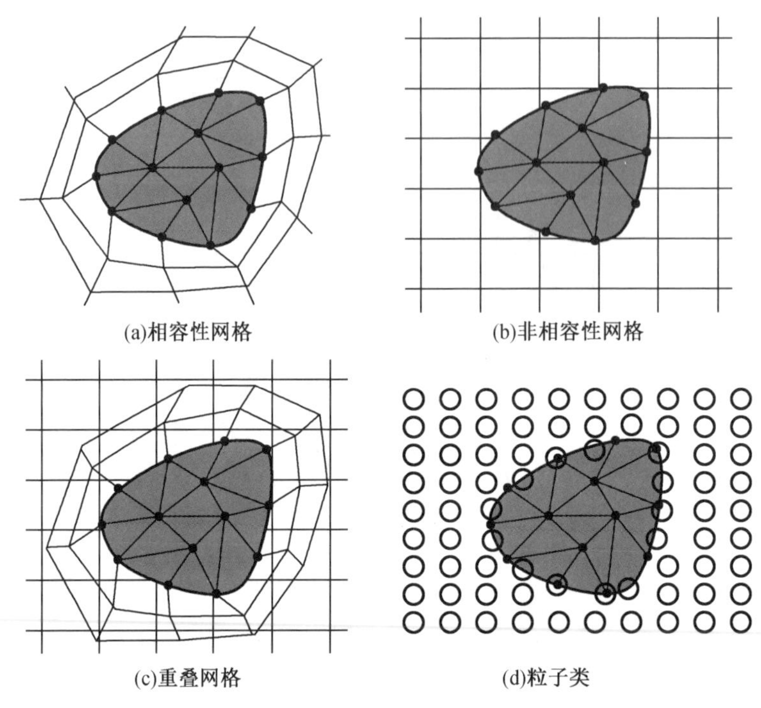

(a)相容性网格　(b)非相容性网格

(c)重叠网格　(d)粒子类

图 1－3　网格离散方式

2. 非相容性网格方法

如图 1－3(b)所示，这类方法中流体采用固定欧拉坐标系进行描述，固体采用移动拉格朗日坐标系进行描述，流固之间的信息交换通过插值来实现。基于相容性网格的流固耦合算法是直接在耦合界面施加流固耦合条件，而在非相容性网格条件下，流固耦合界面是隐式的、不确定的，这种条件下直接施加边界条件将流固耦合力施加到固体边界时需要外推插值进而引入误差，因此需要间接施加流固耦合边界条件。非相容性网格方法主要是基于浸没方法的思想，所以非相容性网格方法又称浸没边界法。这种思想源自 Peskin 在 1972 年研究血液流经心脏瓣膜中提出的浸没边界法(immersed boundary method, IBM)[1]。从物理上讲，当不考虑浸没边界对流场的影响时（即完全流场状态下），求解流体控制方程会得到在固体所在区域的瞬时速度；当存在浸没边界对流场的影响时（即流固耦合状态下），流体会因为流固边界处的速度变化产生动量增量。在IBM中将此动量增量以力的形式体现在N－S方程中，达到施加流固耦合边界条件的效果。这种流固耦合边界条件施加方式在满足耦合界面无滑移速度边界的条件下，保证流固耦合系统动量和能量的守恒特性，是一种针对非相容性网格的有效施加边界条件方法。2002年，Peskin[2]在数学领域的顶级期刊*Acta Numerica*上发表了一篇题目为“Immersed boundary methods”的文章，详细说明了IBM中数学模型的建立和数值实现方案，证明IBM方法在理论上动量和能量是守恒的，动量和能量在欧拉形式和拉格朗日形式上的相互传递是正确的。非相容性网格的出现很好地解决了移动边界带来的流体网格变形和重构问题。总体来说，和相容性网格相比，非相容性网格具有以下优势：

（1）流体网格划分简单，不必考虑流体节点与固体节点在耦合界面的协调性，在浸没边界几何形状复杂时优势更为明显。

（2）流体网格形式的选择多样化，可基于规则网格离散流体域，甚至可以自动剖分，简化前处理过程。

（3）避免了移动边界带来的网格更新操作，在处理固体大变形、接触问题等流固耦合问题时无须调整网格变形，模拟过程简单。与此同时，和相容性网格相比，非相容性网格的一个劣势就是流固间的信息传递需要插值来完成，界面捕捉不够精确。这是基于非相容性网格的流固耦合算法误差产生的原因之一，也是众多学者努力改进的方向。

3. 重叠网格方法

如图1－3（c）所示，流场为固定欧拉网格，在移动边界周围布置若干层贴体网格，与背景网格形成重叠区域，重叠网格信息交换通过插值来完成。重叠网格方法可以视为介于相容性网格和非相容性网格的一种方法，通过布置贴体网格可以实现边界层附近流动的精确模拟，流场基于固定网格离散又能简化网格生成操作。如果说非相容性网格的出现主要是解决了相容性网格在求解大变形时的网格重构问题，重叠网格方法则是主要用以处理流固耦合问题中具有任意复杂形状的刚体运动问题。该方法在船舶与海洋工程领域具有较为广泛的应用，尤其是考虑桨和舵等附体的船舶在波浪中的运动问题。重叠网格可以将计算模型划分多个子域，相互间的信息交换通过插值来完成，其局部计算属性易于并行，适合工程应用中的大型计算。

4. 粒子类方法

目前网格类方法在实际工程中应用颇为广泛，能处理绝大多数的流固耦合问题。它将一个连续域通过网格划分成不同子域，并根据单元和节点信息进行控制方程的离散。然而其过度依赖于网格的属性也限制了它在某些特殊问题中的应用，如水下爆炸及高速砰击等强非线性问题。在这类问题中会涉及自由液面、移动边界、大变形等问题，网格扭曲变形严重甚至失效难以保证网格协调条件，而粒子类方法却具有天然优势。如图 1 - 3(d)所示，粒子分布于流体域，在耦合界面与固体发生相互作用，数值模拟时粒子的运动在过程中可以直接再现自由液面变化。比较有代表性的粒子类方法有光滑粒子水动力学(smoothed particle hydrodynamics, SPH)法，移动粒子半隐式(moving particle semi - implicit, MPS)法和物质点法(material point method, MPM)。起初，由于粒子类方法易出现压力不稳定，所以并不被认为是成熟可靠的算法。近年来，针对非物理压力振荡的各种改进算法不断发展，使得粒子类方法的稳定性和准确性大幅提升。虽然处理静态问题并不是粒子类方法的优势，但是非常适于强非线性流固耦合问题的求解。

1.3　浸没边界法

自 IBM 被提出以后，引起世界范围内研究者的关注，其基本思想在非相容性网格方法中被广泛采用，促进了非相容性网格方法的发展，成为与相容性网格方法并行发展的一类流固耦合算法。大量的数值算例证明，在非相容性网格下 IBM 基本思想是处理流固耦合问题的有效数值模型，并得以迅速发展，如改进的浸没边界法、浸没域法、虚拟区域法、浸没界面法和浸没边界格子玻尔兹曼法等。这些方法均基于经典 IBM 在纳维 - 斯托克斯(Navier - Stokes, N - S)方程中引入体力项的思想，只是由该体力项计算耦合力的实现方式有所不同。根据体力项引入到控制方程中实现形式的不同，可以将浸没边界法划分为两种类型：一是在离散流体控制方程前就已经引入体力项，称为连续力法(continuous forcing approach)；二是先不考虑浸没边界的影响离散流体控制方程，而引入体力项修正边界产生的影响，称为离散力法(discrete forcing approach)或者直接力法(direct forcing method)。

最初的 IBM 是一种典型的连续力法,并且在处理弹性边界时非常有效。其将固体视为弹性纤维,并采用一系列拉格朗日点追踪移动边界,根据胡克定律和纤维变形量可以估算耦合力。其基本思想是在 N－S 方程中引入体力项以满足速度不可滑移条件,即

$$\rho^{\mathrm{f}}\frac{\partial \boldsymbol{v}^{\mathrm{f}}}{\partial t}+\rho^{\mathrm{f}}(\boldsymbol{v}^{\mathrm{f}}\cdot\nabla\boldsymbol{v}^{\mathrm{f}})=-\nabla p^{\mathrm{f}}+\mu^{\mathrm{f}}\cdot\nabla^{2}\boldsymbol{v}^{\mathrm{f}}+\boldsymbol{f}^{\mathrm{f,FSI}} \tag{1-3}$$

如果浸没边界上耦合力已知,可以通过 δ 函数插值将拉格朗日形式的耦合力分配到周围欧拉节点上,即

$$\boldsymbol{f}^{\mathrm{f,FSI}}(\boldsymbol{x}^{\mathrm{f}},t)=\int_{\Gamma^{\mathrm{fs}}}\bar{\boldsymbol{f}}^{\mathrm{f,FSI}}(s,t)\delta(\boldsymbol{x}^{\mathrm{f}}-\boldsymbol{x}^{\mathrm{s}}(s,t))\mathrm{d}s \tag{1-4}$$

式中,$\delta(\boldsymbol{x}^{\mathrm{f}}-\boldsymbol{x}^{\mathrm{s}}(s,t))$是实现流固耦合边界力分配的插值函数。

作用于边界处的流固耦合力通过在 N－S 方程中加入体力项,将流固耦合边界力分配到周围流体节点上。非相容性网格为隐式界面,施加耦合条件时难以准确确定耦合界面,可将耦合力作用效果体现在一定的影响区域。本质上,将流固耦合边界力分布为体力的处理方式是为了在非相容性网格条件下更有效地施加流固耦合边界条件,提高数值结果的稳定性和准确性。即便如此,基于 IBM 思想捕捉的耦合界面也是近似界面,并没有相容性网格准确。

对式(1－4)进行积分,可建立作用于流体的力密度与作用于耦合界面的边界力密度关系式,即

$$\int_{\Omega}\boldsymbol{f}^{\mathrm{f,FSI}}\mathrm{d}\Omega=\int_{\Gamma^{\mathrm{fs}}}\bar{\boldsymbol{f}}^{\mathrm{f,FSI}}\mathrm{d}\Gamma \tag{1-5}$$

为满足不可滑移条件限制,浸没边界与周围流体运动一致,可通过下式计算位移:

$$\frac{\mathrm{d}x^{\mathrm{s}}}{\mathrm{d}t}=\boldsymbol{v}^{\mathrm{s}} \tag{1-6}$$

式中,固体速度 $\boldsymbol{v}^{\mathrm{s}}$ 可通过周围流体节点插值获得,即

$$\boldsymbol{v}^{\mathrm{s}}(s,t)=\int_{\Omega}\boldsymbol{v}^{\mathrm{f}}(\boldsymbol{x}^{\mathrm{f}},t)\delta(\boldsymbol{x}^{\mathrm{f}}-\boldsymbol{x}^{\mathrm{s}}(s,t))\mathrm{d}\boldsymbol{x} \tag{1-7}$$

可以看出最初的 *IBM* 核心问题在于确定浸没边界从 n 到 n＋1 步的变形量或者位移,基于此才能计算流固耦合力。最简单的方法就是在求解流体前直接根据当前位置(n＋1 时间步)和上一时刻位置(n 时间步)计算耦合力,但是这种处理方式在遇到刚性界面时会遇到困难,主要是因为引入的体力项在刚性条件限制下会出现数值不稳定现象。为克服数值不稳定现象,从第 n 到第 n＋1 步求

解流体和固体模块时可以采用隐式子迭代算法，但是这样做的计算代价也非常大。这之后，学者们采用半隐式算法既能稳定数值求解又可以保持计算的高效性。

针对经典 *IBM* 所出现的刚性边界施加困难问题，除了基于原有算法进行修正外，还可将体力项直接从数值结果中提取出来，然后再施加耦合边界条件，从而很好地规避这个问题。浸没边界处耦合力需满足离散的流体动量方程：

$$\rho^{f}\frac{{}^{n+1}\boldsymbol{v}^{\mathrm{f}}-{}^{n}\boldsymbol{v}^{\mathrm{f}}}{\Delta t}=\boldsymbol{rhs}+\boldsymbol{f}^{\mathrm{f,FSI}} \tag{1-8}$$

式中，$\boldsymbol{rhs}$ 包含了对流项、黏性项和压力梯度项。

式(1-8)可进一步表示为

$$\boldsymbol{f}^{\mathrm{f,FSI}}=\rho^{\mathrm{f}}\frac{{}^{n+1}\boldsymbol{v}^{\mathrm{f}}-\tilde{\boldsymbol{v}}^{\mathrm{f}}}{\Delta t} \tag{1-9}$$

式中，${}^{n+1}\boldsymbol{v}^{\mathrm{f}}$ 为已知量，$\tilde{\boldsymbol{v}}$ 是未考虑耦合界面影响的估算速度。这种思想正是离散力法边界条件间接施加的一种方式，其优势在于可以直接计算流固耦合力而无须其他处理，消除了相互之间的稳定性限制。

在离散力法中另外一种边界条件施加方式为直接施加，尤为关注浸没边界局部的精确度，保持尖锐界面的真实形状，因而也称之为尖锐界面算法，如切割网格法(cut-cell method)和浸没界面法(immersed interface method, IIM)。在切割网格法中，背景单元被移动界面切割后进行局部几何重构从而与边界协调，图1-4给出了浸没边界切割网格示意图。从图中可以看出，被切割网格会基于浸没边界和周围规则网格构成新的单元，并且切割成不同形式的几何形状，基于笛卡儿背景网格会形成近似三角形单元、四边形单元和五边形单元。切割网格法最初提出时用来模拟机翼绕流问题，其优势在于能够保证界面处的守恒特性和界面的高精度捕捉。目前，切割网格法主要用于模拟二维流动问题，在三维情况下网格切割时会产生各种各样的切割单元，在几何边界复杂时网格切割操作更为复杂。另外在尖锐界面附近切割单元尺寸会非常小，需要严格控制时间步长，同时还需要进行特殊处理，否则会出现数值不稳定现象。

在 IBM 中，固体被假设为弹性纤维或者薄膜，不占有实际体积，难以准确模拟流体作用下的真实结构响应。浸没域法和虚拟区域法将 IBM 中耦合界面附近的虚拟流体扩展到整个固体域，将体力分布到固体覆盖的虚拟流体域内，虚拟流体边界速度满足流固耦合速度边界条件，分布的体力使虚拟流体运动保持与固体运动一致的约束条件，在流固耦合问题求解中也得到了广泛应用。

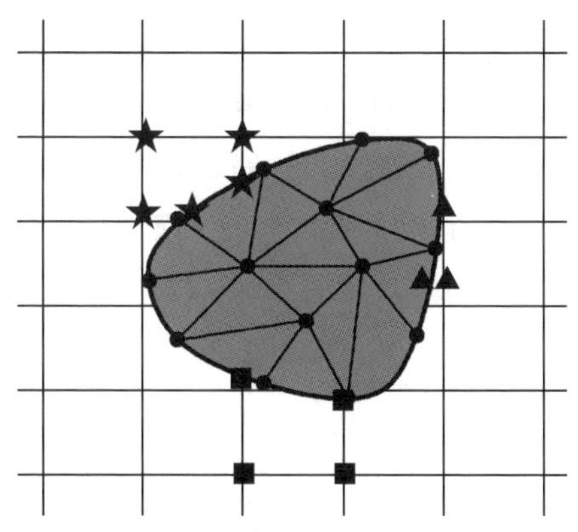

图 1-4　浸没边界切割网格示意图

注:三角形、正方形、星标志分别表示切割形成的三角形单元、四边形单元和五边形单元。

1.4　空间离散算法简介

在流固耦合问题的框架算法下,流体和固体求解器的空间离散算法包括有限差分法(finite difference method, FDM)、有限体积法(finite volume method, FVM)和有限元法(finite element method, FEM)等。除了这些传统的主流算法,还有基于介观模型的格子玻尔兹曼法(lattice Boltzmann method, LBM),以及近年来备受关注的无网格方法,如基于强形式离散的 SPH 法、基于弱形式离散的光滑有限元法(smoothed finite element method, S-FEM)和光滑点插值法(smoothed point interpolation method, S-PIM)等。

1.4.1　有限差分法的应用

FDM 是较早使用的一种数值离散方法,主要思路是基于泰勒级数展开式采用适当的有限差分代替微分,建立代数方程组然后求得数值解。FDM 数学概念简单,是较为成熟的数值算法,但是由于其常采用规则网格进行离散,模拟复杂问题域会遇到困难。然而 FDM 基于规则笛卡儿网格的特点可以应用非贴体网格模拟流固耦合问题,原因在于网格生成简单且作为背景网格易于信息交换。

Sugiyama 等[3]发展了一种完全欧拉式的 FDM 模拟流固耦合问题，并将其应用于生物医学。Berthelsen 等[4]耦合 IBM 和 FDM，并在固体域内引入虚拟单元改善耦合界面处解的连续性，增强了算法处理复杂几何问题的能力。Luo 等[5]针对 IBM 耦合 FDM 采用直接力法处理移动界面时可能引起的数值振荡问题，提出改进算法可以实现界面周围节点力的有效传递。

1.4.2 有限体积法的应用

FVM 的基本思想是用一系列非重叠的控制体离散问题域，将微分方程在每一个控制体上做积分得出离散方程。其物理概念清晰，积分形式满足守恒特性，在当前计算流体力学领域应用最为广泛，也是众多计算流体动力学(computational fluid dynamics, CFD)软件通用的流体求解器。在流固耦合问题求解中，由于 FVM 的守恒特性使其常用于尖锐界面浸没边界法中，结合单元切割技术能够保证浸没边界处具有较高的精度，实现界面的精细捕捉，可用于湍流问题的模拟。Ye 等[6]为有效施加耦合界面边界条件和确保切割单元方程离散的准确性，采用基于中心差分方案具有二阶精度的 FVM，并结合分裂步技术作为求解器，通过模拟具有复杂边界的流动问题验证了方法的可靠性。Cheny 等[7]采用切割网格法模拟移动边界时，在 FVM 中引入 Level - set 函数表示不规则尖锐界面，可以方便计算切割单元几何参数，还能够严格保证界面处质量、动量和能量守恒。Meyer 等[8]基于 FVM 求解不可压缩流体控制方程，并对耦合界面处切割单元进行局部修正，保证界面精度和守恒特性，同时采用混合算法处理细小的切割单元保证数值稳定性，数值结果显示该算法能够有效模拟高雷诺数流动问题。

1.4.3 有限元法的应用

FEM 是将问题域离散为非重叠的单元，单元内任意点的场变量值可以用单元节点和插值形函数来表示，然后借助变分原理或者加权余量法将微分方程离散为有限元方程。FEM 在固体领域的应用已经非常成熟，是处理大型复杂工程问题必不可少的数值手段。在应用于流体力学问题求解时起步虽晚，但得益于其完善的理论、良好的网格适用性和稳健的计算能力，基于 FEM 的离散算法也得以快速发展。在流体力学领域中采用传统的 Galerkin 有限元处理流场问题时，其中一个挑战性问题是如何解决非线性对流项中速度场的数值振荡，为克服这一难题学者们做了很多努力。最早在1975年，Zienkiwicz提出了彼得洛夫－伽辽金（Petrov－Galerkin，PG）的思想用以构造有限元格式，之后成功应用于求解对流－扩散方程。Brooks等[9]基于PG格式在流线方向引入耗散项构造出流线迎风/彼得洛夫－伽辽金（streamline upwind/Petrov－Galerkin，SUPG）有限元格式，该方法克服了经典迎风方案在大时间步时的数值振荡问题，能够稳定N－S方程速度场的求解。Hughes等[10]在概念上简化了SUPG格式，提出了精度更高、适用性更强的伽辽金/最小二乘（Galerkin/least－square，GLS）格式。Donea[11]采用时间前推的泰勒展开处理对流项生成广义时间离散方程，并借助于标准的Galerkin有限元在空间离散，从而导出泰勒－伽辽金（Taylor－Galerkin，TG）有限元格式。特征线伽辽金（charactersitic Galerkin，CG）也是较早处理对流扩散问题的一类方法，它将特征线方法与FEM或FDM相结合，沿着特征线进行空间离散从而去除对流项。然而最初的CG算法编程复杂，计算效率并不高，Zienkiewicz等[12]基于此方法沿着特征线进行局部泰勒展开估算未知量，并引入分裂算法从而提出了特征线分裂（characteristic－based splitting，CBS）算法。之后Nithiarasu等[13]将湍流模型引入CBS算法，还有基于CBS算法改进方面的研究[14]。

上述研究主要是解决控制方程中对流项引起的速度场的数值振荡问题，同时如果采用不适当的插值函数估算速度和压力，还可能导致压力场出现数值振荡问题，学者们针对这一问题也做了很多研究。其中压力稳定化的PG格式是非常有效的一种方法，它是在系统方程的伽辽金弱形式中加入动量方程的余量积分项，从而达到稳定压力求解的效果。GLS方法的处理方式为在质量守恒方程中引入压力项的拉普拉斯算子，从而改善压力的稳定性。Onate[15]在动量和质量守恒方程引入了必要的稳定项，并应用经典的伽辽金方法离散，同样保证了方程的稳定性，即有限增量积分（finite increment calculus，FIC）。Codina等[16]在求解不可压缩N－S方程时引入了压力梯度投影，从而提出了一种新的稳定格式规避压力振荡。

1.4.4　格子玻尔兹曼法的应用

LBM起源于格子气自动机，并由Mcnamara等[17]最早提出。它是近几十年来在计算力学领域广泛使用的新型数值模拟方法，通过建立反映微观或介观基本物理特性的简单动力学模型，使其整体表现满足宏观连续性方程。Qian等[18]和Chen等[19]几乎在同时期基于Bhatnagar－Gross－Krook（BGK）碰撞算子模型提出了格子 BGK(Lattice - BGK, LBGK)模型, LBGK 模型凭借其简单性得到了广泛使用。Axner 等[20]将 LBGK 模型中动力学变量正则化去除虚假模态,既保留了该模型简单高效的特点,又提高了它的精度和稳定性。

LBM 演化方程简单,计算效率高,易于编程且并行能力强。而基于固定网格的离散方式使其处理复杂边界遇到困难。结合浸没技术,Feng 等[21]创造性地将 LBM 和 IBM 耦合,提出了浸没边界 - 格子玻尔兹曼方法(immersed boundary - lattice Boltzman method, IB - LBM),既能有效处理流固耦合移动边界,同时又能发挥 LBM 模拟复杂流动问题的能力,并用于模拟流域内刚性颗粒沉降问题。计算时流体域离散为规则格子,并用拉格朗日网格节点追踪移动颗粒,流体和颗粒间边界条件通过罚函数法施加,同时在 LBM 方程中加入力密度项以求得系统速度场分布,成功模拟了多颗粒沉降问题。Shu 等[22]修正了 IB - LBM 中速度边界条件,并改进了边界力的求解。Kang 等[23]在采用直接力法的 IB - LBM 计算流动经过固定复杂边界时发现,离散型界面和尖锐界面空间上都具有二阶精度。以上数值算法均是模拟流体与刚体单向耦合问题,考虑固体弹性变形时,Cheng 等[24]在 LBM 中引入非稳定非均匀力项,提高了 IB - LBM 算法的稳定性,成功应用于高雷诺数流动下引起的固体大变形问题。当前有关 LBM 的研究倾向于发挥其并行计算能力,应用于解决大规模、大尺度的工程实际问题。为模拟更为真实的固体变形,学者们还发展了 LBM 与 FEM 耦合算法。Macmeccan 等[25]耦合 LBM 和 FEM 采用超弹性模型模拟了剪切流中的胶囊变形、流域内的球体沉降及 204 个红细胞的沉降问题。Krüger 等[26]在 IBM 框架下耦合 LBM 与 FEM,研究了多体浸没于流域内的运动变形问题,详细分析了数值模拟时网格分辨率、离散的 δ 函数对这类问题的影响。

1.4.5 光滑粒子水动力法的应用

无网格方法有很多种,其中基于强形式的直接离散方法有广义有限差分法(generalized FDM, GFDM)、无网格配点法和 SPH 法等。SPH 法是 20 世纪 70 年代提出的一种无网格粒子类方法,用于模拟非连续体的运动过程。随后被引入 CFD 领域,广泛应用于强非线性问题的数值模拟。SPH 法是一种完全拉格朗日形式的无网格粒子类方法,容易追踪物质界面、自由液面和移动边界。其粒子特性可直接处理自由液面大变形而无须其他处理。经过几十年的发展, SPH 法计算性能得以不断改善并应用于自由液面流动与变形固体耦合问题的模拟。整体

上可以将耦合算法分为两大类：

一类是 SPH 与 FEM 的耦合(SPH - FEM)算法，最早用来研究砰击问题，采用迭代的主动-被动技术计算流固耦合力，还能够阻止流体粒子穿透固体边界。随后这种技术被用来模拟流固耦合高速砰击问题和自由液面流动与弹性固体耦合问题。Fourey 等[27]采用虚粒子技术施加流固耦合速度边界条件，根据固体节点周围粒子的平均压力计算耦合力，并通过模拟高速入水砰击问题比较了 SPH - FEM 算法的稳定性和计算效率。Yang 等[28]在 SPH - FEM 算法中采用经典的 Monaghan 斥力边界条件避免粒子穿透固体表面，在溃坝流作用于弹性板问题中比较了固体模型采用线弹性材料和超弹性材料的结果差异。Long 等[29]采用点到单元的接触算法处理耦合界面，并比较了弱可压 SPH(weakly compressible SPH, WCSPH)和不可压 SPH(incompressible SPH, ISPH)分别与 FEM 耦合的计算结果，数值结果显示 WCSPH - FEM 和 ISPH - FEM 两种方法均能获得有效准确的结果。

另外一类是完全的粒子类方法处理流固耦合问题，即 SPH 与 SPH 的耦合，有完全弱可压的耦合(WCSPH - WCSPH)算法和完全不可压的耦合(ISPH - ISPH)算法。Antoci 等[30]发展了完全拉格朗日的 WCSPH - WCSPH 耦合算法，流体对固体的作用力通过流体粒子压力积分求得，然后将计算结果与实验结果比较，验证了方法的可靠性，同时发现 WCSPH 在模拟固体弹性问题时仍需进一步改进。Liu 等[31]改进了 WCSPH 模型并用于模拟超弹性问题，耦合界面处通过施加软化的斥力条件避免粒子间穿透，模拟了圆环状橡胶材料的高速碰撞过程。Rafiee 等[32]采用 ISPH - ISPH 算法模拟流固耦合问题，在大变形固体求解中引入人工应力项以规避非物理数值现象，通过粒子间的物理斥力实现接触面耦合条件的自动施加。Khayyer 等[33]对基于 ISPH 的耦合模型进一步改进使其稳定性和准确性都得以提高。

1.4.6　光滑有限元法的应用

除了 SPH 这类强形式离散算法，还有基于弱形式离散的无网格方法，包括扩散单元法(diffuse element method, DEM)、无单元伽辽金(element free Galerkin, EFG)法、再生核粒子法(reproducing kernel particle method, RKPM)、无网格局部彼得洛夫-伽辽金(meshless local Petrov - Galerkin, MLPG)法和点插值法(point interpolation method, PIM)等。这类方法在 20 世纪 90 年代后得以迅速发展。近

年来,一类基于梯度光滑技术的光滑类方法引起了大量学者的研究兴趣。Chen 等[34]提出梯度光滑技术消除了伽辽金无网格方法中节点积分的空间不稳定性。Liu 等[35]将梯度光滑技术与有限元相结合,提出了光滑有限元方法(S - FEM),并通过光滑域的不同构造格式使 S - FEM 具备不同优良特性。相比 FEM,S - FEM 主要有以下几方面优势:

(1)完全协调的 FEM 模型刚度偏硬,求解时易出现自锁行为,尤其是采用线性三角形单元时这种问题更加突出,S - FEM 模型可以软化模型刚度。

(2)FEM 在单元内估算应变并假定位移场分片连续,整个计算域单元相接处应变场不连续,进而导致了应力精度缺失,S - FEM 模型通过应变光滑操作处理这种非连续性,显著提高了位移和应力的准确性。

(3)FEM 过度依赖网格质量,网格扭曲严重时,雅克比矩阵条件数病态,影响结果精度,S - FEM 模型不存在等参变换,从而规避了这类问题,可以显著提高模型的网格抗畸变能力。

(4)由于三角形或四面体单元精度过低,其在 FEM 模型中应用并不理想。因而常常采用高质量的四边形单元或六面体单元离散问题域,而三角形单元或四面体单元在处理复杂几何时优势明显,离散简便甚至可以自动剖分。S - FEM 模型中如边基光滑有限元法(edge - based S - FEM, ES - FEM)和面基光滑有限元法(fdge - based S - FEM, FS - FEM)采用三角形和四面体单元的结果优于相同条件下的 FEM,甚至好于采用四边形和六面体的 FEM 结果。

S - FEM 的这些优点使其在固体力学领域及其他领域得到了广泛应用。

1.4.7 光滑点插值法的应用

为了进一步弱化方程中场函数的一致性要求,Liu 等[36]提出应用于无网格方法的广义梯度光滑技术,它可以采用点插值方法中的各种形函数建立新的数值模型,并且光滑域内的位移场函数无须处处保持连续性。基于广义梯度光滑技术,Liu 等[37]建立了 G 空间理论和双重弱(weakened weak, W^2)形式。W^2形式为开发新一代数值算法提供了可能性,具备一致性、免疫体积自锁、超精度、超收敛、提供能量上下界及抵抗网格扭曲变形等诸多优点。最新发展的 S - PIM 即是一种典型的 W^2离散模型,可以采用多项式和径向基函数构造插值形函数,S - FEM 可以看作是 S - PIM 采用线性插值的特殊情况。Liu 等[38]基于三角形背景单元采用基于边的选点方案构造 PIM 形函数,提出了一种自适应的坐标转换技术解决矩阵奇异性问题,对每个背景单元都实施广义梯度光滑操作,提出单元基光滑点插值法(cell - based S - PIM, CS - PIM),在固体力学静力问题和振动问题中验证了方法的稳定性、准确性和收敛性。Zhang 等[39]采用多项式基函数构造形函数,在应变光滑操作中应用点积分方案进行数值积分,提出了线性一致点插值方法(linearly conforming PIM,LC - PIM),与采用线性单元的 FEM 和采用高斯积分的径向点插值法相比,LC - PIM 收敛率更高,效率更好,后来根据 LC - PIM 基于点构造光滑域的特点还被称为点基光滑点插值法(node - based S - PIM, NS - PIM)。Liu 等[40]采用基于边的光滑域构造方法提出边基光滑点插值方法(edge - based S - PIM, ES - PIM),其模型刚度介于 FEM 与 LC - PIM 之间,接近理论模型刚度,并且具备超收敛和超精度的特性。本书介绍的流固耦合算法将采用 S - PIM 作为固体求解器,发挥 S - PIM 不依赖于网格质量能够抵抗网格扭曲变形的优势,提高了流固耦合问题中固体求解的准确性。

1.5　本章小结

本章中详细介绍了流固耦合算法研究进展和现状,并对当前主要使用的流固耦合算法及各种空间离散算法进行了简要介绍,主要内容包括:

(1)流固耦合问题分类、控制方程求解方式及基于网格不同离散方式的四种离散方法介绍。

(2)基于非相容性网格的浸没边界法的基本理论及相关求解方法研究现状。

(3)在流固耦合问题的框架算法下,流体与固体求解器的主要空间离散算法研究进展与现状。

第2章
光滑点插值法

2.1 引言

FEM 在固体力学中占有举足轻重的地位，尤其在处理复杂工程实际问题时是非常有效的数值建模与仿真工具。然而，在许多工程应用中有限元也暴露出一些与网格离散相关的问题。考虑到计算精度，工程上在离散二维或三维问题时常常选用四边形单元或者六面体单元。这种高质量网格在离散复杂问题域时生成困难，并且需要人工花费大量时间将问题域进一步剖分成适当子域。当采用简单的三节点三角形单元(T3)或者四节点四面体单元(T4)离散时，网格的生成变得非常容易甚至可以自动剖分，而此时，FEM 由于模型刚度过硬，导致计算结果精度急剧下降。

近年来，无网格方法得到快速发展，采用适当的无网格技术可以仅仅基于三角形或者四面体单元作为背景单元进行一系列必要操作。一般来说，无网格方法操作流程比 FEM 更为复杂，并且会占用较多的计算资源。如果能将 FEM 与无网格方法的优势结合起来，势必会创造出更为有效的数值手段。S - PIM 便是这样一种结合两者优势而产生的新型数值算法。基于线性背景单元，它可以采用高阶插值，并且突破了位移场函数连续性的限制；基于梯度光滑技术，降低了被积函数连续性的要求，同时能够软化固体模型刚度。S - PIM 是一种典型的 W^2 形式离散格式，在理论上基于比 FEM 解空间 H^1 更广泛的 G 空间，在固体力学求解中能提供更好的灵活性和更准确的数值结果。

模型刚度软化的 S - PIM 具备较强的抗网格畸变能力，非常适于模拟非线性固体大变形问题。本书提出的流固耦合算法即采用 S - PIM 作为固体求解器，可以充分发挥其处理固体大变形的优势。基于此，在本章中将详细介绍 S - PIM 的基本理论及其在固体运动响应分析中的求解思路。

2.2 光滑域构造格式

2.2.1 点基光滑域构造

图 2 - 1 给出了二维情况下点基光滑域构造格式。基于 T3 背景单元问题域被重新划分为光滑域,并且每个光滑域仅包含一个节点。以 Γ_{isd}^{sd} 为边界的光滑域 Ω_{isd}^{sd} 包含节点 i,依次连接节点 i 所在边的中点和单元中心点可构造出 Ω_{isd}^{sd}。因为光滑域间不允许重叠和间隔,将所有光滑域组合起来恰恰就构成了整个问题域。这样节点个数与光滑域个数相等,构造的光滑域数量即是最少的。基于点基光滑域可以应用 NS - PIM,并采用 PIM 形函数进行插值,其插值支持点来自多个单元,因此在整体上是不连续的。尽管采用了非连续性的 PIM 形函数,NS - PIM 至少能够保证是线性协调的,因此也被称为线性协调点插值法(linearly conforming point interpolation method, LC - PIM)。NS - PIM 能够提供软化程度较高的模型刚度,可以天然地免疫体积自锁现象,同时能够提供能量解的上限,结合有限元的下限特性可以限定解区间的范围,这一重要特性在实际工程应用中非常有意义。

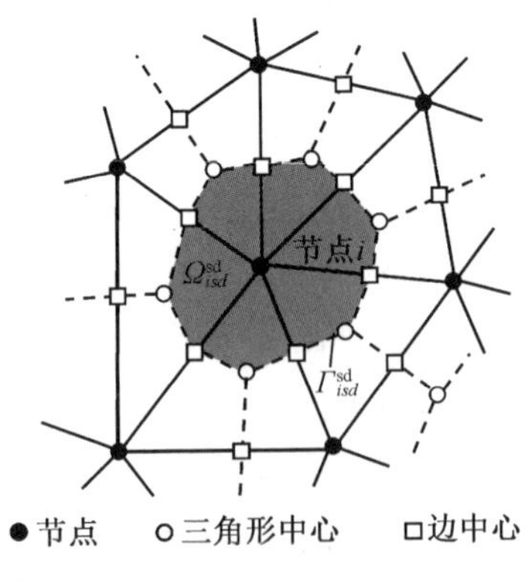

图 2 - 1 点基光滑域构造格式

2.2.2 边基光滑域构造

如图 2－2 所示，在 T3 单元基础上可以构造无间隔非重叠的边基光滑域，与边 i 相关的光滑域 Ω_{isd}^{sd} 可以通过连接边所在节点和其相邻单元中心进行构造，并且单元边的个数与光滑域的数量相等，这样基于边构造的光滑域数量同样是最少的。ES－PIM 即是建立在边基域上的，它在固体力学静力问题和动力问题的模拟中均表现较好，并且在时间和空间上稳定，其模型刚度处于 FEM 和 NS－PIM 之间，模型刚度得到软化。同时 ES－PIM 不增加自由度个数，结果具备超收敛和超精度特性，在相同计算条件下其数值结果优于 FEM 和 NS－PIM。

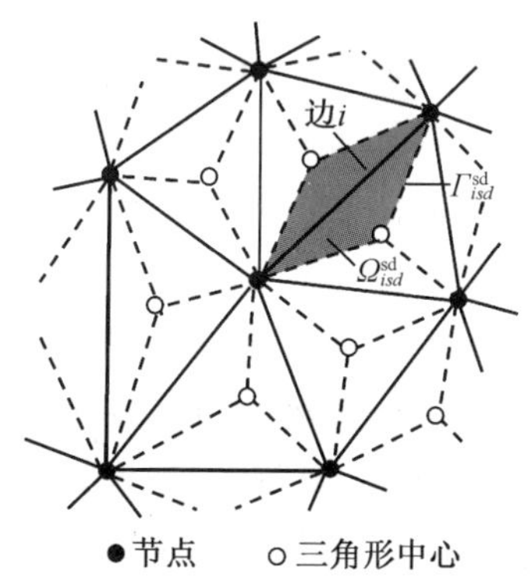

图 2－2　边基光滑域构造格式

2.2.3 面基光滑域构造

将性能优良的 ES－PIM 从二维直接扩展到三维，被称为面基光滑点插值法（face－based S－PIM，FS－PIM）。其离散格式基本与二维相似，不同之处在于 FS－PIM 基于 T4 单元构造面基光滑域并实施梯度光滑技术。每个面基光滑域都含有一个面，光滑域的数量和面的数量相等。图 2－3 给出了以 T4 单元 i 和 j 的公共面 $N_2-N_3-N_4$ 建立的面基光滑域，它是一个六面体且由两个相邻单元（i 和 j）的中心和公共面节点（$N_2-N_3-N_4$）连接而成。FS－PIM 保持了 ES－PIM 的各种优良特性，在空间和时间上都是稳定的。

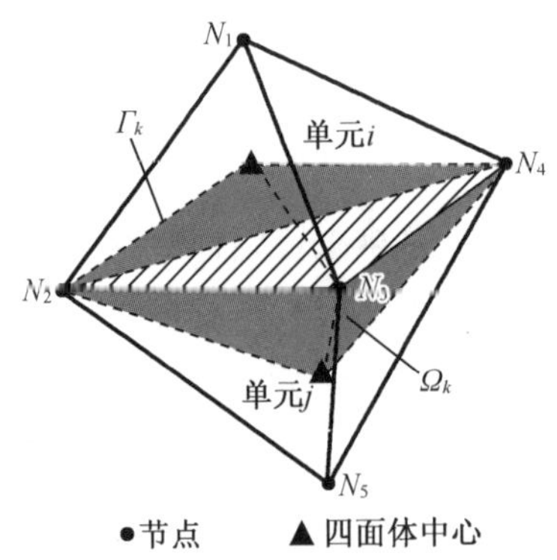

图 2 – 3　面基光滑域构造格式

2.3　点插值法选点方案

基于弱形式或双重弱形式的无网格方法需要利用背景单元进行积分，因此有必要充分利用背景单元选择支持点构造插值形函数。在 PIM 中基于 T3 或 T4 单元的 T 选点方案被认为是最实用、最有效、最可靠的局部支持点选择方案。以二维情况为例，假设问题域基于三角形单元作为背景单元，域内存在被插值点 $\boldsymbol{x}_Q$，接下来将介绍 T 选点方案中基于单元的最常用的三种选点方法。

1. 线性插值方案

如图 2 – 4 所示，若 $\boldsymbol{x}_Q$ 在内部单元 i 中，i_1、i_2 和 i_3 是其插值的支持点；若 $\boldsymbol{x}_Q$ 在边界单元 j 中，j_1、j_2 和 j_3 是其插值的支持点。$\boldsymbol{x}_Q$ 是流体节点，坐标为 (x_q, y_q)，其所在三角形单元节点坐标为 (x_1, y_1)、(x_2, y_2)、(x_3, y_3)。这种 T 选点方案用以构造线性 PIM 形函数，与采用线性三角形单元的有限元形函数构造形式一致，称为线性插值方案，其形函数 $\boldsymbol{\Phi}^s(\boldsymbol{x}_Q)$ 可表示为多项式形式

$$\boldsymbol{\Phi}^s(\boldsymbol{x}_Q) = (1\ x_q\ y_q)\begin{pmatrix} 1 & x_1 & y_1 \\ 1 & x_2 & y_2 \\ 1 & x_3 & y_3 \end{pmatrix}^{-1} \tag{2-1}$$

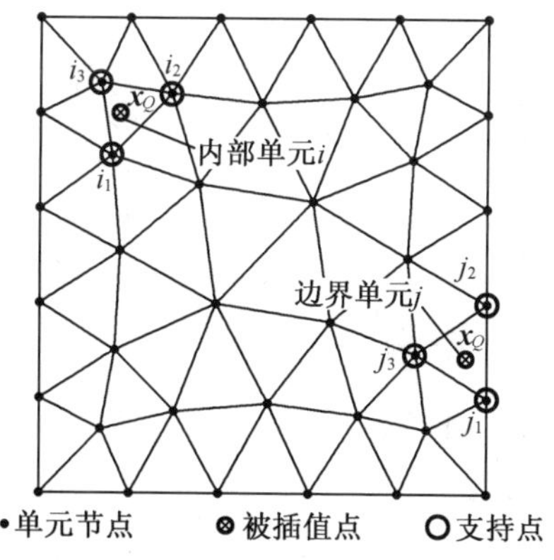

图 2－4　线性插值方案

2. T6/3 方案

如图 2－5 所示，若 $\boldsymbol{x}_Q$ 在内部单元 i 中，i_1、i_2、i_3、i_4、i_5 和 i_6 是其插值的支持点，坐标分别为 (x_1, y_1)、(x_2, y_2)、(x_3, y_3)、(x_4, y_4)、(x_5, y_5)、(x_6, y_6)；若 $\boldsymbol{x}_Q$ 在边界单元 j 中，j_1、j_2 和 j_3 是其插值的支持点。这种选点方案最早在 NS－PIM 中使用，不仅成功克服了奇异性问题，也提高了方法的效率。根据选点特点称为 T6/3 方案，它可以构造高阶 PIM 形函数。当 $\boldsymbol{x}_Q$ 位于边界单元内时，形函数与式(2－1)相同；当 $\boldsymbol{x}_Q$ 位于内部单元时，可通过 6 个支持点构造形函数 $\boldsymbol{\Phi}^{\mathrm{s}}(\boldsymbol{x}_Q)$，即

$$\boldsymbol{\Phi}^{\mathrm{s}}(\boldsymbol{x}_Q) = (1 \ x_q \ y_q \ x_q^2 \ x_q y_q \ y_q^2)\begin{pmatrix} 1 & x_1 & y_1 & x_1^2 & x_1 y_1 & y_1^2 \\ 1 & x_2 & y_2 & x_2^2 & x_2 y_2 & y_2^2 \\ 1 & x_3 & y_3 & x_3^2 & x_3 y_3 & y_3^2 \\ 1 & x_4 & y_4 & x_4^2 & x_4 y_4 & y_4^2 \\ 1 & x_5 & y_5 & x_5^2 & x_5 y_5 & y_5^2 \\ 1 & x_6 & y_6 & x_6^2 & x_6 y_6 & y_6^2 \end{pmatrix}^{-1} \tag{2－2}$$

3. T6 方案

如图 2－6 所示，若 $\boldsymbol{x}_Q$ 在内部单元 i 中，如 T6/3 方案一样选择 6 个点作为插值的支持点；若 $\boldsymbol{x}_Q$ 在边界单元 j 中，支持点除了单元 j 的节点外，再选取相邻单元的两个节点和距离单元 j 中心最近的一个节点。无论 $\boldsymbol{x}_Q$ 位于内部单元还是边界单元，速度均采用 6 个点进行插值。这种选点方案称为 T6 方案，它主要用于径向点插值法（radial PIM, RPIM）中形函数的创建。

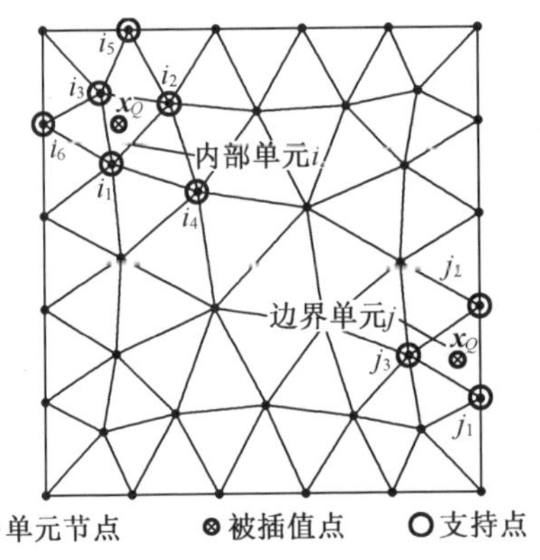

图 2-5　T6/3 方案

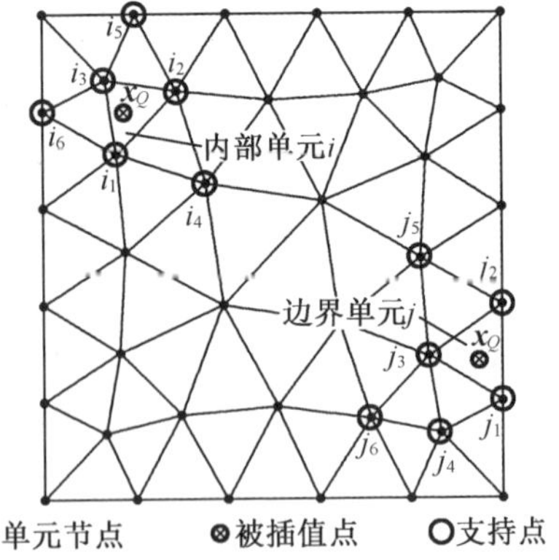

图 2-6　T6 方案

假设计算域内某一变量 $\boldsymbol{u}(\boldsymbol{x})$ 可表示为 RPIM 插值形式，即

$$\boldsymbol{u}(\boldsymbol{x}) = \sum_{i=1}^{n} R_i(\boldsymbol{x}) a_i + \sum_{j=1}^{m} p_j(\boldsymbol{x}) b_j = \boldsymbol{R}^{\mathrm{T}}(\boldsymbol{x})\boldsymbol{a} + \boldsymbol{p}_m{}^{\mathrm{T}}(\boldsymbol{x})\boldsymbol{b} \tag{2-3}$$

式中，$n=6$，$m=3$，增加的多项式用以保证数值计算的一致性、准确性和稳定性。本书所采用的径向基函数(radial basis function, RBF)形式为

$$R_i(\boldsymbol{x}) = (r_i^2 + (\alpha_c d_c)^2)^q \tag{2-4}$$

式中，q 和 α_c 为形状参数，其取值可参考文献[41]；d_c 表示单元等效长度，且 $r_i = \sqrt{(x-x_i)^2 + (y-y_i)^2}$。

将节点坐标代入式(2-4)，可得 RBF 矩阵形式为

$$\boldsymbol{R}_0 = \begin{bmatrix} R_1(r_1) & R_2(r_1) & R_3(r_1) & R_4(r_1) & R_5(r_1) & R_6(r_1) \\ R_1(r_2) & R_2(r_2) & R_3(r_2) & R_4(r_2) & R_5(r_2) & R_6(r_2) \\ R_1(r_3) & R_2(r_3) & R_3(r_3) & R_4(r_3) & R_5(r_3) & R_6(r_3) \\ R_1(r_4) & R_2(r_4) & R_3(r_4) & R_4(r_4) & R_5(r_4) & R_6(r_4) \\ R_1(r_5) & R_2(r_5) & R_3(r_5) & R_4(r_5) & R_5(r_5) & R_6(r_5) \\ R_1(r_6) & R_2(r_6) & R_3(r_6) & R_4(r_6) & R_5(r_6) & R_6(r_6) \end{bmatrix} \tag{2-5}$$

$$\boldsymbol{p}_3^{\mathrm{T}} = \begin{bmatrix} 1 & 1 & 1 & 1 & 1 & 1 \\ x_1 & x_2 & x_3 & x_4 & x_5 & x_6 \\ y_1 & y_2 & y_3 & y_4 & y_5 & y_6 \end{bmatrix} \tag{2-6}$$

$$\boldsymbol{a}^{\mathrm{T}} = \{a_1 \quad a_2 \quad a_3 \quad a_4 \quad a_5 \quad a_6\} \tag{2-7}$$

$$\boldsymbol{b}^{\mathrm{T}} = \{b_1 \quad b_2 \quad b_3\} \tag{2-8}$$

由于方程中有 $n+m$ 个变量，需要增加方程个数，增加的三个限制性条件为

$$\sum_{i=1}^{6} p_j(x_i)\ a_i = \boldsymbol{P}_3^{\mathrm{T}}\boldsymbol{a} = 0,\ j = 1,2,3 \tag{2-9}$$

经过一系列公式推导,可得出 RPIM 形函数 $\widetilde{\boldsymbol{\Phi}}^{\mathrm{s}}(\boldsymbol{x}_Q)$ 为

$$\widetilde{\boldsymbol{\Phi}}^{\mathrm{s}}(\boldsymbol{x}_Q) = \{\boldsymbol{R}^{\mathrm{T}}(\boldsymbol{x})\boldsymbol{p}_3^{\mathrm{T}}(\boldsymbol{x})\}\begin{bmatrix}\boldsymbol{R}_0 & \boldsymbol{p}_3\\ \boldsymbol{p}_3^{\mathrm{T}} & \boldsymbol{0}\end{bmatrix}^{-1} \tag{2-10}$$

计算时可选择其前 6 个分量作为速度插值形函数 $\boldsymbol{\Phi}^{\mathrm{s}}(\boldsymbol{x}_Q)$。

本书流固耦合算法中固体求解器所采用的 S－PIM 均以 T6/3 方案创建点插值形函数,同时在下一章节中将用以上三种选点方案构造流固耦合信息交换时的插值形函数,并比较它们的插值效果。

2.4　梯度光滑技术

在 S－PIM 中,采用梯度光滑技术构造光滑应变来替代有限元中的兼容应变,从而软化固体模型刚度,提高固体求解的准确性。基于背景单元将固体域 Ω^{s} 分割成数目为 $N_{\mathrm{sd}}^{\mathrm{s}}$ 的非重叠的光滑域 $\Omega_{isd}^{\mathrm{sd}}$,边界为 $\Gamma_{isd}^{\mathrm{sd}}(isd=1,2,\cdots,N_{\mathrm{sd}}^{\mathrm{s}})$。然后将某一节点 $\boldsymbol{x}_L$ 处的位移梯度 $u_{i,j}^{\mathrm{s}}$ 进行梯度光滑操作:

$$\begin{aligned}\tilde{u}_{i,j}^{\mathrm{s}}(\boldsymbol{x}_L) &= \int_{\Omega_{isd}^{\mathrm{sd}}} u_{i,j}^{\mathrm{s}}(\xi)W(\boldsymbol{x}_L-\xi)\mathrm{d}\Omega\\ &= -\int_{\Omega_{isd}^{\mathrm{sd}}} u_i^{\mathrm{s}}(\xi)\cdot\nabla W(\boldsymbol{x}_L-\xi)\mathrm{d}\Omega + \int_{\Gamma_{isd}^{\mathrm{sd}}} u_i^{\mathrm{s}}(\xi)\cdot W(\boldsymbol{x}_L-\xi)n_j^{\mathrm{sd}}\mathrm{d}\Gamma\end{aligned} \tag{2-11}$$

式中,$\tilde{u}_{i,j}^{\mathrm{s}}(\boldsymbol{x}_L)$ 表示光滑位移梯度;n_j^{sd} 表示边界 $\Gamma_{isd}^{\mathrm{sd}}$ 的外法向量;$W(\boldsymbol{x}_L-\xi)$ 表示光滑函数,要求在局部支持域内值为正并且满足一致性条件:

$$\int_{\Omega_{isd}^{\mathrm{sd}}} W(\boldsymbol{x}_L-\xi)\mathrm{d}\Omega = 1 \tag{2-12}$$

S－PIM 中以一种简单的面积权重函数作为光滑函数,其取值满足关系式:

$$W(\boldsymbol{x}_L-\xi) = \begin{cases}1/A_{isd}^{\mathrm{sd}}, & \xi\in\Omega_{isd}^{\mathrm{sd}}\\ 0, & \xi\notin\Omega_{isd}^{\mathrm{sd}}\end{cases} \tag{2-13}$$

式中,A_{isd}^{sd} 表示某一光滑域的面积。

将式(2－13)代入式(2－11),由于光滑函数为常函数,其导数为 0,光滑位

移梯度可表示为边界积分形式,即

$$\tilde{u}^{s}_{i,j}(\boldsymbol{x}_L) = \frac{1}{A^{sd}_{isd}}\int_{\Gamma^{sd}_{isd}} u^{s}_{i}(\xi)\, n^{sd}_{j}\, \mathrm{d}\Gamma \tag{2-14}$$

将任一点位移在光滑域内进行离散 $u^{s}_{i} = \sum_{I} \boldsymbol{\Phi}^{s}_{I}(\boldsymbol{x}_L)\, u^{s}_{Ii}$, 式(2-14)可进一步表示成光滑域上的求和形式为

$$\tilde{u}^{s}_{i,j}(\boldsymbol{x}_L) = \sum_{I} \left(\frac{1}{A^{sd}_{isd}}\int_{\Gamma^{sd}_{isd}} \boldsymbol{\Phi}^{s}_{I}(\boldsymbol{x}_L)\, n^{sd}_{j}\, \mathrm{d}\Gamma\right) u^{s}_{Ii} \tag{2-15}$$

从式(2-15)可以看出,光滑位移梯度积分形式仅仅使用了形函数本身,而不需要形函数导数。因此,应用梯度光滑技术能够降低位移场函数连续性的要求。

2.5 几何非线性固体材料模型

本书中的固体模型涉及两种材料,两种均为几乎不可压缩材料。一种是各向同性的弹性材料 Saint Venant - Kirchhoff 模型,它将静力分析中线弹性模型经过理论变换直接应用于固体几何非线性问题分析;另外一种是超弹性材料 Mooney - Rivlin 模型,主要用于模拟橡胶类材料的力学特性。根据固体材料模型计算应力时要将应变能函数对应变求导,下文首先介绍一下几何非线性中的应变度量。

2.5.1 应变度量

如图 2-7 所示,初始时刻固体有两点 $A(\boldsymbol{X})$ 和 $B(\boldsymbol{X}+\mathrm{d}\boldsymbol{X})$,在外力作用下固体发生运动变形,$A$、$B$ 分别移动至新的位置,表示为 $A(\boldsymbol{x})$ 和 $B(\boldsymbol{x}+\mathrm{d}\boldsymbol{x})$。其中 $\mathrm{d}\boldsymbol{x}$ 和 $\mathrm{d}\boldsymbol{X}$ 的关系可表示为

$$\mathrm{d}\boldsymbol{x} = \frac{\partial \boldsymbol{x}}{\partial \boldsymbol{X}}\mathrm{d}\boldsymbol{X} = \boldsymbol{F}\mathrm{d}\boldsymbol{X} = \frac{\partial(\boldsymbol{X}+\boldsymbol{u}^{s})}{\partial \boldsymbol{X}}\mathrm{d}\boldsymbol{X} \tag{2-16}$$

式中,$\boldsymbol{F}$ 表示变形梯度;$\boldsymbol{u}^{s}$ 表示固体位移。

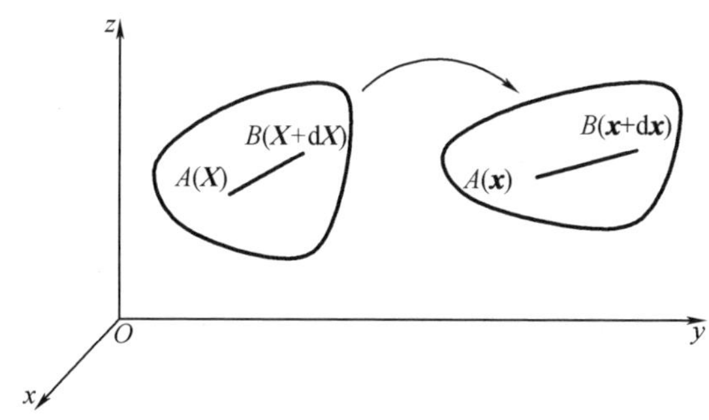

图 2－7　笛卡儿坐标系下固体的运动变形

与初始位置相比，A 与 B 两点间距离增量即变形的度量可表示为

$$(\mathrm{d}\boldsymbol{x})^2-(\mathrm{d}\boldsymbol{X})^2=2\mathrm{d}\boldsymbol{X}^{\mathrm{T}}\boldsymbol{E}\mathrm{d}\boldsymbol{X} \tag{2-17}$$

式中，$\boldsymbol{E}$ 为格林（或格林－拉格朗日）应变张量。

根据式（2－16）可得

$$(\mathrm{d}\boldsymbol{x})^2=(\boldsymbol{F}\mathrm{d}\boldsymbol{X})\cdot(\boldsymbol{F}\mathrm{d}\boldsymbol{X})=(\boldsymbol{F}\mathrm{d}\boldsymbol{X})^{\mathrm{T}}\cdot(\boldsymbol{F}\mathrm{d}\boldsymbol{X})=\mathrm{d}\boldsymbol{X}^{\mathrm{T}}\boldsymbol{F}^{\mathrm{T}}\boldsymbol{F}\mathrm{d}\boldsymbol{X} \tag{2-18}$$

结合式（2－17）格林应变张量可用变形梯度表示为

$$\boldsymbol{E}=\frac{1}{2}(\boldsymbol{F}^{\mathrm{T}}\boldsymbol{F}-\boldsymbol{I}) \tag{2-19}$$

式中，$\boldsymbol{I}$ 为单位阵。

将式（2－15）中光滑位移梯度代入式（2－16）和式（2－19）中，可分别得到光滑变形梯度 $\widetilde{\boldsymbol{F}}$ 和光滑格林应变 $\widetilde{\boldsymbol{E}}$。材料模型中应变能密度可表示成光滑格林应变的函数，通过对应变求导可得光滑后的第二类 Piola－Kirchhoff（PK2）应力 $\widetilde{\boldsymbol{S}}$，即大变形情况下的应力描述。

2.5.2　应力度量

在不同坐标系下应力有不同的表示方法，主要有如下三种：柯西应力 $\boldsymbol{\sigma}$（真实应力或欧拉应力）、名义应力 $\boldsymbol{P}$（拉格朗日应力或第一类 Piola－Kirchhoff 应力）和第二类 Piola－Kirchhoff 应力 $\boldsymbol{S}$（Kirchhoff 应力）。

如图 2－8 所示，变形前后微元面积 $\mathrm{d}S_0$ 和 $\mathrm{d}S$ 作用力分别为 $\mathrm{d}\boldsymbol{T}_0$ 和 $\mathrm{d}\boldsymbol{T}$，柯西应力是定义在变形后物体微元面积上的真实应力，即

$$\mathrm{d}\boldsymbol{T}=\boldsymbol{\sigma}\boldsymbol{n}\mathrm{d}S \tag{2-20}$$

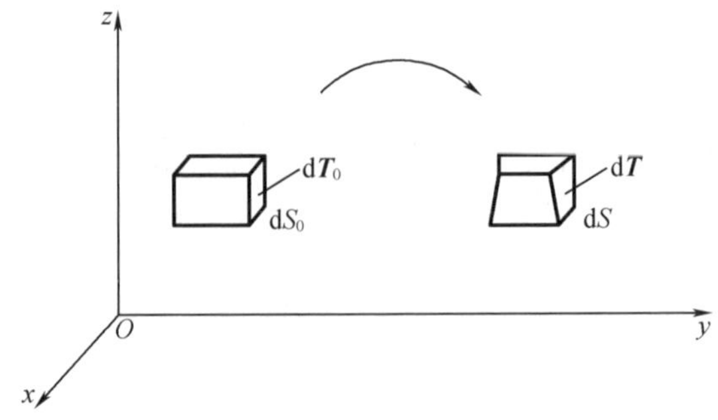

图 2-8　笛卡儿坐标系下固体变形前后受力情况

名义应力是根据拉格朗日规定定义在变形前物体微元面积上，即变形前物体所受力的大小和方向与变形后相等，即

$$\mathrm{d}\boldsymbol{T}=\mathrm{d}\boldsymbol{t} \tag{2-21}$$

进而可得

$$\mathrm{d}\boldsymbol{T}=\boldsymbol{P}\boldsymbol{N}\mathrm{d}S_0 \tag{2-22}$$

PK2 应力是根据 Kirchhoff 规定，将变形后物体所受的力通过张量等价变换到变形前物体上，即

$$\mathrm{d}\boldsymbol{T}=\frac{\partial \boldsymbol{X}}{\partial \boldsymbol{x}}\mathrm{d}\boldsymbol{t} \tag{2-23}$$

进而可得

$$\mathrm{d}\boldsymbol{T}=\boldsymbol{S}\boldsymbol{N}\mathrm{d}S_0 \tag{2-24}$$

以上三种应力中柯西应力是对称的，通过张量变换得到的 PK2 应力也是对称的，名义应力是通过平移得到的，为非对称的，它们的转换关系可表示为

$$\boldsymbol{\sigma}=\frac{1}{\det(\boldsymbol{F})}\boldsymbol{F}\cdot\boldsymbol{P}=\frac{1}{\det(\boldsymbol{F})}\boldsymbol{F}\cdot\boldsymbol{S}\cdot\boldsymbol{F}^{\mathrm{T}} \tag{2-25}$$

$$\boldsymbol{P}=\det(\boldsymbol{F})\boldsymbol{F}^{-1}\cdot\boldsymbol{\sigma}=\boldsymbol{S}\cdot\boldsymbol{F}^{\mathrm{T}} \tag{2-26}$$

$$\boldsymbol{S}=\det(\boldsymbol{F})\boldsymbol{F}^{-1}\cdot\boldsymbol{\sigma}\cdot\boldsymbol{F}^{-\mathrm{T}}=\boldsymbol{P}\cdot\boldsymbol{F}^{-\mathrm{T}} \tag{2-27}$$

2.5.3　Saint Venant - Kirchhoff 模型

在许多工程问题中，固体响应都可以看作是小应变和大转动，固体大变形是由其本身转动引起的（如海洋立管的弯曲行为），它的响应特性模拟可以将线弹性本构关系简单地进行扩展，分别将应力和线应变替换为 PK2 应力和格林应变，即 Saint Venant - Kirchhoff 模型，它的应变能密度可表示为

$$w = \frac{1}{2}\lambda^{s}\left(\mathrm{tr}\,\widetilde{\boldsymbol{E}}\right)^{2} + \mu^{s}\mathrm{tr}(\widetilde{\boldsymbol{E}})^{2} \tag{2-28}$$

式中，w 表示应变能密度；$\mathrm{tr}(\widetilde{\boldsymbol{E}})$ 表示矩阵 $\widetilde{\boldsymbol{E}}$ 对角元素求和；λ^{s} 和 μ^{s} 表示拉梅常数。它们与泊松比 ν^{s} 和杨氏模量 E^{s} 的换算关系为

$$\lambda^{s} = \frac{\nu^{s}E^{s}}{(1+\nu^{s})(1-2\nu^{s})}, \mu^{s} = \frac{E^{s}}{2(1+\nu^{s})} \tag{2-29}$$

将应变能密度对光滑格林应变求导，可得光滑后的 PK2 应力分量：

$$\widetilde{S}_{ij} = \frac{\partial w}{\partial \widetilde{\boldsymbol{E}}} = \lambda^{s}\widetilde{E}_{kk}\delta_{ij} + 2\mu^{s}\widetilde{E}_{ij} \tag{2-30}$$

同时，光滑后的 PK2 应力张量 $\widetilde{\boldsymbol{S}}$ 可表示为矩阵形式：

$$\widetilde{\boldsymbol{S}} = \boldsymbol{D}\,\widetilde{\boldsymbol{E}} \tag{2-31}$$

式中，$\boldsymbol{D}$ 表示材料常数矩阵。

对于各向同性材料，$\boldsymbol{D}$ 矩阵的三维形式可表示为

$$\boldsymbol{D} = \begin{bmatrix} D_{11} & D_{12} & D_{12} & 0 & 0 & 0 \\ 0 & D_{11} & D_{12} & 0 & 0 & 0 \\ 0 & 0 & D_{11} & 0 & 0 & 0 \\ 0 & 0 & 0 & (D_{11}-D_{12})/2 & 0 & 0 \\ & sy. & & & (D_{11}-D_{12})/2 & \\ & & & & & (D_{11}-D_{12})/2 \end{bmatrix} \tag{2-32}$$

其中，

$$D_{11} = \frac{E^{s}(1-\nu^{s})}{(1+\nu^{s})(1-2\nu^{s})},\ D_{12} = \frac{E^{s}\nu^{s}}{(1+\nu^{s})(1-2\nu^{s})} \tag{2-33}$$

对于平面应变问题，$\boldsymbol{D}$ 矩阵可简化为

$$\boldsymbol{D} = \frac{E^{s}}{(1+\nu^{s})(1-2\nu^{s})}\begin{bmatrix} 1-\nu^{s} & \nu^{s} & 0 \\ \nu^{s} & 1-\nu^{s} & 0 \\ 0 & 0 & (1-2\nu^{s})/2 \end{bmatrix} \tag{2-34}$$

对于平面应力问题，$\boldsymbol{D}$ 矩阵可表示为

$$\boldsymbol{D} = \frac{E^{s}}{(1+\nu^{s})(1-\nu^{s})}\begin{bmatrix} 1 & \nu^{s} & 0 \\ \nu^{s} & 1 & 0 \\ 0 & 0 & (1-\nu^{s})/2 \end{bmatrix} \tag{2-35}$$

2.5.4 Mooney - Rivlin 模型

Mooney - Rivlin 模型在模拟超弹性本构关系中应用非常广泛，其应变能密度函数可以表示为

$$w = C_{10}(J_1 - 3) + C_{01}(J_2 - 3) + \frac{1}{2}\kappa(J_3 - 1)^2 \tag{2-36}$$

式中，C_{10} 和 C_{01} 表示常量，一般由实验测得，且满足 $C_{10} + C_{01} = \mu^s$；κ 表示体积模量；J_1、J_2 和 J_3 表示修正不变量，表示为

$$J_1 = I_1 I_3^{-1/3}, J_2 = I_2 I_3^{-2/3}, J_3 = I_3^{1/2} \tag{2-37}$$

式中，I_1、I_2 和 I_3 表示右柯西 - 格林变形张量 $\widetilde{\boldsymbol{C}} = \widetilde{\boldsymbol{F}}^{\mathrm{T}}\widetilde{\boldsymbol{F}}$ 的不变量，可从张量 $\widetilde{\boldsymbol{C}}$ 中直接求得，即

$$I_1 = \mathrm{tr}(\widetilde{\boldsymbol{C}}),\ I_2 = \frac{1}{2}((\mathrm{tr}(\widetilde{\boldsymbol{C}}))^2 - \mathrm{tr}(\widetilde{\boldsymbol{C}}^2)),\ I_3 = \det(\widetilde{\boldsymbol{C}}) \tag{2-38}$$

式中，$\mathrm{tr}(\widetilde{\boldsymbol{C}})$ 表示 $\widetilde{\boldsymbol{C}}$ 的对角线元素求和，$\det(\widetilde{\boldsymbol{C}})$ 表示 $\widetilde{\boldsymbol{C}}$ 的矩阵行列式数值。本书超弹性材料只涉及二维的平面应变问题，张量 $\widetilde{\boldsymbol{C}}$ 可简化为

$$\widetilde{\boldsymbol{C}} = \begin{bmatrix} \widetilde{C}_{11} & \widetilde{C}_{12} & 0 \\ \widetilde{C}_{21} & \widetilde{C}_{22} & 0 \\ 0 & 0 & 1 \end{bmatrix} \tag{2-39}$$

同时 I_1、I_2 和 I_3 也得以简化，具体形式为

$$I_1 = \widetilde{C}_{11} + \widetilde{C}_{22} + 1,\ I_2 = \widetilde{C}_{11}\widetilde{C}_{22} + \widetilde{C}_{11} + \widetilde{C}_{22} - \widetilde{C}_{12}^2,\ I_3 = \widetilde{C}_{11}\widetilde{C}_{22} - \widetilde{C}_{12}^2 \tag{2-40}$$

Mooney - Rivlin 模型一般应用于橡胶材料及生物组织，这些材料均具有较强的不可压缩性，可对应变能密度函数进行解耦，分解为偏应变能和体积应变能，然后将分解后的应变能密度函数求导，可得光滑 PK2 应力 $\widetilde{S}$ 的分量 $\widetilde{S}_{ij}$，即

$$\widetilde{S}_{ij} = \underbrace{2(C_{10}I_3^{-1/3} + C_{01}I_3^{-2/3}I_1)\delta_{ij} - 2C_{01}I_3^{-2/3}\widetilde{C}_{ij} - (\frac{2}{3}C_{10}I_1I_3^{-4/3} + \frac{4}{3}C_{10}I_2I_3^{-5/3})\widetilde{C}_{ij}^{-1}}_{\text{偏应力部分}} + \underbrace{\kappa(J-1)J\widetilde{C}_{ij}^{-1}}_{\text{体积应力部分}} \tag{2-41}$$

式(2-41)中，光滑 PK2 应力包含了偏应力部分 $\widetilde{\boldsymbol{S}}^{\mathrm{dev}}$ 和体积应力部分 $\widetilde{\boldsymbol{S}}^{\mathrm{vol}}$。对于几乎不可压的橡胶材料，当泊松比接近 0.5 时采用 FEM 会出现体积自锁现

象，这是由于 FEM 模型刚度过硬引起的。此时往往需要进行特殊处理以避免这种数值现象，如在 FEM 中引入选择性减缩积分技术。本书中提出的流固耦合模型，在模拟超弹性材料 Mooney – Rivlin 模型时将结合 NS – PIM 与 ES – PIM 求解光滑 PK2 应力。其中 NS – PIM 模型刚度较为柔软，能够天然免疫体积自锁，可用以求解体积应力部分；ES – PIM 模型具有良好的性能，可用以求解偏应力部分。特别地，当 $C_{01}=0$ 时，式(2 – 36)中应变能密度函数描述将退化为 Neo – Hookean 模型。

2.6　控制方程离散

基于完全拉格朗日(total Lagrangian)形式的固体运动控制方程为

$$\frac{\partial P_{ji}}{\partial X_j}+\rho b_i=\rho \ddot{u}_i \tag{2-42}$$

为了得到控制方程的弱形式，引入测试函数 $\delta\boldsymbol{u}(\boldsymbol{X})$，并乘以动量方程，在固体域内积分可得

$$\int_{\Omega}\delta u_i\left(\frac{\partial P_{ji}}{\partial X_j}+\rho b_i-\rho\ddot{u}_i\right)\mathrm{d}\Omega=0 \tag{2-43}$$

式(2 – 43)中名义应力是测试位移的函数，为消除其导数项可根据分部积分进行变换，即

$$\int_{\Omega}\delta u_i\frac{\partial P_{ji}}{\partial X_j}\mathrm{d}\Omega=\int_{\Omega}\frac{\partial(\delta u_i P_{ji})}{\partial X_j}\mathrm{d}\Omega-\int_{\Omega}\frac{\partial(\delta u_i)}{\partial X_j}P_{ji}\mathrm{d}\Omega \tag{2-44}$$

基于高斯定理，式(2 – 44)右侧第一项域内积分可转化为边界积分，即

$$\int_{\Omega}\frac{\partial(\delta u_i P_{ji})}{\partial X_j}\mathrm{d}\Omega=\int_{\Gamma}\delta u_i n_j P_{ji}\mathrm{d}\Gamma \tag{2-45}$$

容易得到

$$\delta F_{ij}=\delta\left(\frac{\partial u_i}{\partial X_j}\right)=\frac{\partial(\delta u_i)}{\partial X_j} \tag{2-46}$$

综合以上式可得

$$\int_{\Omega}(\delta F_{ij}P_{ji}-\delta u_i\rho b_i+\delta u_i\rho\ddot{u}_i)\mathrm{d}\Omega-\int_{\Gamma}\delta u_i n_j P_{ji}\mathrm{d}\Gamma=0 \tag{2-47}$$

因为式(2 – 47)每一项都是虚功的增量，因此称之为虚功原理，可表示为虚

功的形式：

$$\delta W^{\text{int}}(\delta\boldsymbol{u},\boldsymbol{u}) - \delta W^{\text{ext}}(\delta\boldsymbol{u},\boldsymbol{u}) + \delta W^{\text{kin}}(\delta\boldsymbol{u},\boldsymbol{u}) = 0 \tag{2-48}$$

式中，

$$\delta W^{\text{int}} = \int_{\Omega} \delta F_{ij} P_{ji} \mathrm{d}\Omega \tag{2-49}$$

$$\delta W^{\text{ext}} = \int_{\Omega} \delta u_i \rho b_i \mathrm{d}\Omega + \int_{\Gamma} \delta u_i n_j P_{ji} \mathrm{d}\Gamma \tag{2-50}$$

$$\delta W^{\text{kin}} = \int_{\Omega} \delta u_i \rho \ddot{u}_i \mathrm{d}\Omega \tag{2-51}$$

首先基于 T3 单元离散固体域，通过引入点插值形函数 $\boldsymbol{\Phi}^{\text{s}}$ 可将固体域内任一点变量，即位移 $\boldsymbol{u}^{\text{s}}$、速度 $\boldsymbol{v}^{\text{s}}$ 和加速度 $\boldsymbol{a}^{\text{s}}$ 表示为

$$\boldsymbol{u}^{\text{s}} = \sum_{I} \boldsymbol{\Phi}_I^{\text{s}} \boldsymbol{u}_I^{\text{s}},\ \boldsymbol{v}^{\text{s}} = \sum_{I} \boldsymbol{\Phi}_I^{\text{s}} \boldsymbol{v}_I^{\text{s}},\ \boldsymbol{a}^{\text{s}} = \sum_{I} \boldsymbol{\Phi}_I^{\text{s}} \boldsymbol{a}_I^{\text{s}} \tag{2-52}$$

式中，下标 I 表示单元节点编号。

变形梯度可表示为

$$F_{ij} = \frac{\partial x_i}{\partial X_j} = \frac{\partial N_I}{\partial X_j} x_{iI} = B_{jI} x_{iI} \tag{2-53}$$

由于 $\delta x_{iI} = \delta(X_{iI} + u_{iI}) = \delta u_{iI}$，可得

$$\delta F_{ij} = \frac{\partial N_I}{\partial X_j} \delta x_{iI} = \frac{\partial N_I}{\partial X_j} \delta u_{iI} \tag{2-54}$$

根据虚功原理中内力引起的虚功项可定义内节点力为

$$\delta W^{\text{int}} = \delta u_{iI} f_{iI}^{\text{int}} = \int_{\Omega} \delta F_{ij} P_{ji} \mathrm{d}\Omega = \delta u_{iI} \int_{\Omega} \frac{\partial N_I}{\partial X_j} P_{ji} \mathrm{d}\Omega \tag{2-55}$$

考虑到 δu_{iI} 的任意性，内力具体表达式为

$$f_{iI}^{\text{int}} = \int_{\Omega} \frac{\partial N_I}{\partial X_j} P_{ji} \mathrm{d}\Omega \tag{2-56}$$

同理，根据虚功原理中外力引起的虚功项可定义外节点力为

$$\begin{aligned} \delta W^{\text{ext}} &= \delta u_{iI} f_{iI}^{\text{ext}} \\ &= \int_{\Omega} \delta u_i \rho b_i \mathrm{d}\Omega + \int_{\Gamma} \delta u_i n_j P_{ji} \mathrm{d}\Gamma \\ &= \delta u_{iI} \left(\int_{\Omega} N_I \rho b_i \mathrm{d}\Omega + \int_{\Gamma} N_I n_j P_{ji} \mathrm{d}\Gamma \right) \end{aligned} \tag{2-57}$$

$$f_{iI}^{\text{ext}} = \int_{\Omega} N_I \rho b_i \mathrm{d}\Omega + \int_{\Gamma} N_I n_j P_{ji} \mathrm{d}\Gamma \tag{2-58}$$

根据虚功原理中惯性项定义惯性节点力为

$$\delta W^{\mathrm{kin}} = \delta u_{iI} f_{iI}^{\mathrm{kin}} = \int_{\Omega} \delta u_i \rho \ddot{u}_i \mathrm{d}\Omega = \delta u_{iI} \int_{\Omega} \rho N_I N_J \mathrm{d}\Omega \ddot{u}_{jJ} = \delta u_{iI} M_{ijIJ} \ddot{u}_{jJ} \tag{2-59}$$

考虑到 $\delta \boldsymbol{u}$ 和 $\ddot{\boldsymbol{u}}$ 的任意性，可得质量阵及惯性力的表达式为

$$M_{ijIJ} = \int_{\Omega} \rho N_I N_J \mathrm{d}\Omega \tag{2-60}$$

$$f_{iI}^{\mathrm{kin}} = M_{ijIJ} \ddot{u}_{jJ} \tag{2-61}$$

将式(2－60)和式(2－61)代入控制方程弱形式，可得离散后的固体运动方程

$$\delta u_{iI} (f_{iI}^{\mathrm{int}} - f_{iI}^{\mathrm{ext}} + M_{ijIJ} \ddot{u}_{jJ}) = 0 \tag{2-62}$$

式(2－62)对于节点位移任意取值总是成立的，因此可得

$$M_{ijIJ} \ddot{u}_{jJ} = f_{iI}^{\mathrm{ext}} - f_{iI}^{\mathrm{int}} \tag{2-63}$$

通过标准的伽辽金弱形式离散固体微分方程，其运动方程可表达为

$$\boldsymbol{M}_{IJ}^{\mathrm{s}} \boldsymbol{a}_I^{\mathrm{s}} = \boldsymbol{f}_I^{\mathrm{ext}} - \tilde{\boldsymbol{f}}_I^{\mathrm{int}} \tag{2-64}$$

式中，$\boldsymbol{M}_{IJ}^{\mathrm{s}}$表示集中质量阵；$\boldsymbol{f}_I^{\mathrm{ext}}$ 表示外力，包括体力和耦合力等；$\tilde{\boldsymbol{f}}_I^{\mathrm{int}}$ 表示光滑内力，可通过下式进行计算：

$$\tilde{\boldsymbol{f}}_I^{\mathrm{int}} = \int_{\Omega^{\mathrm{s}}} \tilde{\boldsymbol{B}}_I^{\mathrm{T}} \tilde{\boldsymbol{S}} \mathrm{d}\Omega \tag{2-65}$$

式中，$\tilde{\boldsymbol{B}}_I$ 为光滑应变－位移矩阵，包括两部分，表示为

$$\tilde{\boldsymbol{B}}_I = \tilde{\boldsymbol{B}}_{I0} + \tilde{\boldsymbol{B}}_{I1} \tag{2-66}$$

式中，$\tilde{\boldsymbol{B}}_{I0}$为初始状态的光滑应变－位移矩阵；$\tilde{\boldsymbol{B}}_{I1}$ 为考虑变形增量引起的光滑应变－位移矩阵。

两者均为分块矩阵，表示为

$$\begin{cases} \tilde{\boldsymbol{B}}_{I0} = [\tilde{\boldsymbol{B}}_{I0}^{J_1}, \cdots, \tilde{\boldsymbol{B}}_{I0}^{J_{ns}}] \\ \tilde{\boldsymbol{B}}_{I1} = [\tilde{\boldsymbol{B}}_{I1}^{J_1}, \cdots, \tilde{\boldsymbol{B}}_{I1}^{J_{ns}}] \end{cases} \tag{2-67}$$

式中，J_i 表示光滑域内第 i 个节点，每个分块矩阵的具体形式可参考文献[42]。

在 Saint Venant－Kirchhoff 模型中将采用 ES－PIM 计算固体内力，下面给出超弹性材料 Mooney－Rivlin 模型中固体内力计算公式，光滑 PK2 应力 $\tilde{\boldsymbol{S}}$ 可表示为偏应力和体积应力之和，即

$$\tilde{\boldsymbol{S}} = \tilde{\boldsymbol{S}}^{\mathrm{dev}} + \tilde{\boldsymbol{S}}^{\mathrm{vol}} \tag{2-68}$$

将式(2－68)代入式(2－65)可推导出固体内力计算公式为

$$\begin{aligned}\tilde{\boldsymbol{f}}_I^{\text{int}} &= \int_{\Omega^s} \tilde{\boldsymbol{B}}_I^{\mathrm{T}} (\tilde{\boldsymbol{S}}^{\text{dev}} + \tilde{\boldsymbol{S}}^{\text{vol}}) \mathrm{d}\Omega \\ &= \underbrace{\int_{\Omega^s} \tilde{\boldsymbol{B}}_I^{\mathrm{T}} \tilde{\boldsymbol{S}}^{\text{dev}} \mathrm{d}\Omega}_{\text{ES-PIM}} + \underbrace{\int_{\Omega^s} \tilde{\boldsymbol{B}}_I^{\mathrm{T}} \tilde{\boldsymbol{S}}^{\text{vol}} \mathrm{d}\Omega}_{\text{NS-PIM}} \end{aligned} \tag{2-69}$$

式中，固体内力分解成为两部分，在本书中将分别采用 ES－PIM 和 NS－PIM 求解。

固体运动方程的时间离散采用基于中心差分算法的显式积分方案，固体时间步长需要满足标准的时间步长条件，即

$$\Delta t^{s} \leqslant \min \frac{h_{e}^{s}}{c_{e}} \tag{2-70}$$

式中，h_e^s 表示固体单元的特征长度；c_e 表示每个单元当前声速。

固体程序求解流程如下。

（1）S－PIM 程序模块

①根据 S－PIM 具体形式，基于背景单元构造相应光滑域 Ω_{isd}^{sd}，($isd=1,2,\cdots,N_{sd}^{s}$)。

②设置初始条件：$t=0$，$n=0$，${}^{n}\boldsymbol{f}_I^{\text{ext}}=0$，${}^{n}\boldsymbol{v}_I^{s}$，${}^{n}\boldsymbol{a}_I^{s}$。

③循环所有光滑域 Ω_{isd}^{sd}，计算 $\boldsymbol{\Phi}_I^{s}$ 及其边界积分。

④计算集中质量阵 $\boldsymbol{M}_{IJ}^{s}$。

⑤调用子程序 Solid_ExDyna(n，Δt，${}^{n}\boldsymbol{u}_I^{s}$，${}^{n}\boldsymbol{v}_I^{s}$，${}^{n}\boldsymbol{a}_I^{s}$，$\boldsymbol{M}_{IJ}^{s}$，${}^{n}\boldsymbol{f}_I^{\text{ext}}$)，将输出值 ${}^{n+1}\boldsymbol{u}_I^{s}$，${}^{n+1}\boldsymbol{v}_I^{s}$，${}^{n+1}\boldsymbol{a}_I^{s}$ 返回主程序。

⑥更新变量 ${}^{n}\boldsymbol{u}_I^{s}={}^{n+1}\boldsymbol{u}_I^{s}$，${}^{n}\boldsymbol{v}_I^{s}={}^{n+1}\boldsymbol{v}_I^{s}$，${}^{n}\boldsymbol{a}_I^{s}={}^{n+1}\boldsymbol{a}_I^{s}$，$n=n+1$；进入步骤⑤继续下一次循环。

（2）子程序 Solid_ExDyna

①更新时间 $t^{n+1}=t^{n}+\Delta t^{s}$，$t^{n+1/2}=(t^{n}+t^{n+1})/2$；

②更新中间时刻速度 ${}^{n+1/2}\boldsymbol{v}_I^{s}={}^{n}\boldsymbol{v}_I^{s}+\frac{1}{2}\Delta t^{s}\cdot{}^{n}\boldsymbol{a}_I^{s}$；

③施加速度边界条件；

④施加力边界条件求得外力 ${}^{n+1}\boldsymbol{f}_I^{\text{ext}}$；

⑤更新节点位移 ${}^{n+1}\boldsymbol{u}_I^{s}={}^{n}\boldsymbol{u}_I^{s}+\Delta t^{s}\cdot{}^{n+1/2}\boldsymbol{v}_I^{s}$；

⑥根据已更新的节点位移 ${}^{n+1}\boldsymbol{u}_I^{s}$，调用子程序 Cal_Internal_Force 计算内力 ${}^{n+1}\tilde{\boldsymbol{f}}_I^{\text{int}}$；

⑦更新节点加速度 ${}^{n+1}\boldsymbol{a}_I^{\mathrm{s}} = (\boldsymbol{M}_{IJ}^{\mathrm{s}})^{-1} \cdot ({}^{n+1}\boldsymbol{f}_I^{\mathrm{ext}} - {}^{n+1}\tilde{\boldsymbol{f}}_I^{\mathrm{int}})$；

⑧更新节点速度 ${}^{n+1}\boldsymbol{v}_I^{\mathrm{s}} = {}^{n+1/2}\boldsymbol{v}_I^{\mathrm{s}} + \dfrac{1}{2}\Delta t \cdot {}^{n+1}\boldsymbol{a}_I^{\mathrm{s}}$。

(3)子程序 Cal_Internal_Force

循环所有光滑域 $\Omega_{isd}^{\mathrm{sd}}, isd = 1, 2, \cdots, N_{\mathrm{sd}}^{\mathrm{s}}$；

①根据式(2－30)或式(2－41)计算光滑后的 PK2 应力 ${}^{n+1}\tilde{\boldsymbol{S}}$；

②根据式(2－65)至式(2－67)计算内力 ${}^{n+1}\tilde{\boldsymbol{f}}_I^{\mathrm{int}}$；

结束循环。

2.7　本章小结

由于后续章节中所开发的流固耦合模型中均采用 S－PIM 模拟固体，因此在本章中详细介绍了 S－PIM 的基本理论和求解流程，根据已发表的专著和论文，结论如下：

(1)在二维 T3 单元或三维 T4 单元基础上，根据非重叠、无间隙及数量最少原则可以构造出点基光滑域、边基光滑域和面基光滑域。然后通过引入梯度光滑技术软化模型刚度使 S－PIM 具备诸多优良特性，如不增加自由度个数、显著提高低阶单元的计算精度、适用于复杂问题域及克服网格畸变等。特别地，软化程度较高的 NS－PIM 能够克服体积自锁现象且提供上限能量解；ES－PIM 模型刚度接近真实解刚度，具有超精度、超收敛特性；FS－PIM 是 ES－PIM 在三维情况的直接扩展形式，继承了它的优良特性。

(2)介绍了 PIM 中基于单元的三种高效选点方案，即线性插值方案、T6/3 方案和 T6 方案。本书中 S－PIM 中点插值形函数的创建采用了 T6/3 方案，利用非常少量的局部支持点构造高阶插值格式，插值简单直接，无须网格映射技术，具备插值形函数所有的必要特性。

(3)介绍了两种应用于大变形流固耦合问题的非线性固体本构关系。Saint Venant－Kirchhoff 模型是一种简单的各向同性且几乎不可压的弹性材料模型，能够有效模拟固体几何大变形问题；超弹性材料 Mooney－Rivlin 模型主要用于模拟橡胶类材料大变形，涉及此模型时分别采用 ES－PIM 和 NS－PIM 求解 PK2 应力中的偏应力分量和体积应力分量，既能克服泊松比接近 0.5 时可能出现的体积自锁现象，又能发挥 ES－PIM 的优良计算性能。

第3章 浸没光滑点插值法及应用

3.1 引言

在处理大变形流固耦合问题时，IBM 因基于固定欧拉网格无须重构网格受到广泛关注，自提出之后得以不断发展和改进。经典的 IBM 将固体近似为纤维结构的弹性体，将其离散为一系列拉格朗日节点，这类结构具有质量但不占有体积，因此在描述复杂的非线性固体本构关系时就变得非常困难。为了克服这个不足，Zhang 等[43]提出了浸没有限元法（immersed finite element method, IFEM），通过引入虚拟流体将流体和固体视为统一连续体，并通过 FEM 求解浸没固体的运动和变形。基于 IBM 和 IFEM 的研究，Zhang 等[44]提出浸没光滑有限元法（immersed smoothed finite element method, IS－FEM），改进了流固耦合问题中大变形固体的求解性能。

基于 FEM 离散的半隐式 CBS 算法发展成熟，在求解流体控制方程时不涉及非对称系统矩阵，最重要的是速度和压力可以采用相同插值函数，同时能够有效避免各种数值振荡问题，已成功应用于蠕变流、高速可压缩气体流、不可压缩层流和湍流、自由液面流动和流固耦合等各种流动问题模拟。

基于浸没方法框架下模拟移动边界无须网格重构的优势，以及最新发展的 S－PIM在固体力学求解中表现出的优良性能，本书提出了浸没光滑点插值法（immersed smoothed point interpolation method, IS－PIM）模拟大变形流固耦合问题。在 IS－PIM 中，基于固定欧拉网格采用 CBS 模拟不可压缩黏性流体流动，采用 ES－PIM 分析固体大变形，流体和固体域均采用三节点三角形（T3）单元离散。在本章中将详细介绍 IS－PIM 的基本理论，并通过数值算例验证算法的可靠性，之后用于研究带分流板的圆柱尾流控制问题，分析刚性和柔性分流板的减阻机理。

3.2 虚拟流体假设

浸没方法的基本思想是将固体从流体域中分离出来，在整个问题域离散流体网格而不考虑固体边界的影响，避免了生成贴体网格的复杂操作，尤其是在固体具有任意复杂几何形状时优势更为明显。浸没方法的关键之处在于通过适当方式实现流固耦合条件的施加，因为采用非相容性网格，流固两相之间的信息交换通过插值来完成。

在 IS－PIM 中，通过在整个固体域内引入虚拟流体假设，将流固耦合系统控制方程进行分解，并基于虚拟流体域进行耦合速度条件的施加及流固耦合力的计算。

3.2.1 虚拟流体引入

流固耦合控制方程包括流体和固体运动方程及流固耦合条件，可表示为

$$\begin{cases}\rho^{\mathrm{f}}\left(\dfrac{\partial \boldsymbol{v}^{\mathrm{f}}}{\partial t}+\boldsymbol{v}^{\mathrm{f}}\cdot\nabla\boldsymbol{v}^{\mathrm{f}}\right)=\operatorname{div}\boldsymbol{\sigma}^{\mathrm{f}}+\rho^{\mathrm{f}}\boldsymbol{g},\ \boldsymbol{x}\in\Omega^{\mathrm{f}}\\ \rho^{\mathrm{s}}\dfrac{\mathrm{d}\boldsymbol{v}^{\mathrm{s}}}{\mathrm{d}t}=\operatorname{div}\boldsymbol{\sigma}^{\mathrm{s}}+\rho^{\mathrm{s}}\boldsymbol{g},\ \boldsymbol{x}\in\Omega^{\mathrm{s}}\\ \boldsymbol{v}^{\mathrm{f}}=\boldsymbol{v}^{\mathrm{s}},\ \boldsymbol{x}\in\Gamma^{\mathrm{fs}}\\ \bar{\boldsymbol{f}}^{\mathrm{s,FSI}}=-\bar{\boldsymbol{f}}^{\mathrm{f,FSI}},\ \boldsymbol{x}\in\Gamma^{\mathrm{fs}}\end{cases} \tag{3-1}$$

式中，$\boldsymbol{\sigma}^{\mathrm{f}}$ 和 $\boldsymbol{\sigma}^{\mathrm{s}}$ 表示流体与固体的柯西应力；$\bar{\boldsymbol{f}}^{\mathrm{f,FSI}}$ 和 $\bar{\boldsymbol{f}}^{\mathrm{s,FSI}}$ 表示流固耦合界面的相互作用力，它们是作用在耦合界面的边界力密度，沿着固体边界积分可以求得固体所受的耦合力，这也是通常所采用的耦合力计算方法，即

$$\boldsymbol{F}^{\mathrm{s,FSI}}=\int_{\Gamma^{\mathrm{fs}}}\bar{\boldsymbol{f}}^{\mathrm{s,FSI}}\mathrm{d}\Gamma=-\int_{\Gamma^{\mathrm{fs}}}\bar{\boldsymbol{f}}^{\mathrm{f,FSI}}\mathrm{d}\Gamma \tag{3-2}$$

在最初的 IBM 中，核心思想是在 N－S 方程中引入体力项以满足速度不可滑移条件，基于非相容性网格在难以确定耦合界面的情况下，将耦合力的影响扩展到周围流体节点，达到间接施加流固耦合边界条件的目的。引入体力项的 N－S 方程可表示为

$$\boldsymbol{f}^{\mathrm{f,FSI}}=\rho^{\mathrm{f}}\frac{\partial\boldsymbol{v}^{\mathrm{f}}}{\partial t}+\rho^{\mathrm{f}}\boldsymbol{v}^{\mathrm{f}}\cdot\nabla\boldsymbol{v}^{\mathrm{f}}-\mathrm{div}\,\boldsymbol{\sigma}^{\mathrm{f}}-\rho^{\mathrm{f}}g \tag{3-3}$$

式中，$\boldsymbol{f}^{\mathrm{f,FSI}}$为作用于浸没边界附近流体的力密度，它由耦合界面上的流固耦合力分配而来，与作用于耦合界面处的边界力密度$\bar{\boldsymbol{f}}^{\mathrm{f,FSI}}$的积分形式满足

$$\int_{\Omega}\boldsymbol{f}^{\mathrm{f,FSI}}\mathrm{d}\Omega=\int_{\Gamma^{\mathrm{fs}}}\bar{\boldsymbol{f}}^{\mathrm{f,FSI}}\mathrm{d}\Gamma \tag{3-4}$$

在 IBM 的基础上，Liu 等[45]将流固耦合力以体力形式施加到整个固体域，提出了浸没域法，并在数学上证明了该理论与经典流固耦合系统是等价的。对式(3－1)中固体运动方程进行等价变换，即可得到在整个固体域引入体力项的流固耦合力计算公式为

$$(\rho^{\mathrm{s}}-\rho^{\mathrm{f}})\frac{\mathrm{d}\boldsymbol{v}^{\mathrm{s}}}{\mathrm{d}t}+\rho^{\mathrm{f}}\frac{\mathrm{d}\boldsymbol{v}^{\mathrm{s}}}{\mathrm{d}t}-(\rho^{\mathrm{s}}-\rho^{\mathrm{f}})\boldsymbol{g}-(\mathrm{div}\,\boldsymbol{\sigma}^{\mathrm{s}}-\mathrm{div}\,\boldsymbol{\sigma}^{\mathrm{f}})-\mathrm{div}\,\boldsymbol{\sigma}^{\mathrm{f}}-\rho^{\mathrm{f}}\boldsymbol{g}=0 \tag{3-5}$$

$$\underbrace{\left\{(\rho^{\mathrm{s}}-\rho^{\mathrm{f}})\frac{\mathrm{d}\boldsymbol{v}^{\mathrm{s}}}{\mathrm{d}t}-(\mathrm{div}\,\boldsymbol{\sigma}^{\mathrm{s}}-\mathrm{div}\,\boldsymbol{\sigma}^{\mathrm{f}})-(\rho^{\mathrm{s}}-\rho^{\mathrm{f}})\boldsymbol{g}\right\}}_{\boldsymbol{f}^{\mathrm{s,FSI}}}+\underbrace{\left\{\rho^{\mathrm{f}}\frac{\mathrm{d}\boldsymbol{v}^{\mathrm{s}}}{\mathrm{d}t}-\mathrm{div}\,\boldsymbol{\sigma}^{\mathrm{f}}-\rho^{\mathrm{f}}\boldsymbol{g}\right\}}_{\boldsymbol{f}^{\mathrm{f,FSI}}}=0 \tag{3-6}$$

式中，第一部分被定义为流体对固体的作用力$\boldsymbol{f}^{\mathrm{s,FSI}}$，Zhang 等[43]最初提出的 IFEM 即是通过该定义基于流体域计算流固耦合力，不足之处在于固体的速度完全受虚拟流体支配，难以体现真实的运动特性。第二部分被定义为固体对流体的作用力$\boldsymbol{f}^{\mathrm{f,FSI}}$，是基于固体域内的虚拟流体进行计算，已知耦合力后可以求解固体运动方程，能够真实反映固体运动特性。本书即基于第二部分计算流固耦合力，下文将具体介绍虚拟流体的概念。

借鉴浸没域法和虚拟区域法中虚拟流体引入方式，假设固体域内存在虚拟流体，并且假设它满足以下两个条件：

(1)与真实流体具有相同的物理特性，即密度和黏性保持一致；

(2)与固体的运动始终保持一致。

如图 3－1 所示，基于虚拟流体假设可将固体域 Ω^{s} 从流固耦合系统中分离出来，被虚拟流体域 Ω^{fc} 所取代。虚拟流体域和固体域满足关系式 $\Omega^{\mathrm{s}}=\Omega^{\mathrm{fc}}$ 和 $\Gamma^{\mathrm{fc}}=\Gamma^{\mathrm{s}}$。整个流体域内 $\Omega^{\mathrm{f*}}=\Omega^{\mathrm{f}}\cup\Omega^{\mathrm{fc}}$ 充满了同一性质的流体，因此可采用固定欧拉网格离散整个流体域，同时采用移动的拉格朗日网格描述固体。与式(3－3)相比，式(3－6)中流固耦合力的表达式是基于拉格朗日网格描述的，并且是施加到整个虚拟流体域的，基于欧拉描述的虚拟流体运动方程可表示为

$$\rho^{fc}\left(\frac{\partial \boldsymbol{v}^{fc}}{\partial t}+\boldsymbol{v}^{fc}\cdot\nabla\boldsymbol{v}^{fc}\right)=\mathrm{div}\,\boldsymbol{\sigma}^{fc}+\rho^{fc}\boldsymbol{g}+\boldsymbol{f}^{fc},\ \boldsymbol{x}\in\Omega^{fc} \tag{3-7}$$

式中,分布在虚拟流体内的体力$\boldsymbol{f}^{fc}$是促使虚拟流体运动的力,并且使虚拟流体节点总与固体节点运动保持一致。因此,会产生一对作用力与反作用力,即流固耦合力$\boldsymbol{f}^{s,FSI}$和$\boldsymbol{f}^{f,FSI}$,分别施加在固体节点和虚拟流体节点。

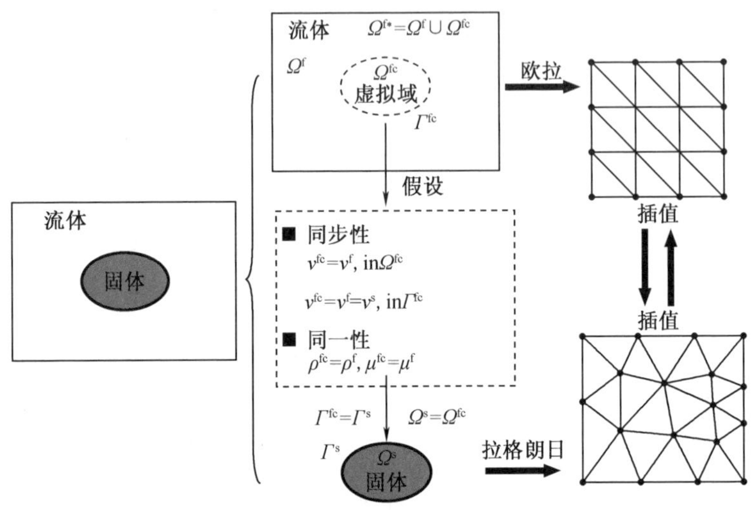

图 3-1　IS-PIM 基本思路

将$\boldsymbol{f}^{f,FSI}$替代式(3-7)的$\boldsymbol{f}^{fc}$,基于虚拟流体假设,根据式(3-7)计算流固耦合力为

$$\boldsymbol{f}^{f,FSI}=\rho^{f}\left(\frac{\partial \boldsymbol{v}^{fc}}{\partial t}+\boldsymbol{v}^{fc}\cdot\nabla\boldsymbol{v}^{fc}\right)-\mathrm{div}\,\boldsymbol{\sigma}^{fc}-\rho^{f}\boldsymbol{g},\ (\boldsymbol{v}^{fc}=\boldsymbol{v}^{s},\boldsymbol{x}\in\Omega^{fc}) \tag{3-8}$$

式(3-8)中流固耦合力定义在整个虚拟流体域内,其积分形式可表达为

$$\begin{cases}\displaystyle\int_{\Omega^{fc}}\rho^{f}\left(\frac{\partial \boldsymbol{v}^{fc}}{\partial t}+\boldsymbol{v}^{fc}\cdot\nabla\boldsymbol{v}^{fc}\right)\mathrm{d}\Omega=\int_{\Omega^{fc}}\mathrm{div}\,\boldsymbol{\sigma}^{fc}\mathrm{d}\Omega+\int_{\Omega^{fc}}\rho^{f}\boldsymbol{g}\mathrm{d}\Omega+\boldsymbol{F}^{f,FSI}\\ \boldsymbol{v}^{fc}=\boldsymbol{v}^{s},\boldsymbol{x}\in\Omega^{fc}\end{cases} \tag{3-9}$$

式中,积分形式的耦合力$\boldsymbol{F}^{f,FSI}$满足

$$\boldsymbol{F}^{f,FSI}=\int_{\Omega^{fc}}\boldsymbol{f}^{f,FSI}\mathrm{d}\Omega \tag{3-10}$$

同时,作用在固体上的耦合力作为反作用力可表示为

$$\boldsymbol{F}^{s,FSI}=-\boldsymbol{F}^{f,FSI}=-\int_{\Omega^{fc}}\boldsymbol{f}^{f,FSI}\mathrm{d}\Omega \tag{3-11}$$

式中，作用在固体上的力 $\boldsymbol{F}^{s,FSI}$ 可分解为计算流体动力学中定义的阻力和升力，说明 IS – PIM 耦合力计算模型等价于作用在耦合界面处的耦合力。在物理意义上解释为一个保守场中边界积分向域内积分的转化是等价的。

将式(3 – 1)中真实流体的运动方程表示为积分形式，并与式(3 – 9)相结合可得

$$\begin{aligned}&\int_{\Omega^f}\rho^f\left(\frac{\partial \boldsymbol{v}^f}{\partial t}+\boldsymbol{v}^f\cdot\nabla\boldsymbol{v}^f\right)\mathrm{d}\Omega+\int_{\Omega^{fc}}\rho^f\left(\frac{\partial \boldsymbol{v}^{fc}}{\partial t}+\boldsymbol{v}^{fc}\cdot\nabla\boldsymbol{v}^{fc}\right)\mathrm{d}\Omega\\&=\int_{\Omega^f}\mathrm{div}\ \boldsymbol{\sigma}^f\mathrm{d}\Omega+\int_{\Omega^{fc}}\mathrm{div}\ \boldsymbol{\sigma}^{fc}\mathrm{d}\Omega+\int_{\Omega^f}\rho^f\boldsymbol{g}\mathrm{d}\Omega+\int_{\Omega^{fc}}\rho^f\boldsymbol{g}\mathrm{d}\Omega+\boldsymbol{F}^{f,FSI}\end{aligned}\tag{3-12}$$

因为整个计算域内充满同一性质的流体，式(3 – 12)可以进一步表示为

$$\begin{cases}\int_{\Omega^{f*}}\rho^f\left(\frac{\partial \boldsymbol{v}^{f*}}{\partial t}+\boldsymbol{v}^{f*}\cdot\nabla\boldsymbol{v}^{f*}\right)\mathrm{d}\Omega=\int_{\Omega^{f*}}\mathrm{div}\ \boldsymbol{\sigma}^{f*}\mathrm{d}\Omega+\int_{\Omega^{f*}}\rho^f\boldsymbol{g}\mathrm{d}\Omega+\boldsymbol{F}^{f,FSI}\\ \boldsymbol{v}^{f*}=\boldsymbol{v}^s,\mathrm{in}\ \boldsymbol{\Omega}^{fc}\end{cases}\tag{3-13}$$

基于虚拟流体域可以进行流固耦合力的计算：

$$\boldsymbol{f}^{f,FSI}=\rho^f\left(\frac{\partial \boldsymbol{v}^{f*}}{\partial t}+\boldsymbol{v}^{f*}\cdot\nabla\boldsymbol{v}^{f*}\right)-\mathrm{div}\ \boldsymbol{\sigma}^{f*}-\rho^f\boldsymbol{g}_i,\ \boldsymbol{v}^{f*}=\boldsymbol{v}^s\tag{3-14}$$

最终，可以将流固耦合系统控制方程分解为三部分：

(1)非线性固体方程；

(2)不可压缩黏性流体方程；

(3)流固耦合条件方程。

在本章中，为书写方便，接下来的方程中上标 f^* 将用 f 代替。

3.2.2　控制方程分解

1. 非线性固体方程

$$\rho^s\ddot{\boldsymbol{u}}^s=\frac{\partial \boldsymbol{P}^s}{\partial \boldsymbol{X}^s}+\rho^s\boldsymbol{g}\tag{3-15}$$

边界条件：$\boldsymbol{n}^s\boldsymbol{\sigma}^s=\overline{\boldsymbol{T}}^s;\boldsymbol{v}^s=\overline{\boldsymbol{v}}^s,\boldsymbol{x}^s\in\Gamma^s$

初始条件：$\boldsymbol{P}^s={}^0\overline{\boldsymbol{P}}^s,\boldsymbol{v}^s={}^0\overline{\boldsymbol{v}}^s,t=0$

式中，$\boldsymbol{u}^s$ 表示固体位移；$\boldsymbol{P}^s$ 表示第一类 Piola – Kirchhoff 应力；$\boldsymbol{n}^s$ 表示曲面外法向量；$\overline{\boldsymbol{T}}^s$ 和 $\overline{\boldsymbol{v}}^s$ 分别表示固体边界处作用力和速度，在流固耦合问题中分别对应于耦合界面处的力和速度；${}^0\overline{\boldsymbol{P}}^s$ 和 ${}^0\overline{\boldsymbol{v}}^s$ 分别表示初始的 Piola – Kirchhoff 应力和速度。

2. 不可压缩黏性流体方程

$$\begin{cases}\rho^{\mathrm{f}}\dfrac{\partial v^{\mathrm{f}}}{\partial t}+\rho^{\mathrm{f}}(\boldsymbol{v}^{\mathrm{f}}\cdot\nabla\boldsymbol{v}^{\mathrm{f}})=-\nabla p^{\mathrm{f}}+\boldsymbol{\mu}^{\mathrm{f}}\cdot\nabla^2\boldsymbol{v}^{\mathrm{f}}+\rho^{\mathrm{f}}\boldsymbol{g}\\ \nabla\cdot\boldsymbol{v}^{\mathrm{f}}=0\end{cases}\tag{3-16}$$

边界条件：$\begin{cases}g_{\mathrm{vbc}}^{\mathrm{f}}(\boldsymbol{v})=\boldsymbol{v}^{\mathrm{f}}-\overline{\boldsymbol{v}}^{\mathrm{f}}=0,\boldsymbol{x}^{\mathrm{f}}\in\Gamma_v^{\mathrm{f}}\\ g_{\mathrm{pbc}}^{\mathrm{f}}(p)=p^{\mathrm{f}}-\overline{p}^{\mathrm{f}}=0,\boldsymbol{x}^{\mathrm{f}}\in\Gamma_p^{\mathrm{f}}\end{cases}$

初始条件：$\boldsymbol{v}^{\mathrm{f}}=\overset{0-\mathrm{f}}{\boldsymbol{v}};p^{\mathrm{f}}=\overset{0-\mathrm{f}}{p},t=0$

式中，p^{f} 表示流体压力；$\overline{\boldsymbol{v}}^{\mathrm{f}}$ 表示流域边界处速度；$\overline{p}^{\mathrm{f}}$ 表示流域边界处压力；$g_{\mathrm{vbc}}^{\mathrm{f}}(\boldsymbol{v})$ 和 $g_{\mathrm{pbc}}^{\mathrm{f}}(p)$ 分别表示流域边界处速度和压力的边界条件；Γ_v^{f} 和 Γ_p^{f} 分别表示速度和压力边界，$\overset{0-\mathrm{f}}{\boldsymbol{v}}$ 和 $\overset{0-\mathrm{f}}{p}$ 分别表示初始的速度和压力。

3. 流固耦合条件

速度条件：$\boldsymbol{v}^{\mathrm{f}}=\boldsymbol{v}^{\mathrm{s}},\ \boldsymbol{x}\in\Omega^{\mathrm{fc}}$

耦合力条件：$\boldsymbol{f}^{\mathrm{s,FSI}}=-\boldsymbol{f}^{\mathrm{f,FSI}},\ \boldsymbol{x}\in\Omega^{\mathrm{s}}$

$$\boldsymbol{f}^{\mathrm{f,FSI}}=\rho^{\mathrm{f}}\frac{\partial\boldsymbol{v}^{\mathrm{f}}}{\partial t}+\rho^{\mathrm{f}}(\boldsymbol{v}^{\mathrm{f}}\cdot\nabla\boldsymbol{v}^{\mathrm{f}})+\nabla p^{\mathrm{f}}+\boldsymbol{\mu}^{\mathrm{f}}\cdot\nabla^2\boldsymbol{v}^{\mathrm{f}}-\rho^{\mathrm{f}}\boldsymbol{g},\ \boldsymbol{x}\in\Omega^{\mathrm{fc}}\tag{3-17}$$

将式（3－17）中耦合力的计算表示为分量形式

$$\boldsymbol{f}_i^{\mathrm{f,FSI}}=\rho^{\mathrm{f}}\frac{\partial\boldsymbol{v}_i^{\mathrm{f}}}{\partial t}+\rho^{\mathrm{f}}\frac{\partial}{\partial\boldsymbol{x}_j^{\mathrm{f}}}(\boldsymbol{v}_i^{\mathrm{f}}\boldsymbol{v}_j^{\mathrm{f}})+\frac{\partial p^{\mathrm{f}}}{\partial\boldsymbol{x}_i^{\mathrm{f}}}-\frac{\partial\boldsymbol{\tau}_{ij}^{\mathrm{f}}}{\partial\boldsymbol{x}_j^{\mathrm{f}}}-\rho^{\mathrm{f}}\boldsymbol{g}_i,\ \boldsymbol{x}\in\Omega^{\mathrm{fc}}\tag{3-18}$$

式中，$\boldsymbol{\tau}_{ij}$表示剪切应力。

在式（3－16）中已考虑重力项$\rho^{\mathrm{f}}\boldsymbol{g}$，求解的压力 p^{f} 包括静压和动压两部分，因此耦合力求解时不必再考虑式（3－18）中的重力项。根据散度定理，可将施加在固体上积分形式的耦合力从体力积分转化为边界积分，即

$$\begin{aligned}\boldsymbol{F}_i^{\mathrm{s,FSI}}&=-\int_{\Omega^{\mathrm{fc}}}\rho^{\mathrm{f}}\frac{\partial v_i^{\mathrm{f}}}{\partial t}\mathrm{d}\Omega-\int_{\Omega^{\mathrm{fc}}}\rho^{\mathrm{f}}\frac{\partial(v_j^{\mathrm{f}}v_i^{\mathrm{f}})}{\partial x_j^{\mathrm{f}}}\mathrm{d}\Omega+\int_{\Omega^{\mathrm{fc}}}\frac{\partial\boldsymbol{\tau}_{ij}^{\mathrm{f}}}{\partial x_j^{\mathrm{f}}}\mathrm{d}\Omega-\int_{\Omega^{\mathrm{fc}}}\frac{\partial p^{\mathrm{f}}}{\partial x_j^{\mathrm{f}}}\mathrm{d}\Omega\\&=-\int_{\Omega^{\mathrm{fc}}}\rho^{\mathrm{f}}\frac{\partial v_i^{\mathrm{f}}}{\partial t}\mathrm{d}\Omega-\int_{\Gamma^{\mathrm{fc}}}\rho^{\mathrm{f}}v_i^{\mathrm{f}}v_j^{\mathrm{f}}n_j^{\mathrm{fc}}\mathrm{d}\Gamma+\int_{\Gamma^{\mathrm{fc}}}\boldsymbol{\tau}_{ij}^{\mathrm{f}}n_j^{\mathrm{fc}}\mathrm{d}\Gamma-\int_{\Gamma^{\mathrm{fc}}}p^{\mathrm{f}}n_j^{\mathrm{fc}}\mathrm{d}\Gamma\end{aligned}\tag{3-19}$$

式中，n_j^{fc} 表示曲面 Γ^{fc}的外法向量。以体力形式施加在固体域内的耦合力 $F_i^{\mathrm{s,FSI}}$ 与作用于耦合界面的耦合力是等效的。说明 IS－PIM 中所采用的耦合力即以体力形式施加在固体域。从式（3－19）中还可以看出，IBM 中作用于浸没边界的流固耦合力包括了物理上的压力和剪切力，同时因引入虚拟流体假设增加了固体域内部流动的影响（即式（3－19）右端前两项）。相比于压力和剪切力其数值较

小，但在 IBM 理论框架下能够保证数值结果的准确性。

3.3　不可压缩黏性流体求解

CBS 算法用来模拟不可压缩黏性流体流动，时间推进采用简单的欧拉前推算法，采用分步法规避不可压缩性条件的限制。下面简要说明其推导过程，详细步骤可见 Zienkiewicz 等[46]的专著。N－S 方程的完全守恒形式可表示为

$$\frac{\partial \boldsymbol{\Psi}}{\partial t}+\frac{\partial \boldsymbol{F}_i}{\partial x_i}+\frac{\partial \boldsymbol{G}_i}{\partial x_i}+\boldsymbol{Q}=\boldsymbol{0} \tag{3-20}$$

式中，$\boldsymbol{\Psi}$ 为基本变量；$\boldsymbol{Q}$ 为源项，通常情况下 $\boldsymbol{Q}=\boldsymbol{Q}(x_i,\boldsymbol{\Psi})$；$\boldsymbol{F}$ 和 $\boldsymbol{G}$ 为对流通量和扩散通量，且 $\boldsymbol{F}_i=\boldsymbol{F}_i(\boldsymbol{\Psi})$，$\boldsymbol{G}_i=\boldsymbol{G}_i\left(\frac{\partial \boldsymbol{\Psi}}{\partial x_j}\right)$。

为便于推导，将式(3－20)矢量表示为标量形式，即

$$\begin{gathered}\boldsymbol{\Psi}\to\psi\quad \boldsymbol{Q}\to Q(x_i,\psi)\\ \boldsymbol{F}_i\to F_i=U_i\psi\quad \boldsymbol{G}_i\to G_i=-k\frac{\partial \psi}{\partial x_i}\end{gathered} \tag{3-21}$$

在笛卡儿坐标系下将标量形式的变量代入式(3－20)，可重写为

$$\frac{\partial \psi}{\partial t}+\frac{\partial (U_i\psi)}{\partial x_i}-\frac{\partial}{\partial x_i}\left(k\frac{\partial \psi}{\partial x_i}\right)+Q=0 \tag{3-22}$$

$$\frac{\partial \psi}{\partial t}+U_i\frac{\partial \psi}{\partial x_i}+\psi\frac{\partial U_i}{\partial x_i}-\frac{\partial}{\partial x_i}\left(k\frac{\partial \psi}{\partial x_i}\right)+Q=0 \tag{3-23}$$

式中，U 为速度场；ψ 为该速度进行输运；k 为扩散系数。

对于不可压缩流体，$\frac{\partial U_i}{\partial x_i}=0$，式(3－23)进一步转化为

$$\frac{\partial \psi}{\partial t}+U_i\frac{\partial \psi}{\partial x_i}-\frac{\partial}{\partial x_i}\left(k\frac{\partial \psi}{\partial x_i}\right)+Q=0 \tag{3-24}$$

为方便推导可将式(3－24)表示为一维形式：

$$\frac{\partial \psi}{\partial t}+U\frac{\partial \psi}{\partial x}-\frac{\partial}{\partial x}\left(k\frac{\partial \psi}{\partial x}\right)+Q=0 \tag{3-25}$$

式(3－25)中对流项是非自伴随的且为非线性项，通过坐标转换在特征线上的新坐标系进行描述可将该项消去，转换关系可表示为

$$\mathrm{d}x' = \mathrm{d}x - U\mathrm{d}t \tag{3-26}$$

在新坐标系下场变量不会发生改变，因而 $\psi(x,t)=\psi(x',t)$，并有关系式：

$$\frac{\partial\psi(x,t)}{\partial t} = \frac{\partial\psi(x',t)}{\partial t} + \frac{\partial\psi(x',t)}{\partial x'}\frac{\partial x'}{\partial t} = \frac{\partial\psi(x',t)}{\partial t} - U\frac{\partial\psi(x',t)}{\partial x'} \tag{3-27}$$

式(3－25)可简化为

$$\frac{\partial\psi(x',t)}{\partial t} - \frac{\partial}{\partial x'}\left(k\frac{\partial\psi(x')}{\partial x'}\right) + Q(x') = 0 \tag{3-28}$$

这样就将控制方程转化成了简单的扩散方程，并且基于标准的伽辽金空间近似离散形式具有最优解，被学者称为特征线伽辽金法。由于该方法要进行网格更新操作，计算烦琐，较为耗时，因此在此基础上 Zienkiewicz 等[46]提出了一种显式的特征线伽辽金法，通过局部泰勒展开的方式进行近似以避免更新网格，并得到一维对流－扩散方程的离散形式为

$$\begin{aligned}\Delta\psi &= \psi^{n+1} - \psi^{n}\\ &= -\Delta t\left[U^n\frac{\partial\psi}{\partial x} - \frac{\partial}{\partial x}\left(k\frac{\partial\psi}{\partial x}\right) + Q\right]^n + \frac{\Delta t^2}{2}U^n\frac{\partial}{\partial x}\left[U^n\frac{\partial\psi}{\partial x} - \frac{\partial}{\partial x}\left(k\frac{\partial\psi}{\partial x}\right) + Q\right]^n\end{aligned} \tag{3-29}$$

扩展到多维空间时可表示为

$$\begin{aligned}\Delta\psi = &-\Delta t\left[\frac{\partial(U_j\psi)}{\partial x_j} - \frac{\partial}{\partial x_i}\left(k\frac{\partial\psi}{\partial x_i}\right) + Q\right]^n +\\ &\frac{\Delta t^2}{2}U_k^n\frac{\partial}{\partial x_k}\left[\frac{\partial(U_j\psi)}{\partial x_j} - \frac{\partial}{\partial x_i}\left(k\frac{\partial\psi}{\partial x_i}\right) + Q\right]^n\end{aligned} \tag{3-30}$$

参照式(3－30)对不可压缩 N－S 方程实施特征线－伽辽金步骤可得

$$\begin{aligned}v_i^{n+1} - v_i^n = &\Delta t\left[-\frac{\partial}{\partial x_j}(v_jv_i)^n + \frac{\partial\tau_{ij}^n}{\partial x_j} + (\rho g_i)^n\right] - \Delta t\frac{\partial p^{n+\theta_2}}{\partial x_i} +\\ &\frac{\Delta t^2}{2}v_k\frac{\partial}{\partial x_k}\left[\frac{\partial}{\partial x_j}(v_jv_i) - \frac{\partial\tau_{ij}^n}{\partial x_j} - \rho g_i\right]^n + \frac{\Delta t^2}{2}v_k\frac{\partial}{\partial x_k}\left(\frac{\partial p^{n+\theta_2}}{\partial x_i}\right)\end{aligned} \tag{3-31}$$

式中，

$$\frac{\partial p^{n+\theta_2}}{\partial x_i} = (1-\theta_2)\frac{\partial p^n}{\partial x_i} + \theta_2\frac{\partial p^{n+1}}{\partial x_i} \tag{3-32}$$

或者表示为

$$\frac{\partial p^{n+\theta_2}}{\partial x_i} = \frac{\partial p^n}{\partial x_i} + \theta_2\frac{\partial(\Delta p)}{\partial x_i},\ \Delta p = p^{n+1} - p^n \tag{3-33}$$

从式(3－31)可以看出，需要知道 t^n 时刻的速度和剪切力及 $t^{n+\theta_2}$ 时刻的压力。通过引入分裂算法可对其进行求解，其中 $\theta_2=0$ 时是完全显式的 CBS 算法，

$\frac{1}{2}\leqslant\theta_2\leqslant 1$ 时是半隐式的 CBS 算法。整个处理过程可分解为以下三个步骤：

(1)去除式(3-16)中压力项，并施加速度边界条件计算修正速度 ${}^{*}v_{Ji}^{\mathrm{f}}$(忽略高阶项)

$$ {}^{*}v_i^{\mathrm{f}}-{}^{n}v_i^{\mathrm{f}}=\Delta t\left[-{}^{n}v_i^{\mathrm{f}}\frac{\partial^{n}v_j^{\mathrm{f}}}{\partial x_j^{\mathrm{f}}}+\frac{1}{\rho^{\mathrm{f}}}\frac{\partial^{n}\tau_{ij}^{\mathrm{f}}}{\partial x_j^{\mathrm{f}}}+\frac{\Delta t}{2}{}^{n}v_k^{\mathrm{f}}\frac{\partial}{\partial x_k^{\mathrm{f}}}\left({}^{n}v_i^{\mathrm{f}}\frac{\partial^{n}v_j^{\mathrm{f}}}{\partial x_j^{\mathrm{f}}}-g_i\right)+\frac{\partial p^{\mathrm{f}}}{\partial x_i^{\mathrm{f}}}+g_i\right] \tag{3-34} $$

(2)施加压力边界条件，求解压力泊松方程

$$ \frac{\partial^{2\,n+1}p^{\mathrm{f}}}{\partial x_i\partial x_j}=-\frac{1}{\Delta t^{\mathrm{f}}}\frac{\partial^{*}v_i^{\mathrm{f}}}{\partial x_i} \tag{3-35} $$

(3)根据修正速度及速度边界条件，更新速度

$$ {}^{n+1}v_i^{\mathrm{f}}={}^{*}v_i^{\mathrm{f}}-\Delta t^{\mathrm{f}}\frac{\partial^{n+1}p^{\mathrm{f}}}{\partial x_i} \tag{3-36} $$

在欧拉坐标系下采用 T3 单元进行离散流体域。假设整个流体域 Ω^{f} 被划分为 $N_{\mathrm{ele}}^{\mathrm{f}}$ 个单元，总节点数为 N_n^{f}。引入线性插值形函数 Φ^{f}，流体任一节点速度 $\boldsymbol{v}^{\mathrm{f}}$ 和压力 p^{f} 可表示为插值形式

$$ \boldsymbol{v}^{\mathrm{f}}=\sum_I\Phi_I^{\mathrm{f}}\boldsymbol{v}_I^{\mathrm{f}},\ p^{\mathrm{f}}=\sum_I\Phi_I^{\mathrm{f}}p_I^{\mathrm{f}} \tag{3-37} $$

将式(3-37)代入式(3-34)至式(3-36)，可得到相应的半隐式离散方程：

$$ \begin{aligned} M_{IJ}^{\mathrm{f}}\frac{{}^{*}v_{Ji}^{\mathrm{f}}-{}^{n}v_{Ji}^{\mathrm{f}}}{\Delta t}&=-{}^{n}C_{IJ}^{\mathrm{f}}\,{}^{n}v_{Ji}^{\mathrm{f}}-{}^{n}F_{Ii}^{\mathrm{f}}-\frac{\Delta t^{n}}{2}K_{IJ}^{\mathrm{f}}\,{}^{n}v_{Ji}^{\mathrm{f}}+{}^{n}F_{Ii}^{\mathrm{f,t}}+{}^{n}F_{Ii}^{\mathrm{f,g}}\\ &={}^{*}RHS_{Ii}^{\mathrm{f}}+{}^{n}F_{Ii}^{\mathrm{f,g}} \end{aligned} \tag{3-38} $$

$$ H_{IJ}^{\mathrm{f}}\,{}^{n+1}p_J^{\mathrm{f}}=-\frac{1}{\Delta t}Q_{IJi}^{\mathrm{f}}\,{}^{*}v_{Ji}^{\mathrm{f}} \tag{3-39} $$

$$ M_{IJ}^{\mathrm{f}}\frac{{}^{n+1}v_{Ji}^{\mathrm{f}}-{}^{n}v_{Ji}^{\mathrm{f}}}{\Delta t}=M_{IJ}^{\mathrm{f}}\frac{{}^{*}v_{Ji}^{\mathrm{f}}-{}^{n}v_{Ji}^{\mathrm{f}}}{\Delta t}-G_{IJi}^{\mathrm{f}}\,{}^{n}p_J^{\mathrm{f}}={}^{n+1}RHS_{Ii}^{\mathrm{f}} \tag{3-40} $$

式中，${}^{*}RHS_{Ii}^{\mathrm{f}}$、${}^{n+1}RHS_{Ii}^{\mathrm{f}}$ 为简化方程指代的变量，其他变量的具体形式为

$$ M_{IJ}^{\mathrm{f}}=\int_{\Omega^{\mathrm{f}}}\rho^{\mathrm{f}}\Phi_I^{\mathrm{f}}\Phi_J^{\mathrm{f}}\mathrm{d}\Omega,\quad {}^{n}C_{IJ}^{\mathrm{f}}=\int_{\Omega^{\mathrm{f}}}\rho^{\mathrm{f}}\Phi_I^{\mathrm{f}}\frac{\partial({}^{n}v_j^{\mathrm{f}}\Phi_J^{\mathrm{f}})}{\partial x_j^{\mathrm{f}}}\mathrm{d}\Omega, $$

$$ {}^{n}F_{Ii}^{\mathrm{f}}=\int_{\Omega^{\mathrm{f}}}\frac{\partial\Phi_I^{\mathrm{f}}}{\partial x_j^{\mathrm{f}}}\tau_{ij}^{\mathrm{f}}\mathrm{d}\Omega,\quad {}^{n}K_{IJ}^{\mathrm{f}}=\int_{\Omega^{\mathrm{f}}}\frac{\partial({}^{n}v_k^{\mathrm{f}}\Phi_I^{\mathrm{f}})}{\partial x_k^{\mathrm{f}}}\rho^{\mathrm{f}}\frac{\partial({}^{n}v_j^{\mathrm{f}}\Phi_J^{\mathrm{f}})}{\partial x_j^{\mathrm{f}}}\mathrm{d}\Omega, $$

$$ {}^{n}F_{Ii}^{\mathrm{f,t}}=\int_{\Gamma^{\mathrm{f}}}\Phi_I^{\mathrm{f}}\,{}^{n}\tau_{ij}^{\mathrm{f}}n_j^{\mathrm{f}}\mathrm{d}\Gamma,\quad {}^{n}F_{Ii}^{\mathrm{f,g}}=\int_{\Omega^{\mathrm{f}}}\Phi_I^{\mathrm{f}}\rho^{\mathrm{f}}g_i\mathrm{d}\Omega, $$

$$ H_{IJ}^{\mathrm{f}}=\int_{\Omega^{\mathrm{f}}}\frac{\partial\Phi_I^{\mathrm{f}}}{\partial x_j^{\mathrm{f}}}\frac{\partial\Phi_J^{\mathrm{f}}}{\partial x_i^{\mathrm{f}}}\mathrm{d}\Omega,\quad Q_{IJi}^{\mathrm{f}}=\int_{\Omega^{\mathrm{f}}}\rho^{\mathrm{f}}\Phi_I^{\mathrm{f}}\frac{\partial\Phi_J^{\mathrm{f}}}{\partial x_i^{\mathrm{f}}}\mathrm{d}\Omega,\quad G_{IJi}^{\mathrm{f}}=\int_{\Omega^{\mathrm{f}}}\Phi_I^{\mathrm{f}}\frac{\partial\Phi_J^{\mathrm{f}}}{\partial x_i^{\mathrm{f}}}\mathrm{d}\Omega $$

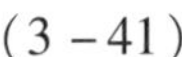

(3-41)

CBS 算法中可允许的最大时间步长 Δt^{f} 受对流和扩散波速限制，需要满足条件：

$$\Delta t^{\mathrm{f}} < \min\left(\frac{h_{\mathrm{e}}^{\mathrm{f}}}{|v_{\mathrm{e}}^{\mathrm{f}}|}, \frac{(h_{\mathrm{e}}^{\mathrm{f}})^2 Re}{2}\right) \tag{3-42}$$

式中，$h_{\mathrm{e}}^{\mathrm{f}}$ 表示流体单元特征长度；$|v_{\mathrm{e}}^{\mathrm{f}}|$ 表示流体单元速度大小；Re 表示雷诺数。

3.4 流固耦合力求解

流固耦合条件包含施加给流体的速度条件和施加给固体的耦合力条件，本节将对这两部分做详细介绍。

3.4.1 流固耦合速度条件

假设进行固体求解后速度 ${}^{n}\boldsymbol{v}^{\mathrm{s}}$ 和 ${}^{n+1}\boldsymbol{v}^{\mathrm{s}}$ 为已知，由于流体与固体网格是非贴体的，流固耦合速度条件 $\boldsymbol{v}^{\mathrm{f}}=\boldsymbol{v}^{\mathrm{s}}$ 不能直接施加给流体节点。因此，需要确定虚拟域内流体节点与固体单元的对应关系，然后再采用适当的插值形函数将速度从固体传递给流体。

进行数值插值之前需要采用搜索算法确定欧拉网格和拉格朗日网格中节点与单元的对应关系。如图 3-2 所示，假设一任意形状的固体浸没在流体域中，流体域内某一节点 $\boldsymbol{x}_Q$ 位于固体域内，可通过下述方法判断该节点是否存在于拉格朗日形式的三角形单元（节点为 $\boldsymbol{x}_I$、$\boldsymbol{x}_J$ 和 $\boldsymbol{x}_K$）内。用 Δ_{IJK}^{i} 表示 $\boldsymbol{x}_Q$ 与 $\boldsymbol{x}_I$、$\boldsymbol{x}_J$ 和 $\boldsymbol{x}_K$ 中任意两点构成三角形单元。如果三角形面积满足 $\mathrm{area}(\Delta_{IJK})=\sum_{i=1}^{3}\mathrm{area}(\Delta_{IJK}^{i})$，则 $\boldsymbol{x}_Q$ 位于 Δ_{IJK} 内；如果 $\mathrm{area}(\Delta_{IJK}^{i})=0$，则 $\boldsymbol{x}_Q$ 位于 Δ_{IJK} 某一边上；如果 $\mathrm{area}(\Delta_{IJK})<\sum_{i=1}^{3}\mathrm{area}(\Delta_{IJK}^{i})$，则 $\boldsymbol{x}_Q$ 在 Δ_{IJK} 外面。由于固体的运动和变形，需要在每一时间步都实施搜索算法。

IS-PIM 中，首先求解固体运动方程，然后将速度传递给虚拟流体域内的欧拉节点。由于速度插值对于流体边界条件的施加非常重要，因此有必要充分利用固体单元选择支持点构造插值形函数。本书第二章介绍了三种高效的选点方案构造插值形函数，这里引入线性插值方案、T6/3 和 T6 选点方案插值获取虚拟流体域内速度，并通过数值算例进行误差分析比较它们的插值效果。

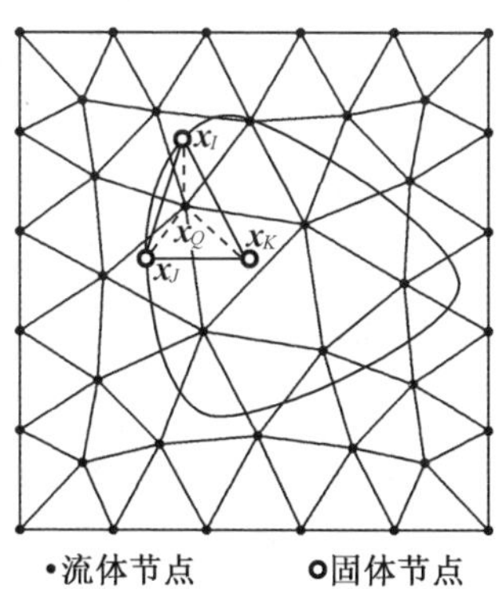

图 3－2　搜索算法示意图[47]

注：背景网格表示流体域，曲线表示固体边界。

假设虚拟域内欧拉节点 $\boldsymbol{x}_Q$ 及其插值形函数已知，可将固体速度传递给流体，即

$$\hat{\boldsymbol{v}}_{Qi} = \sum_{L} \boldsymbol{\Phi}_L^{\mathrm{s}}(\boldsymbol{x}_Q)\boldsymbol{v}_{Li}^{\mathrm{s}} \quad (\boldsymbol{x}_Q \in \Omega^{\mathrm{fc}}) \tag{3-43}$$

式中，下标 L 表示 $\boldsymbol{x}_Q$ 的插值支持点，根据插值方式的选择分别对应于线性插值方案、T6/3 选点方案和 T6 选点方案内的支持点。

接下来对虚拟流体节点 $\boldsymbol{x}_Q \in \Omega^{\mathrm{fc}}$ 施加流固耦合速度条件。因为整个虚拟流体与固体运动保持一致，因此耦合界面处间接施加了流固耦合速度边界条件：

$${}^{n+1}g_{\mathrm{FSI}}^{\mathrm{f}}(\boldsymbol{v}^{\mathrm{f}}) = {}^{n+1}\boldsymbol{v}_Q^{\mathrm{f}} - {}^{n+1}\hat{\boldsymbol{v}}_Q^{\mathrm{fc}} = 0,\ \boldsymbol{x}_Q \in {}^{n+1}\Omega^{\mathrm{fc}} \tag{3-44}$$

流体速度 ${}^{n+1}\boldsymbol{v}^{\mathrm{f}}$ 需满足流固耦合速度条件和流体速度边界条件，结合 ${}^{n+1}g_{\mathrm{FSI}}^{\mathrm{f}}(\boldsymbol{v}^{\mathrm{f}})$ 及 ${}^{n+1}g_{\mathrm{vbc}}^{\mathrm{f}}(\boldsymbol{v}^{\mathrm{f}})$，可对整个流体域施加修正后的流体速度边界条件：

$$\begin{aligned} {}^{n+1}g_{\mathrm{vbcUFSI}}^{\mathrm{f}}(\boldsymbol{v}^{\mathrm{f}}):\ {}^{n+1}\boldsymbol{v}_I^{\mathrm{f}} = {}^{n+1}\boldsymbol{v}-{}_I^{\mathrm{f}},\ \boldsymbol{x}_I \in \Gamma_v^{\mathrm{f}} \\ {}^{n+1}\boldsymbol{v}_Q^{\mathrm{f}} = {}^{n+1}\hat{\boldsymbol{v}}_Q^{\mathrm{fc}},\ \boldsymbol{x}_Q \in {}^{n+1}\Omega^{\mathrm{fc}} \end{aligned} \tag{3-45}$$

已知流场速度边界条件 ${}^{n+1}g_{\mathrm{vbcUFSI}}^{\mathrm{f}}(\boldsymbol{v}^{\mathrm{f}})$ 和压力边界条件 $g_{\mathrm{pbc}}^{\mathrm{f}}(p)$，可采用 CBS 算法更新流体运动状态。

3.4.2 计算流固耦合力

流固耦合力的求解可根据耦合力条件基于虚拟流体进行计算。虚拟流体具有与真实流体相同的特性,同样可采用 CBS 算法求解虚拟流体的控制方程。因为流体与固体网格并非贴体,可将固体网格视为拉格朗日型的虚拟流体网格。施加在固体上的流固耦合力可通过 CBS 算法基于拉格朗日网格进行求解。根据假设虚拟流体节点 $\boldsymbol{x}_I^{\mathrm{fc}} \in {}^{n+1}\Omega^{\mathrm{fc}}$ 与固体节点运动一致,可直接获得虚拟流体拉格朗日形式下的节点速度

$$ {}^{n+1}\boldsymbol{v}_I^{\mathrm{fc}} = {}^{n+1}\boldsymbol{v}_I^{\mathrm{s}}, {}^{n}\boldsymbol{v}_I^{\mathrm{fc}} = {}^{n}\boldsymbol{v}_I^{\mathrm{s}} ({}^{n+1}\boldsymbol{x}_I^{\mathrm{fc}} = {}^{n+1}\boldsymbol{x}_I^{\mathrm{s}}) \tag{3-46} $$

同时,欧拉节点上流体压力 ${}^{n}p_I^{\mathrm{fc}}$ 可通过插值传递到拉格朗日节点上。在采用 CBS 求解虚拟流体方程时可将式(3-38)至式(3-40)修改为

(1)根据动量方程求解修正速度

$$ M_{IJ}^{\mathrm{f}} \frac{{}^{*}v_{Ji}^{\mathrm{fc}} - {}^{n}v_{Ji}^{\mathrm{fc}}}{\Delta t} = {}^{*}RHS_{Ii}^{\mathrm{f}} + F_{Ii}^{\mathrm{fc,g}} \tag{3-47} $$

(2)从流域欧拉节点插值获取拉格朗日形式的压力

$$ {}^{n}p_I^{\mathrm{fc}} = \sum_{L=I,J,K} {}^{n+1}\Phi_L^{\mathrm{f}} ({}^{n+1}\boldsymbol{x}_I^{\mathrm{fc}}) {}^{n}p_L^{\mathrm{f}} \quad (\boldsymbol{x}_I^{\mathrm{fc}} \in {}^{n+1}\Omega^{\mathrm{fc}}) \tag{3-48} $$

(3)根据虚拟流体的动量增量计算耦合力

$$ M_{IJ}^{\mathrm{f}} \frac{{}^{n+1}v_{Ji}^{\mathrm{fc}} - {}^{n}v_{Ji}^{\mathrm{fc}}}{\Delta t} = M_{IJ}^{\mathrm{f}} \frac{{}^{*}v_{Ji}^{\mathrm{fc}} - {}^{n}v_{Ji}^{\mathrm{fc}}}{\Delta t} - G_{IJi}^{\mathrm{f}} {}^{n}p_J^{\mathrm{fc}} + {}^{n+1}F_{Ii}^{\mathrm{f,FSI}} = {}^{n+1}RHS_{Ii}^{\mathrm{fc}} + {}^{n+1}F_{Ii}^{\mathrm{f,FSI}} \tag{3-49} $$

将式(3-47)代入式(3-49),作用在流体节点上的耦合力可表达为

$$ {}^{n+1}F_i^{\mathrm{f,FSI}} = M_{IJ}^{\mathrm{f}} \frac{{}^{n+1}v_{Ji}^{\mathrm{f}} - {}^{n}v_{Ji}^{\mathrm{f}}}{\Delta t} - {}^{*}RHS_{Ii}^{\mathrm{f}} + G_{IJi}^{\mathrm{f}} {}^{n}p_J^{\mathrm{f}}, {}^{n+1}v_{Ji}^{\mathrm{f}} = {}^{n+1}v_{Ji}^{\mathrm{s}} \tag{3-50} $$

作为反作用力,作用在固体节点拉格朗日形式下的耦合力 ${}^{n+1}F_i^{\mathrm{s,FSI}}$ 可表示为

$$ \begin{aligned} {}^{n+1}F_i^{\mathrm{s,FSI}} &= -{}^{n+1}F_i^{\mathrm{fc,FSI}} \\ &= -M_{IJ}^{\mathrm{fc}} \frac{{}^{n+1}v_{Ji}^{\mathrm{fc}} - {}^{n}v_{Ji}^{\mathrm{fc}}}{\Delta t} - {}^{n}C_{IJ}^{\mathrm{fc}} {}^{n}v_{Ji}^{\mathrm{fc}} - {}^{n}F_{Ii}^{\mathrm{fc}} - \frac{\Delta t^n}{2} K_{IJ}^{\mathrm{fc}} {}^{n}v_{Ji}^{\mathrm{fc}} + G_{IJi}^{\mathrm{fc}} {}^{n}p_J^{\mathrm{fc}} \\ &= -M_{IJ}^{\mathrm{fc}} \frac{{}^{n+1}v_{Ji}^{\mathrm{fc}} - {}^{n}v_{Ji}^{\mathrm{fc}}}{\Delta t} - \int_{{}^{n+1}\Omega^{\mathrm{fc}}} \rho^{\mathrm{f}} \Phi_I^{\mathrm{fc}} \frac{\partial ({}^{n}v_j^{\mathrm{fc}} \Phi_J^{\mathrm{fc}})}{\partial x_j^{\mathrm{fc}}} \mathrm{d}\Omega - \int_{{}^{n+1}\Omega^{\mathrm{fc}}} \frac{\partial \Phi_I^{\mathrm{fc}}}{\partial x_j^{\mathrm{fc}}} \tau_{ij}^{\mathrm{fc}} \mathrm{d}\Omega - \\ &\quad \frac{\Delta t^n}{2} K_{IJ}^{\mathrm{f}} \int_{{}^{n+1}\Omega^{\mathrm{fc}}} \frac{\partial ({}^{n}v_k^{\mathrm{fc}} \Phi_I^{\mathrm{fc}})}{\partial x_k^{\mathrm{fc}}} \rho^{\mathrm{f}} \frac{\partial ({}^{n}v_j^{\mathrm{fc}} \Phi_J^{\mathrm{fc}})}{\partial x_j^{\mathrm{fc}}} \mathrm{d}\Omega - \int_{{}^{n+1}\Omega^{\mathrm{fc}}} \Phi_I^{\mathrm{fc}} \frac{\partial \Phi_J^{\mathrm{fc}}}{\partial x_i^{\mathrm{fc}}} p_J^{\mathrm{fc}} \mathrm{d}\Omega \end{aligned} \tag{3-51} $$

以上内容详细介绍了 IS－PIM 在处理流固耦合问题时的固体求解器，流体求解器和流固耦合条件的施加过程，图 3－3 中简要给出了程序执行流程，具体程序求解细节说明如下。

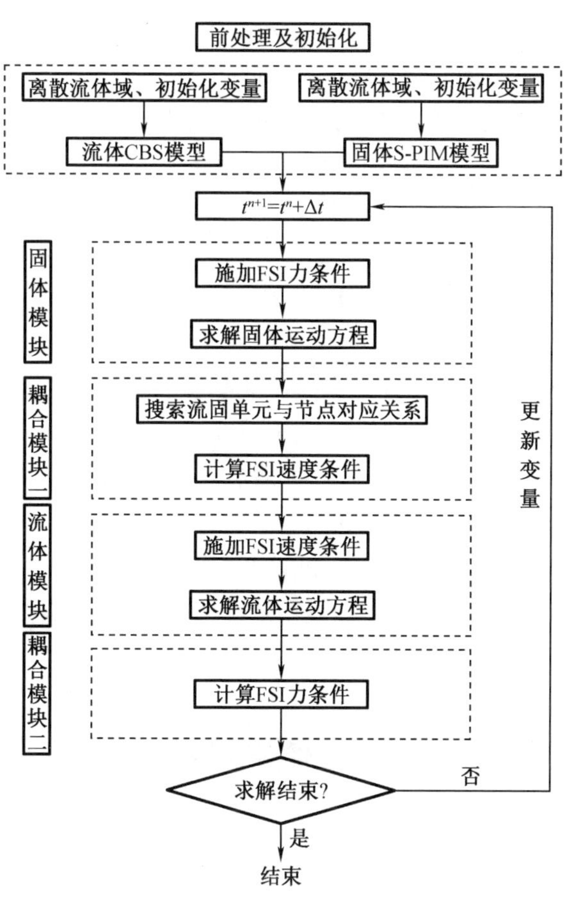

图 3－3　IS－PIM 程序执行流程图

（1）前处理及初始化

①离散初始位置的流体域 Ω^{f} 和固体域 Ω^{s}。

②计算形函数 $\boldsymbol{\Phi}_I^{\mathrm{s}}$、$\boldsymbol{\Phi}_I^{\mathrm{f}}$；集中质量阵 M_{IJ}^{s}、M_{IJ}^{f}、M_{IJ}^{fc}；压力系统矩阵 H_{IJ}^{f}。

③设置初始条件，$t=0$，$n=0$，${}^n\boldsymbol{v}_I^{\mathrm{f}}$，${}^n p_I^{\mathrm{f}}$，${}^n\boldsymbol{v}_I^{\mathrm{s}}$，${}^n\boldsymbol{a}_I^{\mathrm{s}}$，${}^n\boldsymbol{f}_I^{\mathrm{ext}}$。

④设置流固耦合时间步 $\Delta t=\min(\Delta t^{\mathrm{f}},\Delta t^{\mathrm{s}})$。

（2）更新时间步

$$t^{n+1}=t^n+\Delta t$$

(3)固体模块

调用 S－PIM 程序模块,将输出值${}^{n+1}\boldsymbol{u}_I^{\mathrm{s}}$、${}^{n+1}\boldsymbol{v}_I^{\mathrm{s}}$、${}^{n+1}\boldsymbol{a}_I^{\mathrm{s}}$ 返回主程序。

(4)耦合模块一

①采用搜索算法搜索固体单元覆盖的流体节点,计算插值形函数。

②通过插值实现固体节点速度到流体节点速度的传递。

③将 FSI 速度条件增加到速度边界条件。

④搜索固体节点所在流体单元,计算插值形函数。

(5)流体模块

①根据式(3－38),计算${}^{*}\boldsymbol{v}_J^{\mathrm{f}}$。

②施加速度边界条件。

③根据式(3－39)至式(3－40),计算${}^{n+1}p_I^{\mathrm{f}}$、${}^{n+1}\boldsymbol{v}_I^{\mathrm{f}}$。

④施加速度边界条件。

(6)耦合模块二

①根据式(3－46)更新虚拟流体位置${}^{n+1}\boldsymbol{x}_I^{\mathrm{fc}}={}^{n+1}\boldsymbol{x}_I^{\mathrm{s}}$ 和速度${}^{n+1}\boldsymbol{v}_I^{\mathrm{fc}}={}^{n+1}\boldsymbol{v}_I^{\mathrm{s}}$。

②根据式(3－47)至式(3－51)计算耦合力${}^{n+1}F_i^{\mathrm{s,FSI}}$。

(7)更新变量,进行下一次循环

更新变量${}^{n}\boldsymbol{v}_I^{\mathrm{f}}={}^{n+1}\boldsymbol{v}_I^{\mathrm{f}}$,${}^{n}p_I^{\mathrm{f}}={}^{n+1}p_I^{\mathrm{f}}$,${}^{n}\boldsymbol{u}_I^{\mathrm{s}}={}^{n+1}\boldsymbol{u}_I^{\mathrm{s}}$,${}^{n}\boldsymbol{v}_I^{\mathrm{s}}={}^{n+1}\boldsymbol{v}_I^{\mathrm{s}}$,${}^{n}\boldsymbol{a}_I^{\mathrm{s}}={}^{n+1}\boldsymbol{a}_I^{\mathrm{s}}$,${}^{n}\boldsymbol{f}_I^{\mathrm{s,FSI}}={}^{n+1}\boldsymbol{f}_I^{\mathrm{s,FSI}}$,${}^{n}\boldsymbol{x}_I^{\mathrm{s}}={}^{n+1}\boldsymbol{x}_I^{\mathrm{s}}$,$n=n+1$;返回步骤(2)进行下一次循环。

3.5 数值算例

3.5.1 流域中自由下落的圆盘

在矩形流域内,假设流体为不可压缩黏性流体,一圆盘以重力加速度 $g=9.81\ \mathrm{m/s^2}$ 自由下落。如图 3－4(a)所示,流域尺寸 $W=0.02\ \mathrm{m}$,$H=0.05\ \mathrm{m}$,圆盘半径 $R=1.25\times10^{-3}\ \mathrm{m}$。圆盘位于 x 方向的中间位置,在 y 方向圆盘中心与顶端距离 $L=0.01\ \mathrm{m}$。流体密度 $\rho^{\mathrm{f}}=1\ 000\ \mathrm{kg/m^3}$。固体采用 Saint Venant－Kirchhoff 材料模型,其特性为密度 $\rho^{\mathrm{s}}=2\ 000\ \mathrm{kg/m^3}$,泊松比 $\nu^{\mathrm{s}}=0.3$,杨氏模量 $E^{\mathrm{s}}=10^3\ \mathrm{Pa}$。流域四周为固壁,施加不可滑移速度边界条件,即流体在壁面处法向和切向速度为0。计算域采用不规则 T3 单元进行离散(图 3－4(b)),流体域

离散为 8 125 个节点和 15 946 个单元，固体域离散为 301 个节点和 544 个单元，时间步长 $\Delta t = 10^{-5}$ s。

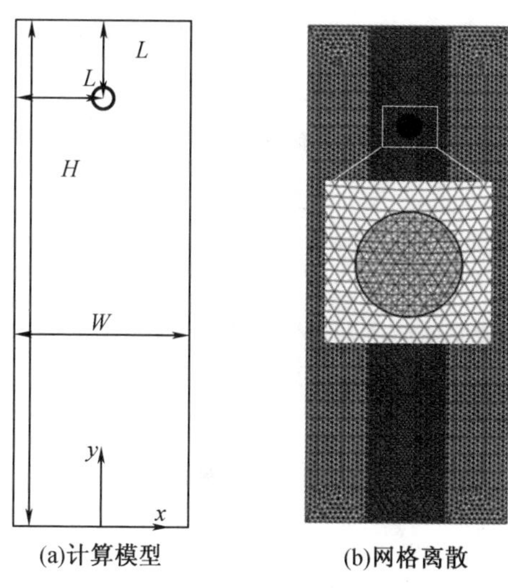

(a)计算模型　　(b)网格离散

图 3－4　流域内自由下落的圆盘[47]

为验证数值模拟结果的可靠性，通过以下经验公式可得圆盘下落时达到稳定状态时的速度为

$$v_{\mathrm{Ref}} = \frac{(\rho^{\mathrm{s}} - \rho^{\mathrm{f}})gR^2}{4\mu^{\mathrm{f}}}\left[\ln\left(\frac{W}{2R}\right) - 0.915\ 7 + 1.724\ 4\left(\frac{2R}{W}\right)^4\right] \qquad (3-52)$$

计算时考虑圆盘采用不同的黏性系数 μ^{f} 时的最终稳定速度 v_{T}。表 3－1 中给出了计算结果与参考结果对比及相对误差，可见当前结果与参考解 v_{Ref} 基本吻合。圆盘运动过程中，主要受到重力、压力及黏性力的作用。如果将重力外的其他力统称为阻力，随着下落过程中速度逐渐增大，阻力不断增加并逐渐与重力平衡，这时圆盘也将以稳定的速度下落。

表 3－1　本书结果与经验公式结果对比

$\mu^{\mathrm{f}}/(\mathrm{kg \cdot m^{-1} \cdot s^{-1}})$	$v_{\mathrm{Ref}}/(\mathrm{m \cdot s^{-1}})$	$v_{\mathrm{T}}/(\mathrm{m \cdot s^{-1}})$	相对误差/%
0.15	0.030 4	0.031 2	2.63
0.125	0.036 5	0.037 0	1.37
0.10	0.045 6	0.045 0	1.32
0.075	0.060 8	0.056 1	7.73

图 3－5 给出了 $\mu^f=0.075\ \text{kg}/(\text{m}\cdot\text{s})$ 时流域内不同时刻的垂向速度云图。在圆盘接触壁面前垂向速度分布基本稳定且左右对称（图 3－5(a)）；随着圆盘距离壁面越来越近，受壁面影响速度分布变得不稳定，并且圆盘开始减速偏离原有运动路线（图 3－5(b)）；当圆盘在水平方向移动时会带动周围流体流动，使其两侧流体垂向速度分布呈现相反的趋势（图 3－5(c)），之后圆盘逐渐靠近右侧壁面，受壁面影响两侧流体分布再次发生变化（图 3－5(d)）。

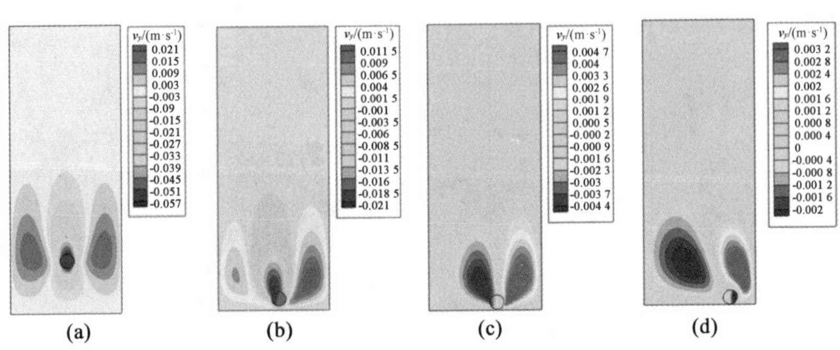

图 3－5　不同时刻垂向速度云图[47]

图 3－6 中(a)和(b)分别为垂向速度 v_y 和垂向位移 u_y 的时间历程曲线。从图 3－6(a)中可以看出，在初始一段时间内阻力较小，在重力作用下圆盘速度增加较快，随着阻力逐渐增大，圆盘速度增加量变小，并且在 $t=0.2$ s 时速度基本维持稳定。然而，在 $t=0.7$ s 时由于接触壁面速度急剧下降，$t=0.9$ s 时垂向速度几乎为 0，转为水平方向运动为主。由于与壁面碰撞时圆盘发生轻微的变形，导致其速度存在一些波动。从图 3－6(b)中可以看出，在 $t=0.8$ s 之前垂向位移不断增加，并且速度的波动并没有引起位移的显著变化，在圆盘接触壁面后垂向位移基本不发生变化。

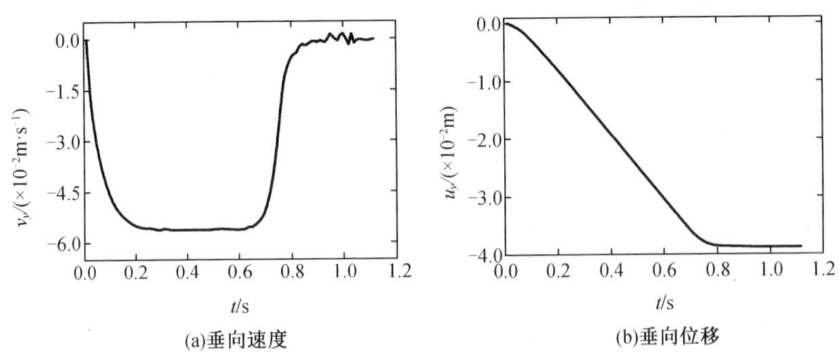

图 3－6　时间历程曲线[47]

为验证 IS－PIM 算法中流固之间耦合力传递的有效性，将从流体域基于欧拉网格求解的耦合力与从固体域基于拉格朗日网格求解的耦合力进行对比。首先计算了不同黏性下的结果，如图 3－7 所示。“FSI force (fluid)”表示从流体域求解的耦合力，“FSI force (solid)”表示从固体域求解的耦合力，“gravity”表示圆盘重力的理论值。从图 3－7 中可以看出，随着流体黏性系数逐渐减小，圆盘所受阻力减小下落，速度逐渐增大，耦合力曲线会表现出轻微的波动。整体上从流体域和固体域求解的耦合力表现出较好的一致性，并且最终均与重力基本保持平衡。

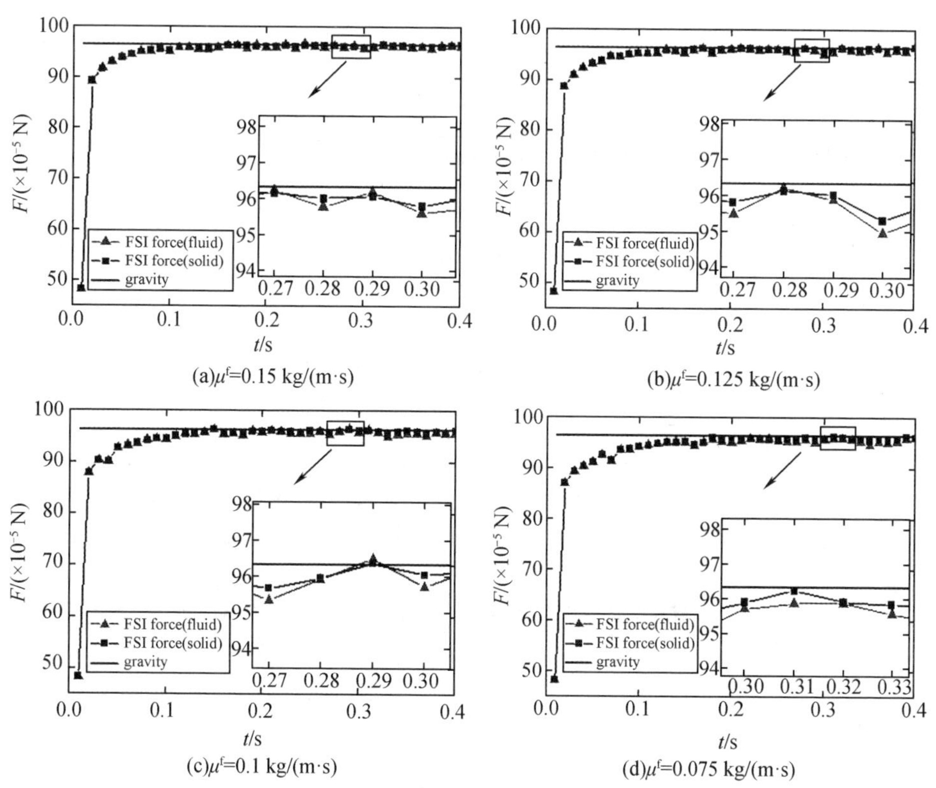

图 3－7　由流体域和固体域计算的耦合力对比[47]

接下来采用 5 组网格研究不同流固网格比对流固间耦合力传递的影响。以黏性系数 $\mu=0.15$ kg/(m·s)为例，如图 3－8(a)至图 3－8(e)所示流固网格比分别设置为 h^f/h^s 为 4，2，1，0.5，0.25，其中流体域离散采用规则的 T3 单元，固体域采用非规则的 T3 单元。计算结果如图 3－9 所示，从图 3－9(a)可以看出，从固体域计算的耦合力在设置的5组网格比下差别并不明显。图3－9(b)至图3－9(f)比较了不同网格比下从流体域和固体域计算的耦合力的差异。结果显示,在合理的网格比范围内流固耦合力在流体域和固体域的传递是有效的、一致的。

另外,为研究耦合力的收敛性设置5组网格,其尺寸比为 $h^f/h^s=2$。图3－10中显示了相同网格比 $h^f/h^s=2$ 时的网格尺寸设置情况。耦合力计算结果如图3－11所示,从图3－11(a)可以看出,整体上不同网格尺寸下从固体域计算而来的耦合力结果与重力平衡;图3－11(b)至图3－11(f)比较了不同网格尺寸时从流体域和固体域计算的耦合力结果,随着网格加密它们均表现出与重力更好的一致性,并且网格越密结果也越稳定。

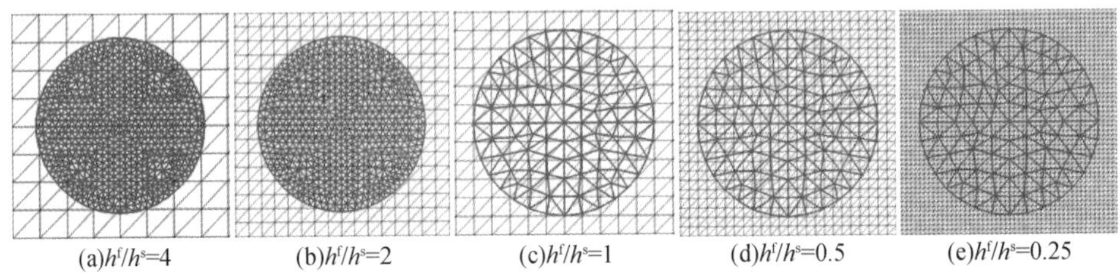

图3－8 不同网格比下网格设置情况[47]

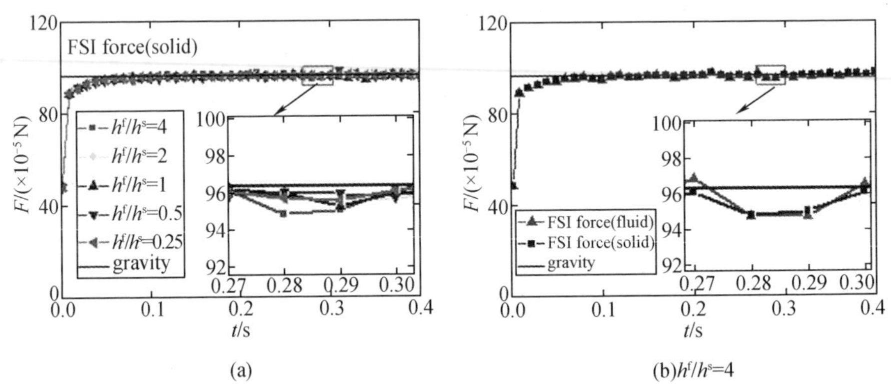

图3－9 不同网格比计算的耦合力对比[47]

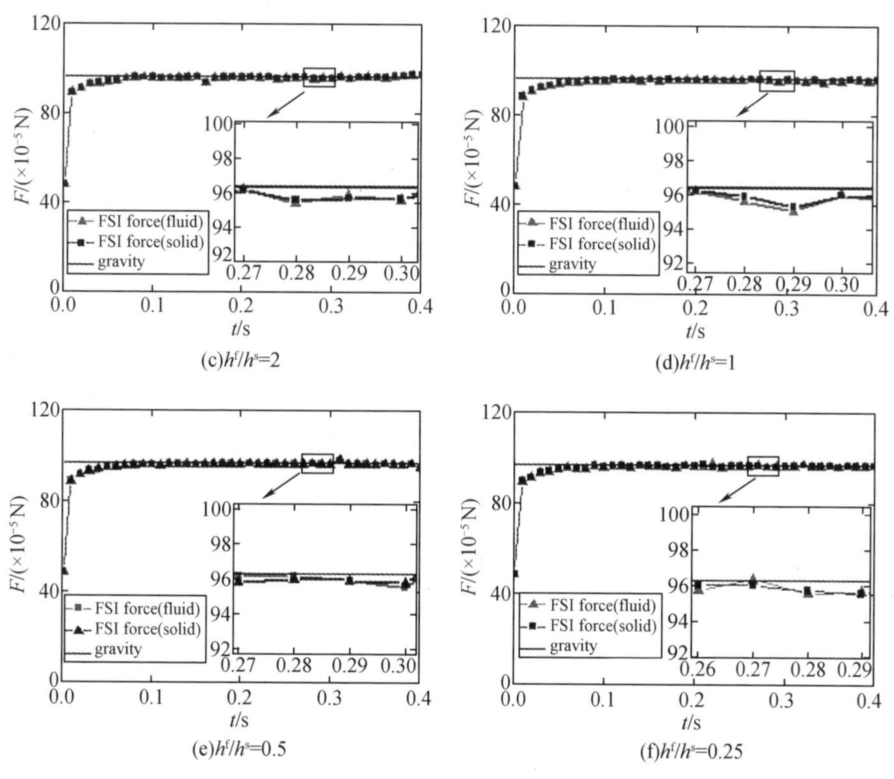

图 3 - 9（续）

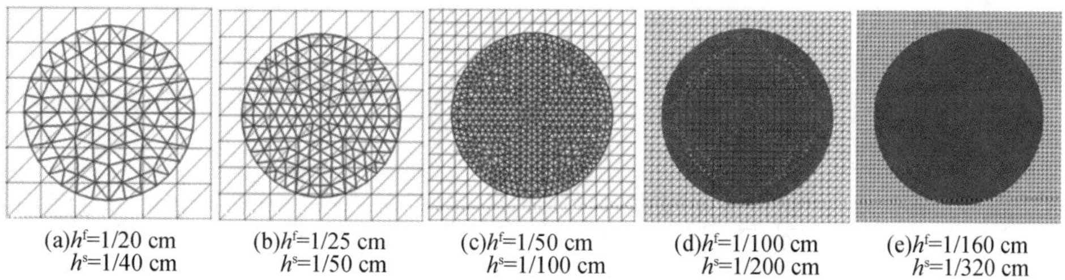

图 3 - 10　相同网格比 $h^f/h^s=2$ 网格尺寸设置情况[47]

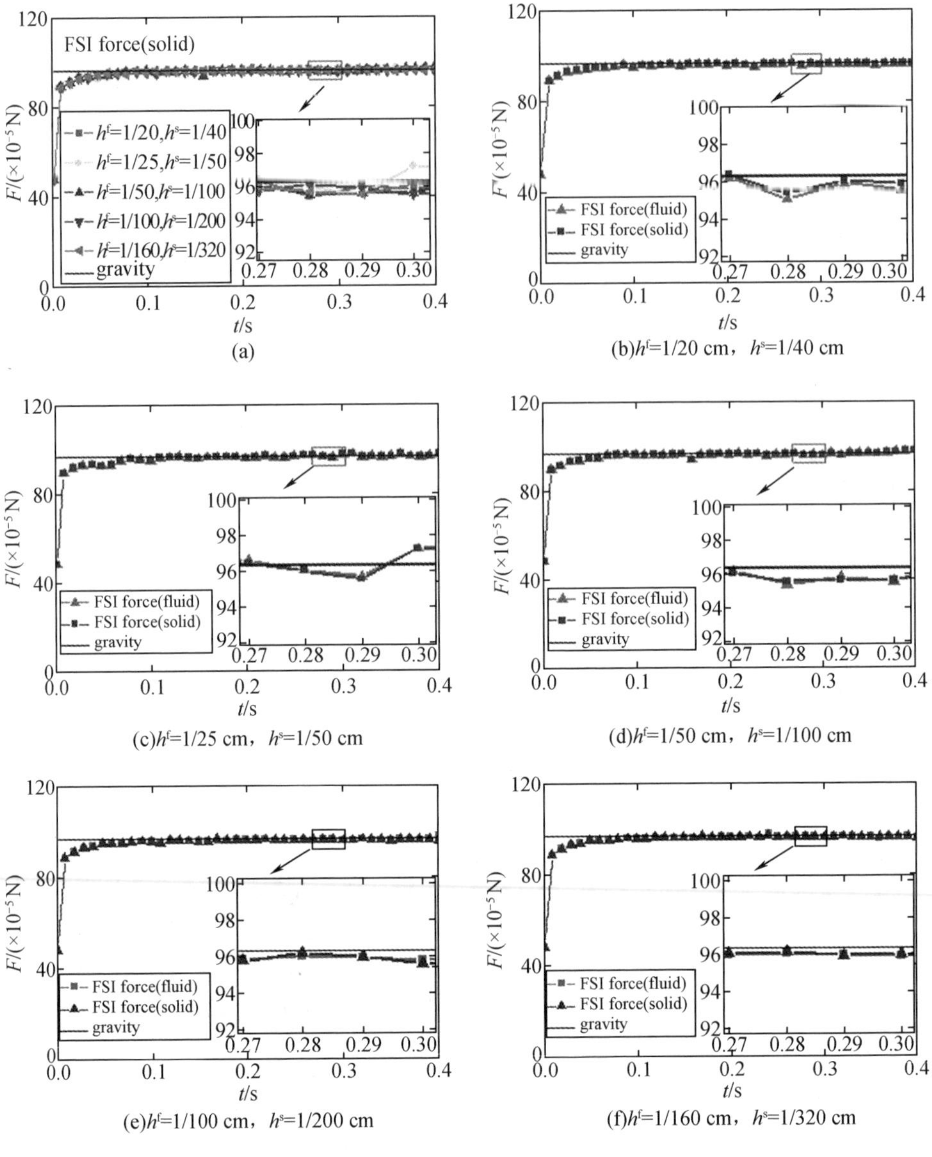

(a)

(b) h^f=1/20 cm，h^s=1/40 cm

(c) h^f=1/25 cm，h^s=1/50 cm

(d) h^f=1/50 cm，h^s=1/100 cm

(e) h^f=1/100 cm，h^s=1/200 cm

(f) h^f=1/160 cm，h^s=1/320 cm

图 3－11　$h^f/h^s=2$ 时不同网格尺寸计算的耦合力对比[47]

3.5.2　流域中变形梁问题

本算例考虑流域内一底端固定弹性梁的流固耦合问题。流体流经弹性梁时,流体作用力导致梁发生一定程度的变形。随着变形不断增大,弹性力与耦合力逐渐平衡，整个流固耦合系统会达到稳定状态。如图 3－12 所示，流域的长度和高度分别为 $L=4$ m 和 $H=1$ m。梁与流域左边界的距离为 $L/4$，厚度与高度分别为 $a=0.04$ m 和 $b=0.8$ m。忽略重力的影响，流域底端速度满足不可滑移边界条件，顶端速度边界条件满足 $v_y^f=0$。

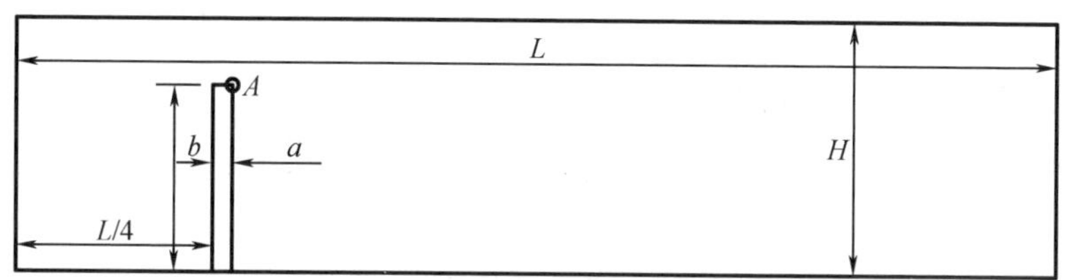

图 3－12　流域中变形梁模型[48]

流域左端入口处速度满足关系式

$$\begin{cases} v_x^f(t)=1.5(-y^2+2y)\ (\mathrm{m/s}) \\ v_y^f(t)=0 \end{cases} \tag{3-53}$$

流域右端出口压力 p^f 为 0，固体特性为 $\rho^s=7.8\ \mathrm{kg/m^3}$，$\nu^s=0.3$ 及 $E^s=10^5$ Pa。流体特性为 $\rho^f=1.0\ \mathrm{kg/m^3}$ 及 $\mu^f=0.1\ \mathrm{kg/(m\cdot s)}$。

计算时采用 T3 单元离散问题域，流体域离散为 50 670 个节点和 100 538 个单元；固体域离散为 409 个节点和 648 个单元，时间步长 $\Delta t=5\times10^{-5}$ s。以梁顶点 A 为监测点，其水平位移 u_x^s 随时间变化曲线如图 3－13 所示。从图 3－13 可以看出，初始一段时间内弹性梁在流体作用力下发生变形且位移逐步增大；弹性力不断增大与流体作用力平衡，由于惯性作用梁会继续向右侧弯曲至最大值时开始反弹，随后渐渐稳定系统基本处于平衡状态，稳定后位移保持在 0.422 m 左右。将稳定后的位移值与 Zhang 等[44]和 Jiang 等[49]的结果对比，分别相差 5.2% 和 3.4%。

图 3－14 给出了流固耦合系统稳定后的速度和压力云图。显然，由于梁的阻碍作用，流体经过梁顶端时通道变窄速度增加较快，会在其上方形成一个高速区域；同时梁的右下方形成一个泡状的速度分布区域。另外从压力云图中可知梁左端承受较大的流体压力，因而使梁发生较大变形。

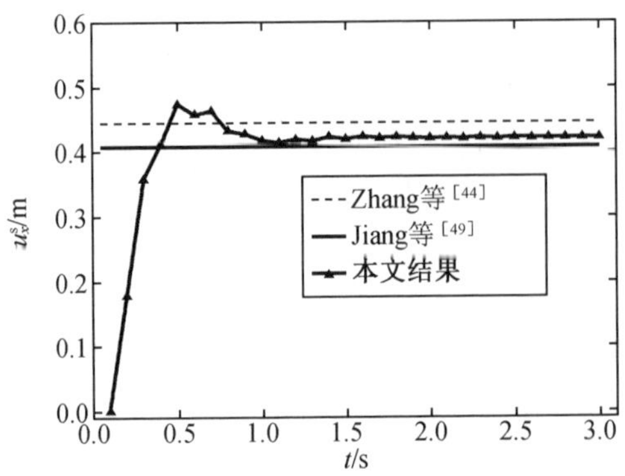

图 3-13　水平位移随时间变化曲线

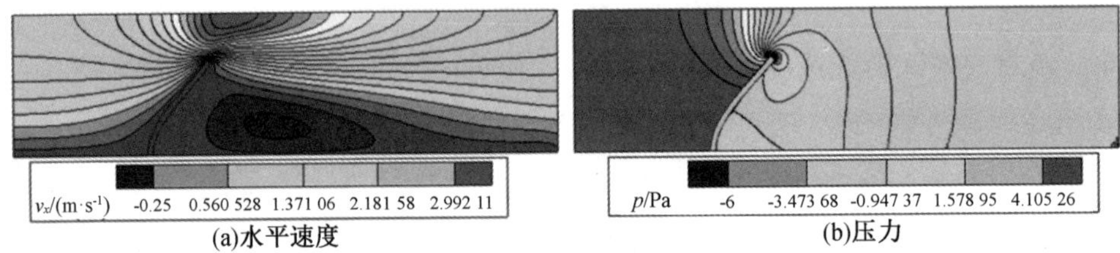

(a)水平速度　　(b)压力

图 3-14　流固耦合系统稳定状态时速度和压力分布云图[48]

为了检验数值插值方案对流体域与固体域之间信息交换的影响，分别采用线性插值方案、T6/3 方案和 T6 方案进行插值并做误差分析。由于流固耦合问题的复杂性很难获得解析解，因此可以将网格加密的结果作为参考解。流体速度和压力的误差分析可通过设置不同流体网格尺寸并选取一种适当的固体网格进行研究；固体位移的误差分析可通过设置不同固体网格尺寸同时选取一种适当的流体网格进行研究。采用 L_2 误差范数计算流固场变量误差，当粗糙网格节点映射到参考的加密网格没有对应节点时，可通过插值获得参考解。采用规则 T3 单元离散流体域，网格尺寸分别为 $h^{\mathrm{f}}=0.012\ 5$ m、0.025 m 和 0.05 m，以 $h^{\mathrm{f}}=0.006\ 25$ m 作为参考解，固体域网格保持一致，离散为 409 个节点和 648 个单元。误差分析时速度和压力误差 e_v^{f} 和 e_p^{f} 定义为

$$e_v^{\mathrm{f}}=\|v_i^{\mathrm{f,num}}-v_i^{\mathrm{f,ref}}\|_{L_2}/\|v_i^{\mathrm{f,ref}}\|_{L_2},e_p^{\mathrm{f}}=\|p_i^{\mathrm{f,num}}-p_i^{\mathrm{f,ref}}\|_{L_2}/\|p_i^{\mathrm{f,ref}}\|_{L_2} \tag{3-54}$$

式中，$v_i^{\mathrm{f,num}}$ 和 $p_i^{\mathrm{f,num}}$ 分别表示速度和压力数值解；$v_i^{\mathrm{f,ref}}$ 和 $p_i^{\mathrm{f,ref}}$ 分别表示速度和压力参考解，结果如图 3-15 所示。从图 3-15 中可以看出，网格设置较为稀疏时，T6 方案和 T6/3 方案的速度和压力结果均优于线性插值方案，这是因为前两种方案利用了更多的支持点信息进行插值；随着网格加密三种方案几乎收敛于相同结果。

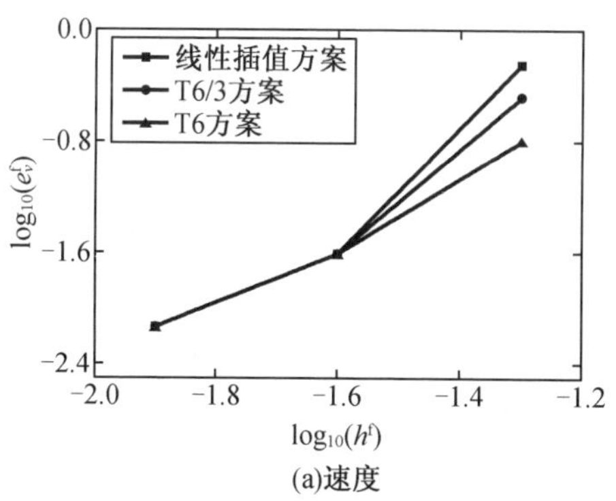

(a)速度

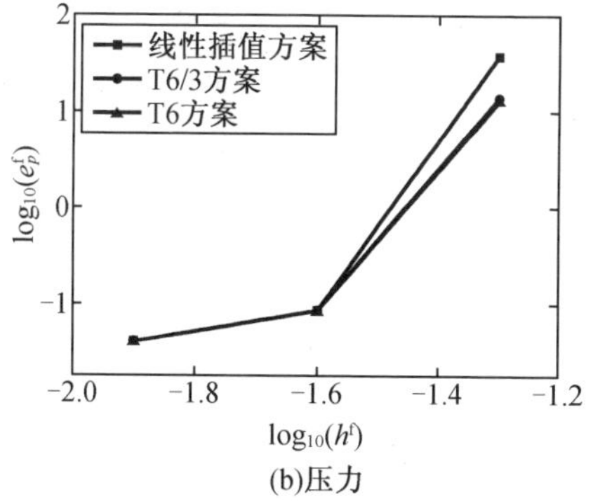

(b)压力

图 3-15　不同选点方案流体域误差分析[48]

进一步考虑不同插值方案对固体求解的影响，定义固体位移误差 e_u^s 为

$$e_u^s = \| u_i^{s,num} - u_i^{s,ref} \|_{L_2} / \| u_i^{s,ref} \|_{L_2} \tag{3-55}$$

式中，$u_i^{s,num}$ 表示位移数值解；$u_i^{s,ref}$ 表示位移参考解，结果如图 3-16 所示。从图 3-16 中可以看出，固体位移结果与流场速度和压力误差分析结果趋势相似，采用稀疏网格时由于 T6 方案和 T6/3 方案改进了流体域中速度和压力的求解，其固体位移结果同样优于线性插值方案的位移结果。综合考虑三种插值方案的计算效果，接下来在 IS-PIM 中将选用 T6/3 方案进行流固耦合信息交换中插值形函数的构造。

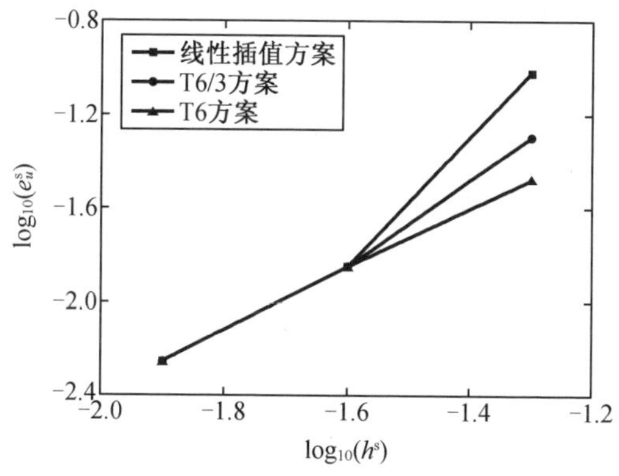

图 3-16　不同选点方案固体位移误差分析[48]

3.5.3　圆柱后接弹性板的涡激振动问题

最后验证 IS-PIM 在求解非稳态问题时的有效性，考虑圆柱后接弹性板的

经典涡激振动问题。该算例较前两个算例在数值模拟中更具挑战性，因为板在涡激力的作用下发生周期性的大变形，此时流场中产生较大变形对数值算法的稳定性也提出了更高的要求。

如图 3－17 所示，流体域尺寸为 $L=2.5$ m 和 $H=0.41$ m，圆柱直径为 $d=0.1$ m，圆心坐标 $C=(0.2,0.2)$ m。弹性板一端固定在圆柱右侧，其尺寸为长度 $l=0.35$ m，高度 $h=0.02$ m。流域上下边界和固体表面满足不可滑移速度边界条件，右端出口处压力设置为 0，左端入口处速度 $v_x^f(t)$ 满足下式：

$$v_x^f(t)=\begin{cases}\bar{v}\dfrac{1-\cos(\pi t/2)}{2} & t<2.0\\ \bar{v} & t\geqslant 2.0\end{cases} \tag{3-56}$$

式中，$\bar{v}=1.5\bar{U}y(H-y)/(H/2)^2$。

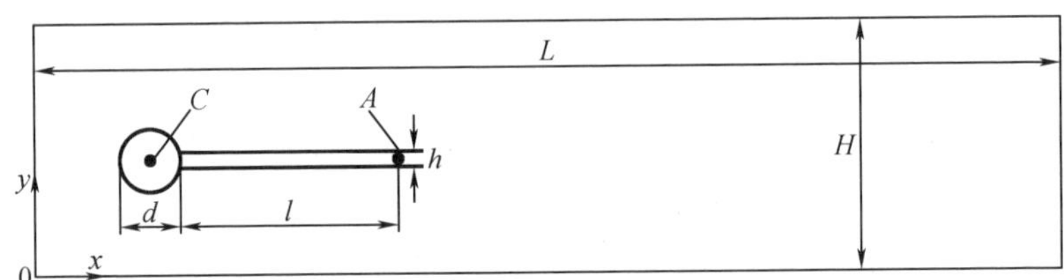

图 3－17　流域内圆柱后接弹性板模型[48]

本书计算雷诺数 $Re=100$ 的情况与文献[50]中 FSI2 计算模型一致，流体和固体参数设置如表 3－2 所示。为与已发表结果比较，计算时记录不同时刻梁端点 A 处垂向位移。离散流体域和固体域时均采用 T3 单元，设置三组流体和固体网格组合详见表 3－3，时间步长 $\Delta t=10^{-4}$ s。表 3－4 给出了三组网格计算的端点 A 处的垂向位移 u_y 幅值和均值，并与文献结果比较。从表中可以看出，随着网格加密网格数增多，本书结果与参考结果吻合程度越来越高。

表 3－2　FSI2 参数设置

流体参数	数值	固体参数	数值
$\rho^f/(10^3\ \text{kg}\cdot\text{m}^{-3})$	1	$\rho^s/(10^3\ \text{kg}\cdot\text{m}^{-3})$	10
$\mu^f/(\text{kg}\cdot\text{m}^{-1}\cdot\text{s}^{-1})$	1	ν^s	0.4
$\bar{U}/(\text{m}\cdot\text{s}^{-1})$	1	$\mu^s/(10^6\ \text{kg}\cdot\text{m}^{-1}\cdot\text{s}^{-2})$	0.5
$Re=\rho^f\bar{U}d/\mu^f$	100	$E^s/(10^6\ \text{kg}\cdot\text{m}^{-1}\cdot\text{s}^{-2})$	1.4

表 3－3　流体和固体网格设置

网格方案	M_1	M_2	M_3
流体(节点数/单元数)	4 834/9 314	18 452/36 340	49 338/97 962
固体(节点数/单元数)	405/656	763/1 318	763/1 318

表 3－4　本书结果与文献参考解对比

	M_1	M_2	M_3	Turek 等[50]
u_y/m	0.001 5 ±0.087	0.001 4 ±0.084 1	0.001 2 ±0.083 3	0.001 23 ±0.080 6

其中，采用网格组合 M_3 的计算结果提取 A 点垂向位移时间历程曲线，如图 3－18 所示。从图中可以看出，端点位移曲线呈现周期性变化并且正负近似对称。图 3－19 给出了不同时刻水平速度和压力云图分布。从图 3－19(a)水平速度可以看出，流体经过圆柱时两侧流体速度增大，随着梁的摆动在其端点附近脱落成涡，在流域较远处又汇聚成较为稳定的流动；从 图 3－19(b)可以看出，圆柱左端压力较大，同时在梁的摆动过程中期端点附近形成较大的压力差，导致其发生大变形并做周期性的运动。

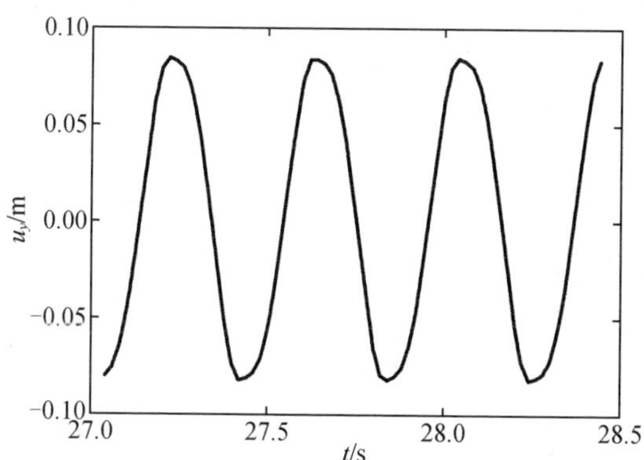

图 3－18　梁端点 A 处垂向位移时间历程曲线

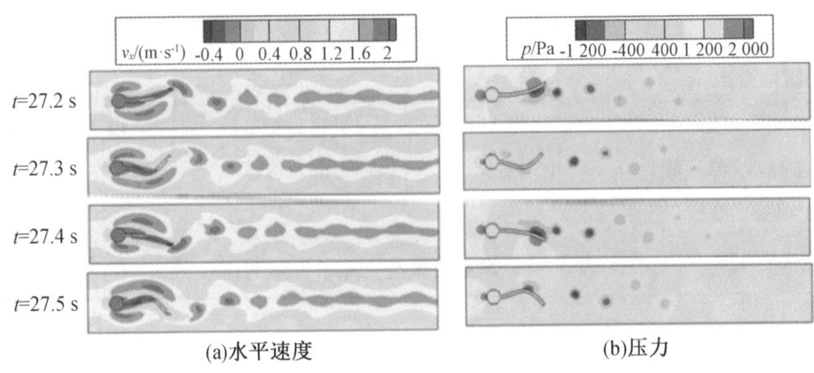

(a)水平速度　　(b)压力

图 3-19　不同时刻水平速度和压力云图分布

3.6　带分流板的圆柱尾流控制问题

海洋石油平台、海底输油管线等海洋工程装备常年处于波浪流的复杂海洋环境作用下，这个过程可简化为一定速度流体流经固定柱体的流动。这时圆柱两侧边界层附近会形成剪切流，剪切流发展到一定程度会脱落形成旋涡，最终圆柱尾部会形成卡门涡街。其中尾涡的交替脱落会使圆柱所受流体阻力增加，会影响海洋结构物尤其是深海结构的使用寿命。有效控制圆柱后尾流的涡激振动问题在实际工程中具有重要意义。

学者们经过大量研究，提出很多措施以控制圆柱后旋涡脱落问题，根据是否需要能量输入大致可分为主动控制和被动控制两种形式。其中被动控制因不需要外界能量输入更有利于推广使用，例如通过设置凹槽或凸起改变圆柱表面形状，改变圆柱表面粗糙度，以及圆柱形结构周围设置小型圆柱等。除此之外，圆柱后放置分流板也是较为常见的一种形式，因其形式简单效果显著被广泛研究。实验结果显示，圆柱后放置分流板能够有效抑制涡激振动和减小斯托哈尔数。Hwang 等[51]通过数值模拟研究了层流流动下圆柱后放置刚性分流板的尾流影响情况，并绘制了分流板不同位置时的阻力曲线和斯托哈尔数曲线，发现分流板能够有效抑制涡激振动，从而显著减小阻力和升力，并且存在最优放置位置使控制效果最好，数值结果趋势与湍流流动下的实验结果一致。先前学者的研究工作主要是针对刚性分流板，其柔性效应往往被忽略了，而在实际工程应用中不存在绝对刚性。那么柔性分流板控制尾流脱落时有哪些特点，以及柔性分流板在控制尾流问题中与刚性有哪些区别,这可能需要考虑其流固耦合效应才能给出合理的解释。基于此,Nayer 等[52]通过实验研究了圆柱后直接连接柔性分流板的绕流特性。Shukla 等[53]在实验中考虑了圆柱后连接不同刚度柔性分流板的情况,发现不同刚度的分流板响应不同,对圆柱后尾流的影响也不同。Wu 等[54]通过主动控制分流板摆动抑制圆柱后涡激振动,考虑了 $Re=100$ 时不同位置的分流板在不同振动频率和幅值下的尾流控制情况,并获得了比刚性分流板更好的减阻效果。

在上一节中通过经典数值算例充分验证了 IS－PIM 的可靠性,接下来将应用 IS－PIM 研究被动控制时刚性和柔性分流板放置圆柱后不同位置时的尾流特性,比较刚性和柔性分流板作用时的平均阻力系数 C_d 和斯托哈尔数 St 变化趋势,然后计算双体刚性和柔性分流板的尾流控制效果,最后分析不同形式分流板作用时的减阻效果和变化规律。

3.6.1 计算模型

图 3－20(a)为无分流板的圆柱绕流模型设置情况,变量均无量纲化。假设圆柱直径为 D,流域长度为 $32D$,宽度为 $16D$,圆柱与入口处距离为 $8D$。边界条件设置为:左侧入口处水平速度 $v_x=U$,垂向速度 $v_y=0$;右侧出口处压力 $p=0$;上下端水平速度自由(即 $v_x=\text{free}$),垂向速度 $v_y=0$;圆柱表面满足不可滑移速度条件。图 3－20(b)表示分流板与圆柱位置关系,L 表示分流板长度,这里取 $L=D$,与文献中设置一致;G 表示圆柱右端与分流板左端间距,此处考虑 G/D 变化区间为[0,5]时对圆柱后尾流的影响;Z 表示采用两个上下平行设置的分流板时偏离圆柱中心的距离,根据文献[55]给出的双体刚性分流板分布最优距离 $Z/D=0.75$ 进行布置,用以比较双体刚性与柔性分流板尾流控制的差异。

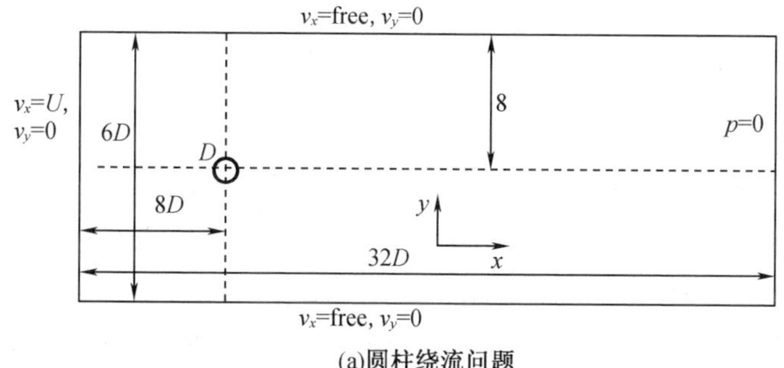

(a)圆柱绕流问题

图 3－20　计算模型

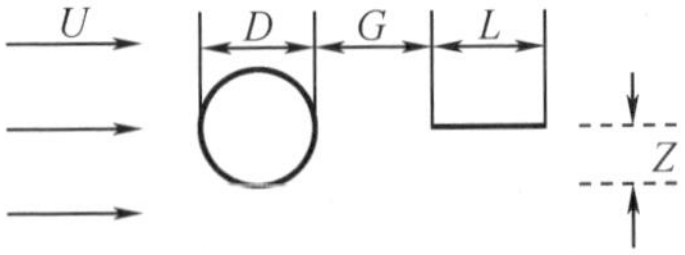

(b)分流板与圆柱位置关系

图 3 – 20(续)

3.6.2 结果分析

1. 单体刚性分流板

本书先计算 $Re=100$ 无分流板时圆柱绕流问题的平均阻力系数 C_d 和斯托哈尔数 St。流域采用不规则 T3 单元离散为 22 755 个节点和 45 316 个单元,时间步长为 $\Delta t=10^{-3}$ s,然后将计算结果与参考文献进行对比,如表 3 – 5 所示。从表中可以看出,本书结果中 C_d 与 St 均与文献结果较为接近,其数值在诸多参考解包络区间内。

表 3 – 5 圆柱绕流模拟结果与文献结果对比

$Re=100$	C_d	St
本书结果	1.37	0.167
Liu 等[56]	1.35	0.164
Calhoun[57]	1.33	0.175
Russell 等[58]	1.38	0.169
Bahmani 等[59]	1.33	0.165
Anagnostopoulos[60]	1.20	0.167

图 3 – 21 给出了平均阻力系数 C_d 和斯托哈尔数 St 随 G/D 变化的曲线图。从图 3 – 21(a)可以看出,当 G/D 较小时(约为 0.2)C_d 呈现短暂的增大趋势,本书结果与文献结果[51,55]均能观察到此现象,这是因为在分流板距离圆柱较近时圆柱右侧基点压力略微下降引起的[51];之后随着 G/D 的增大 C_d 呈现出单调递减趋势,直到 G/D 约为 2.7 时 C_d 最小为 1.205 然后突然增大,说明当前距离是分流板抑制效果的最佳位置;随着 G/D 继续增大 C_d 也在逐渐增大,当 G/D 约为 3.5 时 C_d 与无分流板的结果基本保持一致,并随 G/D 增大几乎不再发生变化,说明

此处分流板对圆柱后尾流几乎不影响。从图 3－21(b)可以看出,St 数变化趋势与 C_d 相似,当 G/D 在 0.2 到 2.7 变化时 St 数逐渐变小,说明分流板对圆柱后尾流控制效果较好,流体经过圆柱后流动状态较为稳定,经过拐点后 St 数的急剧增加显示出分流板的抑制作用已明显削弱。

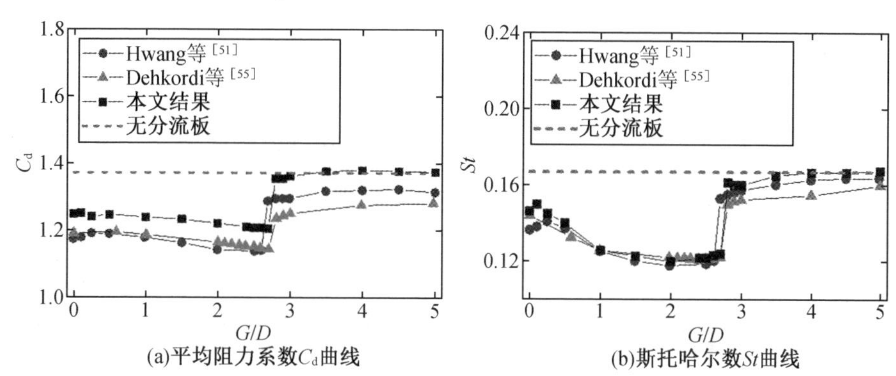

图 3－21　单体刚性板时的计算结果

图 3－22 给出了四种典型间距(G/D 为 0,2,3,4)时流动状态稳定后的某一时刻涡量云图分布。从图中可以看出,流体经过静止圆柱时,沿圆柱表面流动发生分离形成剪切层,并且随着 G/D 距离增大圆柱两层剪切层的长度被拉长,延缓了涡街的形成(图 3－22(a)、图 3－22(b));之后剪切层的长度又变小说明分流板所在位置抑制作用已削弱(图 3－22(c));当 G/D 为 4 时,流体经过圆柱后即形成泻涡,此时泻涡的形成几乎不受分流板的影响,但是尾涡脱落后拍打到分流板强度削弱,并沿着分流板两层形成新的剪切层(图 3－22(d))。

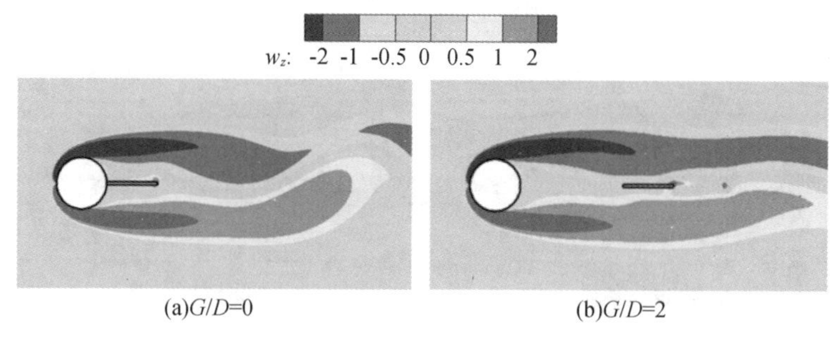

图 3－22　单体刚性板不同 G/D 时涡量云图分布

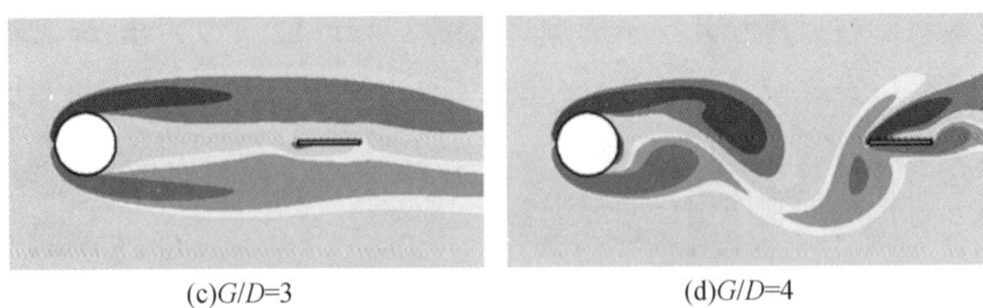

(c)G/D=3　　(d)G/D=4

图 3－22(续)

图 3－23 给出了与涡量图相对应的压力云图和流线分布图。从图中可以看出，G/D 等于 0 时圆柱后分流板两侧流线形成泡状区域，为近似对称形状(图 3－23(a))；G/D 等于 2 和 3 时，泡状区域位于圆柱和分流板之间并且其长度随着间距增大而变长，非对称性明显(图 3－23(b)、图 3－23(c))；当 G/D 等于 4 时圆柱后随即形成单一的泡状区域，此时分流板对圆柱后流动的影响已不大，只对较远处的尾流有一定的阻碍作用(图 3－23(d))。同时观察图中压力分布可知，当 G/D 等于 0,2,3 时左侧高压区与右侧压力产生压力差形成阻力，上下低压区近似对称形成升力；当 G/D 等于 4 时圆柱右下方也形成较大的低压区使阻力增加，同样说明分流板的尾流控制效果已不明显。

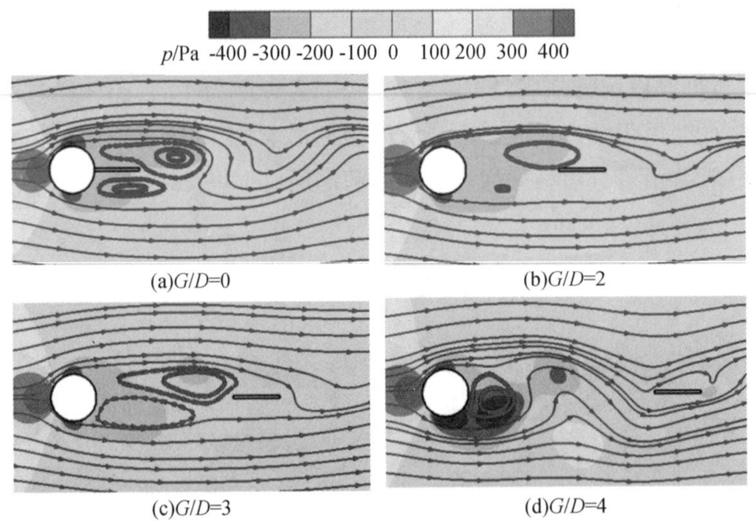

(a)G/D=0　　(b)G/D=2

(c)G/D=3　　(d)G/D=4

图 3－23　单体刚性板不同 G/D 时的压力云图及流线分布

2. 单体柔性分流板

计算单体柔性分流板时，流体和固体均采用 T3 单元，分别离散为 29 868 个节点和 59 464 个单元及 208 个节点和 308 个单元，固体材料属性与 3.5.3 算例中固体参数相同。图 3－24(a)给出了圆柱后设置单体柔性分流板时平均阻力系数 C_d 和斯托哈尔数 St 随 G/D 的变化曲线图。从图中可以看出，整体上它们的变化趋势与刚性分流板的结果相似，都是初始时先短暂增加然后单调递减至最小值，经过拐点后迅速增大然后逐渐平缓稳定下来。具体来讲，在 G/D 接近 1.9 时 C_d 最小，约为 1.28，之后并没有急剧增大而是在 G/D 约为 2 时 C_d 稍微增加，说明柔性板控制尾流的不稳定性。并且在柔性分流板作用时拐点提前，其尾流控制效果相比于刚性分流板减阻效果减弱。图 3－24(b)给出了 St 数变化曲线，其拐点与图 3－24(a)中 C_d 曲线的拐点基本对应，之后呈现单调增长趋势而没有明显的跳跃性。分析其原因，此时虽然分流板减阻效果不明显，但其柔性响应对流动产生积极的影响，使 St 数没有很快达到无分流板时的数值。同时 G/D 大于 3 时 St 数甚至高于无分流板的流动，文献[54]中在研究柔性分流板扰流时也观察到了相似的现象，这在刚性分流板中并没有出现。放置在此距离的柔性分流板既无减阻效果同时也增强了流动系统的不稳定性，起到了消极的效果。

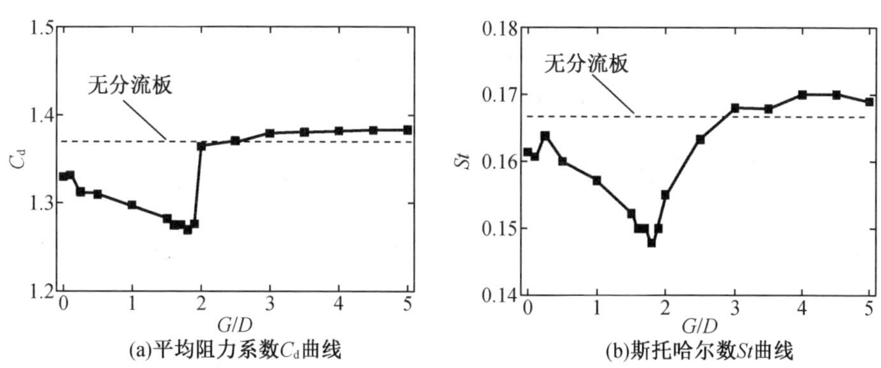

(a)平均阻力系数 C_d 曲线　　(b)斯托哈尔数 St 曲线

图 3－24　单体柔性板时的计算结果

我们以拐点附近 G/D 等于 2 时的涡量云图(图 3－25)为例，分析圆柱后柔性分流板控制尾流机理。从图 3－25 可以看出，柔性分流板在涡激力作用下发生周期性摆动，由于分流板恰巧处于旋涡生成即将脱落区域，泻涡拍打到分流板上逐渐被分解。整个过程可分解为旋涡生成－强化－干扰－弱化－分解－消失。刚开始圆柱后下侧的旋涡正在生成(图 3－25(a))，旋涡强度不断增大同时分流板顶端形成与之相反强度较小的涡(图 3 - 25(b)),然后与分流板发生干扰旋涡受到影响而没有及时脱落(图 3 - 25(c)),旋涡强度进一步得到弱化(图 3 - 25(d)),并逐渐分解(图 3 - 25(e)),圆柱后下侧旋涡消失同时上侧旋涡已充分形成(图 3 - 25(f))。整体上圆柱后上下交替形成旋涡,柔性分流板的尾流控制作用主要体现在尾涡即将脱落时削弱其强度,而刚性分流板主要是抑制尾涡的生成。

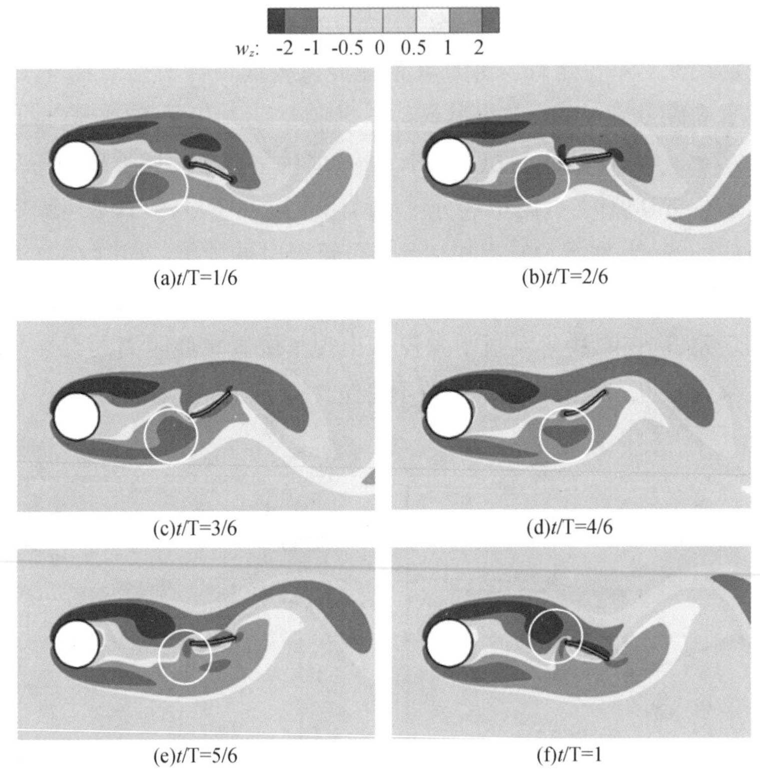

图 3 - 25 单体柔性板 *G/D* 等于 2 时的涡量云图分布

图 3 - 26 中给出了 *G/D* 等于 2 时的压力云图和流线分布。从图中可以看出,由于流动不稳定圆柱后的流线分布均是单一无对称的泡状区域。根据压力分布分析柔性分流板受力及运动响应,当分流板上方低压区占优时,受低压影响分流板向上运动(图 3 - 26(a)、图 3 - 26(b));之后低压后移下方高压占优,受高压影响分流板继续向上运动直至运动至位移最大处(图 3 - 26(b)至图 3 - 26(d));此时圆柱后形成低压区,之后低压后移分流板下方受低压影响运动接近平

衡位置(图 3－26(e)),然后运动到下方位移最大处(图 3－26(f))。

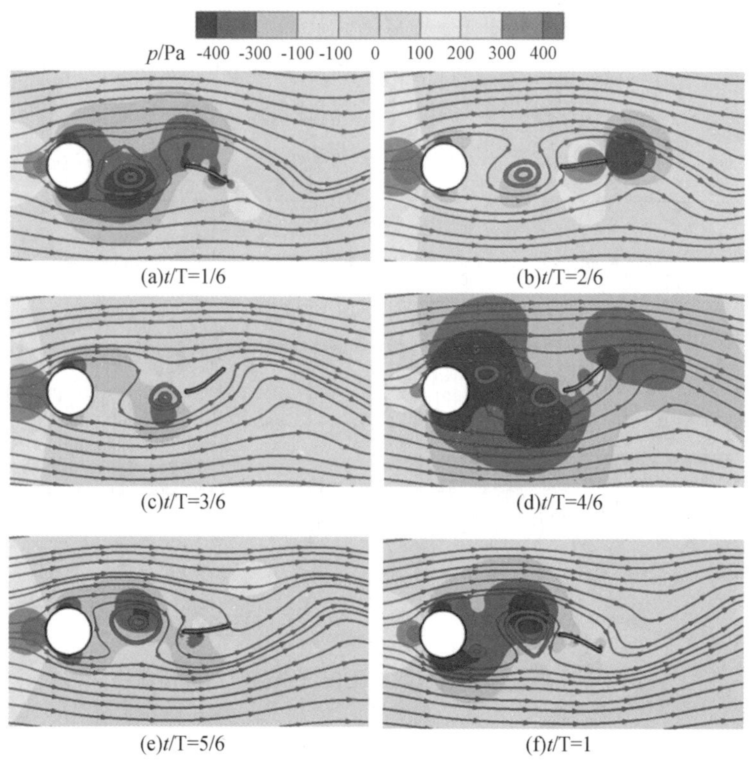

图 3－26　单体柔性板 *G/D* 等于 2 时的压力云图及流线分布

图 3－27 给出了四种典型位置(*G/D* 等于 0,2,3,4)时柔性分流板端点垂向位移的时间历程曲线。从图中可以看出,四种情况的位移曲线变化趋势相似,均是经历一段时间波动后进入周期性的振动状态,且振动曲线幅值并非完全对称于初始位置,而是以起振时的平衡位置偏移量为对称轴。同时 *G/D* 等于 2 时,分流板的周期性振动曲线幅值最大。因为分流板处于旋涡即将脱落的位置,涡激力较大使得分流板发生较大的位移响应,同时进一步说明了 *G/D* 等于 2 处是抑制涡激振动减小阻力的最佳距离。

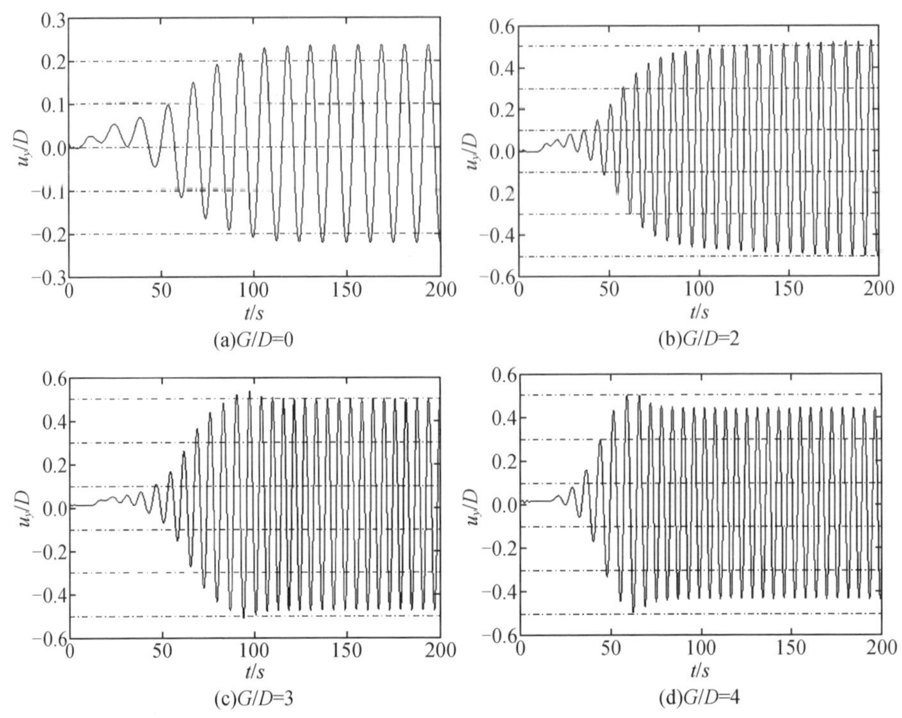

图 3-27　柔性分流板端点垂向位移的时间历程曲线

3. 双体刚性分流板

图 3-28 给出了放置平行双体刚性板时平均阻力系数 C_d 和斯托哈尔数 St 随 G/D 变化的曲线图。从图 3-28(a)可以看出，C_d 曲线拐点发生在分流板放置在 $G/D=3$ 的位置，拐点比单体刚性板大。在拐点前减阻效果明显且曲线较为平缓，经历拐点后 C_d 结果与无分流板的结果基本一致。图 3-28 为 St 数曲线，其变化趋势也非常稳定，尤其是当 G/D 在 2.5 和 3 之间变化时，St 数几乎为 0，流动状态非常稳定，双刚性分流板的尾流控制效果明显。

图 3-29 给出了 G/D 为 0,2,3,4 时流动状态稳定后的某一时刻涡量云图分布。从图中可以看出，采用平行放置的双刚性分流板时，受其直接影响圆柱上下两侧形成的流体剪切层被拉长，泻涡的脱落得到有效抑制(图 3-29(a)~(c))；当 G/D 等于 4 时由于分流板距离圆柱较远，圆柱后已形成周期性脱落的旋涡，分流板对圆柱后旋涡的形成和脱落已无抑制作用。虽然脱落的旋涡拍打到分流板强度衰减，但是对于圆柱后方流动影响不大。

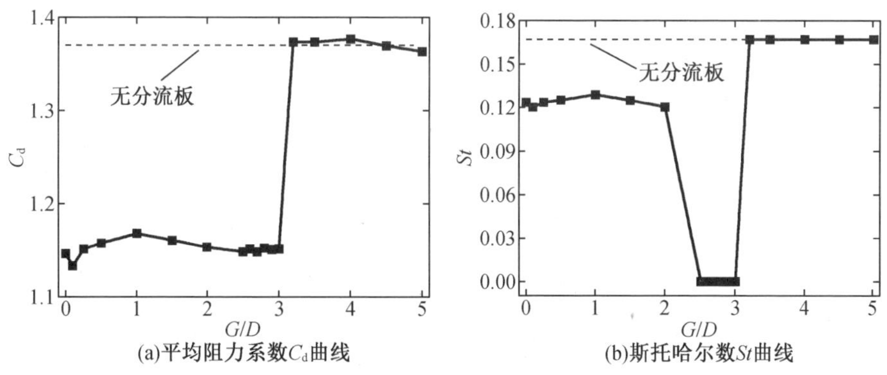

图 3-28　放置平行双体刚性板时的计算结果

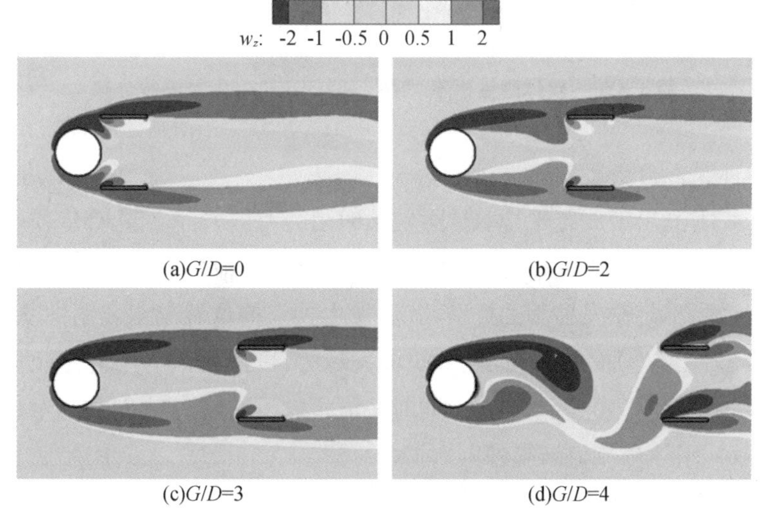

图 3-29　双体刚性板不同 *G/D* 时的涡量云图分布

图 3-30 给出了 *G/D* 等于 0,2,3,4 时流动状态稳定后的某一时刻压力云图和流线分布。从图中可以看出,分流板距离圆柱较近时,经过圆柱后的边界层附近流体流入分流板之间,此时类似于管道流动,不会立即形成泡状区域流线,而是在板下流较远处形成(图 3-30(a));随着 *G/D* 增大圆柱后流线即形成泡状区域,并在 *G/D* 等于 3 时该区域进一步增大并近似对称,分流板的尾流控制效果依旧明显(图 3-30(b)、(c));但是当 *G/D* 等于 4 时泡状区域变小衰减为一个,分流板作用已不明显(图 3-30(d))。同时从压力分布可以看出,*G/D* 较小时圆柱后低压区基本稳定;*G/D* =4 时低压区增强,圆柱所受阻力增大。

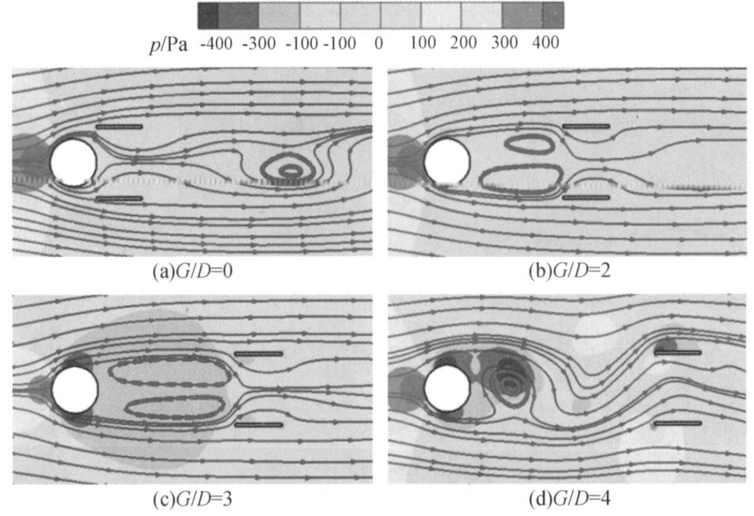

(a)G/D=0
(b)G/D=2
(c)G/D=3
(d)G/D=4

图 3-30 双体刚性板不同 *G/D* 时的压力云图及流线分布

4. 双体柔性分流板

图 3-31 给出了放置平行双体柔性板时阻力系数 C_d和斯托哈尔数 St 随G/D变化的曲线图。从图中可以看出，由于双体分流板尾流控制效果显著，柔性分流板所受涡激力不足激发显著的振动响应，发生拐点的位置与双体刚性基本一致，经过拐点 C_d急剧增加之后还有轻微的增大趋势，可能是因为柔性分流板无减阻效果并开始发生明显的运动响应。同时分流板的柔性响应对 St 数产生一定的影响，没有双体刚性分流板结果稳定。

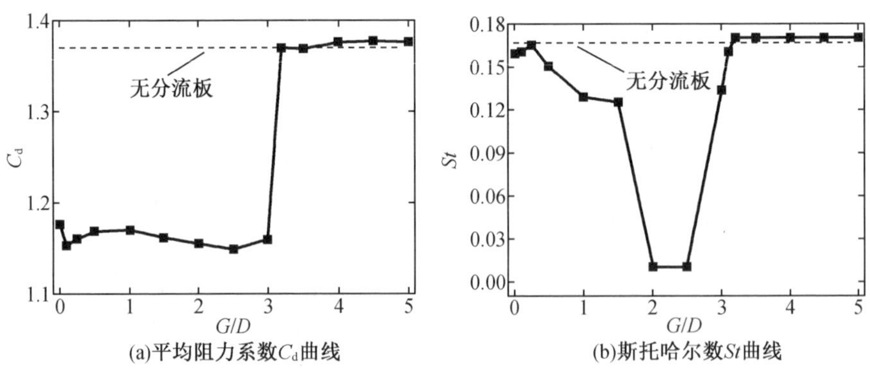

(a)平均阻力系数C_d曲线
(b)斯托哈尔数St曲线

图 3-31 放置平行双体柔性板时的计算结果

图3－32给出了拐点处 G/D 等于3时的涡量云图、压力云图及流线图。与双体刚性分流板相比，由于控制效果显著，流动较为稳定，分流板变形较小，其涡量图、压力云图和流线图相似，不同之处在于柔性分流板端点处有轻微变形导致压力分布不均，这从压力分布中可以看出。同时也说明了放置两端的分流板相比于单体板受到的涡激力小。

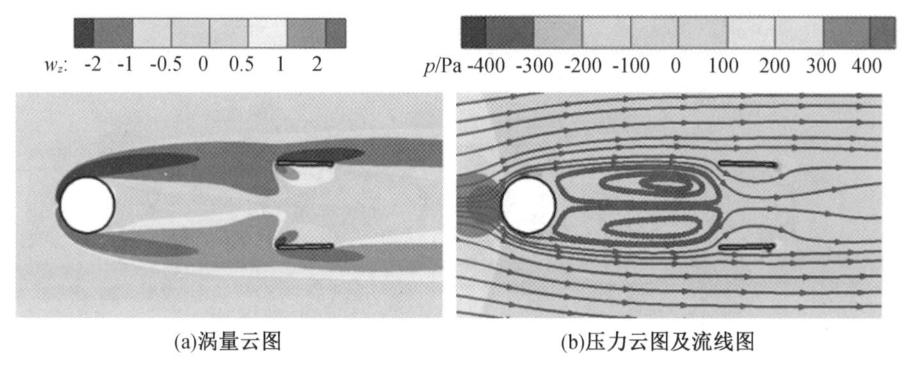

(a)涡量云图　　(b)压力云图及流线图

图3－32　双体柔性板 G/D＝3时的结果

图3－33给出了 G/D 等于4时上、下板顶端的垂向位移曲线，由于起振时位置有些差别，导致它们的振动中心纵向坐标非对称，但是振动的周期性和幅值几乎一致。

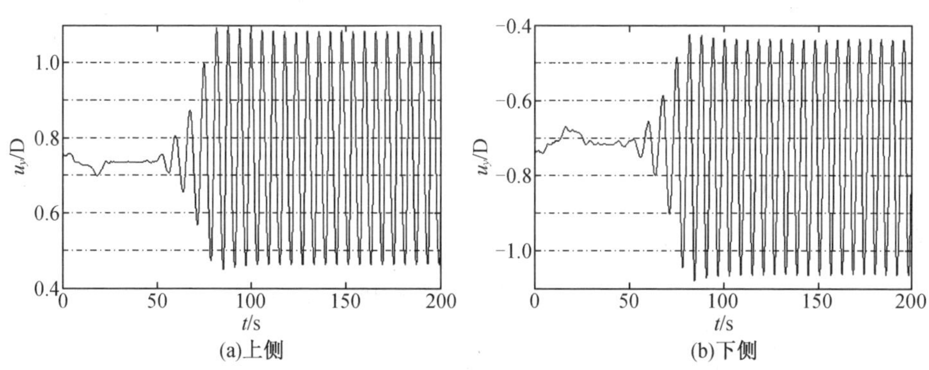

(a)上侧　　(b)下侧

图3－33　G/D＝4时上、下板板顶端垂向位移曲线

图3－34给出了 G/D 等于4时不同时刻的涡量云图。从图中可以看出，圆柱后不断有旋涡的生成和脱落，分流板对圆柱后尾流几乎没有控制效果。并且

周期性生成的旋涡拍打到分流板上导致分流板沿着水流方向上下摆动。

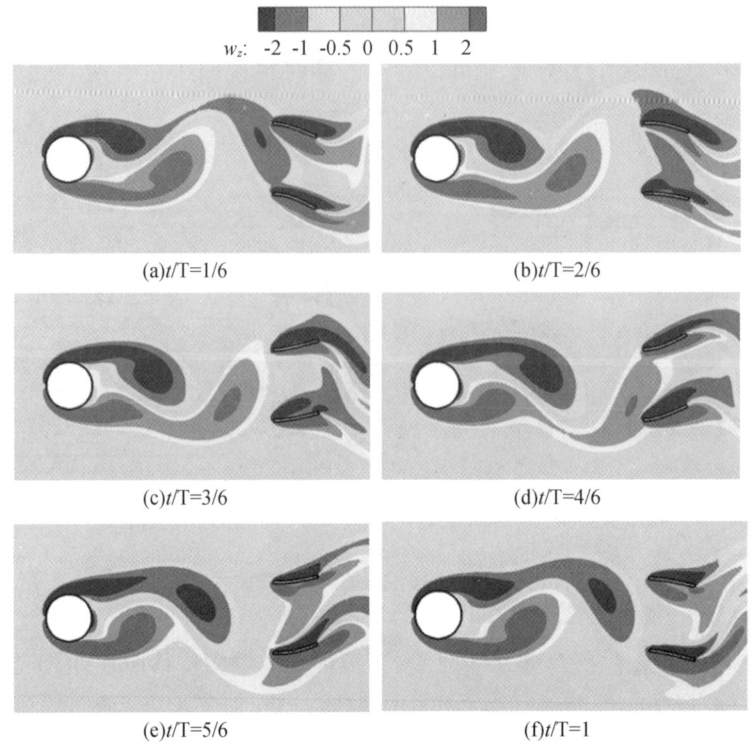

图 3-34 双体柔性板 G/D 等于 4 时的涡量云图分布

3.6.3 减阻效果比较

为了更为直观地比较以上四种情况下圆柱后尾流控制效果,定义减阻百分数为

$$\eta\% = \frac{C_{\mathrm{d,sc}} - C_{\mathrm{d,sp}}}{C_{\mathrm{d,sc}}} \times 100\% \tag{3-57}$$

式中,$C_{\mathrm{d,sc}}$ 和 $C_{\mathrm{d,sp}}$ 分别表示无分流板和放置分流板时圆柱的平均阻力系数。

图 3-35 给出了减阻百分数对比曲线。从图中可以看出,双体分流板减阻效果要好于单体,最高可达 17.5%;刚性分流板减阻效果好于柔性分流板。同时,减阻效果越好,减阻曲线的拐点发生的距离就越大,意味着分流板发挥尾流控制效果的可放置区域越广。在双体分流板有效控制范围内减阻效果差别并不

明显，甚至要优于拐点处的减阻效果；在单体分流板有效控制范围内，拐点处即为最优控制位置。

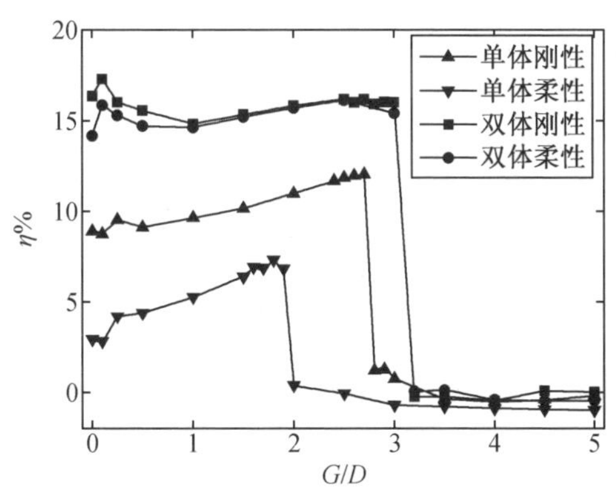

图 3-35 减阻百分数对比曲线

3.7 算法改进

3.7.1 固体模型改进

在上一章中所提出的 IS-PIM 流固耦合模型采用 ES-PIM 模拟大变形固体，相比 FEM 能够软化模型刚度，使流固耦合问题中固体求解更为准确。然而，研究证明 ES-PIM 中模型刚度仍然是偏硬的，研究中发现和证明 NS-PIM 模型刚度软化程度高，在固体力学求解中能够提供上限能量解。基于位移完全协调的 FEM 高估了系统模型刚度，能够提供下限能量解；而 NS-PIM 低估了系统模型刚度，能够提供上限的能量解。点基局部梯度光滑技术将刚度过硬的 FEM 和刚度偏软的 NS-PIM 相结合，提出了点基局部光滑点插值法（NPS-PIM），在固体力学求解中通过构造适当的模型刚度使数值结果非常逼近精确解。

本章在 IS-PIM 基础上采用 NPS-PIM 改进固体求解器，提出浸没点基局部光滑点插值法，进一步提高了流固耦合问题中大变形固体求解的准确性。接下来将介绍 NPS-PIM 的光滑域构造格式和基本特性，并通过数值算例对本章提出的流固耦合算法进行验证。

1. 点基局部光滑域构造

在固体力学求解中，FEM 提供能量解的下限呈现出刚度偏硬的特性，而 NS－PIM 由于刚度过度软化可提供能量解的上限。NPS－PIM 基于点基局部梯度光滑操作将两者结合，可构造出适宜的模型刚度阵。如图 3－36（a）所示，在 FEM 中采用 T3 单元离散计算域，然后基于单元节点信息在单元内进行一系列操作；如图 3－36（b）所示，在 NS－PIM 中基于 T3 背景单元可构造点基光滑域。NPS－PIM 将两者结合，其计算域构造形式如图 3－36（c）所示。假设三角形单元某一边长为 $2b$，中线长为 $3c/2$；在 NS－PIM 中，由边中点和形心点构造光滑域，且顶端与形心点距离为 c。在 NPS－PIM 中，引入边长比 α 分割出局部光滑域，其边长为 $(1-\alpha)b$，中线长为 $(1-\alpha)c$。这样就将一个三角形单元分割为四部分，包括基于顶点的三个点基光滑域和一个采用 FEM 的中心区域，并且 FEM 计算域面积为

$$\overline{A}^{e}_{Li} = \alpha^2 A^{s}_{Li} \tag{3-58}$$

式中，A^{s}_{Li}表示一个完整三角形单元面积，$\overline{A}^{e}_{Li}$表示 FEM 的计算面积。其他三部分属于不同点基光滑域且具有相同的面积 $(1-\alpha^2)A^{s}_{Li}/3$。

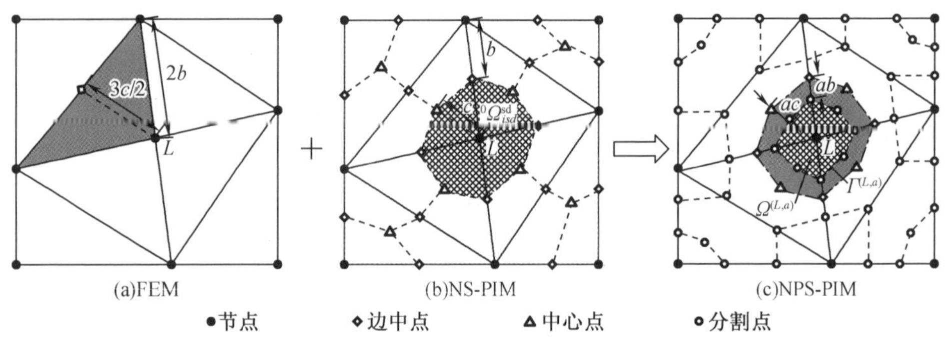

图 3－36　结合 FEM 与 NS－PIM 构造 NPS－PIM 格式

注：阴影部分和格子部分分别表示 FEM 和 NS－PIM 的计算域[47]。

点基局部光滑域 Ω^{sd}_{isd}和点基光滑域 $\Omega^{(L,\alpha)}$ 的面积关系可通过下式给出：

$$A^{(L,\alpha)} = \int_{\Omega^{(L,\alpha)}} \mathrm{d}\Omega = \sum_{i=1}^{N^{k}_{ele}} (1-\alpha^2) A^{s}_{Li}/3 = (1-\alpha^2) A^{sd}_{isd} \tag{3-59}$$

式中，$A^{(L,\alpha)}$ 表示点基局部光滑域的面积；N^{k}_{ele}表示与参考点 L 相连接的三角形单元的个数。

采用 NPS－PIM 求解固体时，整个内力$\boldsymbol{f}_{It}^{int}$可分解成两部分为

$$\boldsymbol{f}_{It}^{int} = \boldsymbol{f}_{Ie}^{int} + \boldsymbol{f}_{Is}^{int} \tag{3-60}$$

式中，$\boldsymbol{f}_{Ie}^{int}$可通过 FEM 求解，$\boldsymbol{f}_{Is}^{int}$可通过 NS－PIM 求解。其具体离散形式可表示为

$$\boldsymbol{f}_{Ie}^{int} = \sum_{i=1}^{N_{ele}^{s}} (\alpha^2)^0 \boldsymbol{B}_I^{T} \boldsymbol{S} A_{Li}^{s} \tag{3-61}$$

$$\boldsymbol{f}_{Is}^{int} = \sum_{i=1}^{N_n^{s}} (1-\alpha^2)^0 \widetilde{\boldsymbol{B}}_I^{T} \widetilde{\boldsymbol{S}} \cdot A_{isd}^{sd} \tag{3-62}$$

式中，$\alpha^2=1$ 表示全域采用 FEM 求解；$\alpha^2=0$ 表示全域采用 NS－PIM 求解。

2. 点基局部光滑点插值法特性

根据虚功原理，弹性体总的虚位能 δW 满足方程

$$\delta W(\delta \boldsymbol{u},\boldsymbol{u}) \equiv \delta W^{int} - \delta W^{ext} + \delta W^{inext} = 0 \tag{3-63}$$

式中，

$$\delta W^{int} = \delta \boldsymbol{u}^{T} \cdot \boldsymbol{f}_I^{int}, \delta W^{ext} = \delta \boldsymbol{u}^{T} \cdot \boldsymbol{f}_I^{ext}, \delta W^{inext} = \delta \boldsymbol{u}^{T} \cdot \boldsymbol{M}_{IJ} \boldsymbol{a}_I \tag{3-64}$$

由于内力包含两部分，可将虚应变能 δW^{int}进行分解为

$$\begin{aligned}
\delta W^{int} &= \delta \boldsymbol{u}^{T} \cdot \boldsymbol{f}_I^{int} \\
&= \delta \boldsymbol{u}^{T} \cdot (\boldsymbol{f}_{Ie}^{int} + \boldsymbol{f}_{Is}^{int}) \\
&= \delta \boldsymbol{u}^{T} \cdot \Big(\int_{{}^0\Omega_e} \boldsymbol{B}_I^{T} \boldsymbol{D} \boldsymbol{B}_I \mathrm{d}\Omega + \int_{{}^0\Omega_s} \widetilde{\boldsymbol{B}}_I^{T} \boldsymbol{D}\, \widetilde{\boldsymbol{B}}_I \mathrm{d}\Omega \Big) \cdot u \\
&= \delta \boldsymbol{u}^{T} \cdot \big(\boldsymbol{B}_I^{T} \boldsymbol{D} \boldsymbol{B}_I \cdot (\alpha^2) A_{Li}^{s} + \widetilde{\boldsymbol{B}}_I^{T} \boldsymbol{D}\, \widetilde{\boldsymbol{B}}_I \cdot (1-\alpha^2) A_{Li}^{s} \big) \cdot \boldsymbol{u}
\end{aligned} \tag{3-65}$$

式中，$\boldsymbol{D}$ 表示弹性矩阵，并且总的刚度阵 $\boldsymbol{K}_t$可表示为

$$\boldsymbol{K}_t = \boldsymbol{B}_I^{T} \boldsymbol{D} \boldsymbol{B}_I \cdot (\alpha^2) A_L^{s} + \widetilde{\boldsymbol{B}}_I^{T} \widetilde{\boldsymbol{D} \boldsymbol{B}}_I \cdot (1-\alpha^2) A_L^{s} \tag{3-66}$$

可将 FEM 及 NS－PIM 的刚度阵分别用 $\boldsymbol{K}_e$和 $\boldsymbol{K}_s$表示：

$$\boldsymbol{K}_e = \boldsymbol{B}_I^{T} \boldsymbol{D} \boldsymbol{B}_I \cdot A_L^{s},\ \boldsymbol{K}_s = \widetilde{\boldsymbol{B}}_I^{T} \widetilde{\boldsymbol{D} \boldsymbol{B}}_I \cdot A_L^{s} \tag{3-67}$$

因此，总的虚位能方程可进一步表示为

$$\delta W(\delta \boldsymbol{u},\boldsymbol{u}) \equiv \delta \boldsymbol{u}^{T} \cdot \big((\alpha^2) \boldsymbol{K}_e + (1-\alpha^2) \boldsymbol{K}_s \big) \cdot \boldsymbol{u} - \delta \boldsymbol{u}^{T} \cdot \boldsymbol{f}_I^{ext} + \delta \boldsymbol{u}^{T} \cdot \boldsymbol{M}_{IJ} \boldsymbol{a}_I \tag{3-68}$$

讨论：

(1) 如果 $\alpha^2=1$，FEM 的过度刚性高估了系统刚度，使得应变能 δW^{int}被过低估计，因此它可以提供下限的能量解。

(2) 如果 $\alpha^2=0$，NS－PIM 的过度软化特性低估了系统刚度，使得应变能 δW^{int}被过高估计，因此它可以提供上限的能量解。

(3) 如果 $\alpha^2 \in (0.0,1.0)$，NPS－PIM 中模型刚度 $\boldsymbol{K}_t$由软到硬的连续性变化

使得能量解由上限逐步过渡到下限。

(4)基于 FEM 和 NS－PIM 的特性，参数 α^2 取某一适宜参数时可使点基局部光滑点插值的刚度模型接近理论解。由于当前我们还不能从理论上推导出 α^2 的具体取值，因此在接下来的研究中将考虑 α^2 取不同值时对流固耦合问题中固体求解的影响，通过数值算例研究给出最适宜的参数取值，构造出适宜的模型刚度。

3. 流域内变形梁问题

该算例模型与 3.5.2 中算例设置相同，用以分析 NPS－PIM 在参数取不同值下流固耦合模型中固体的求解准确性。考虑参数取值为 $\alpha^2=1$(FEM)，0.8，0.6，0.5，0.4，0.2 和 0(NS－PIM)。采用三组规则 T3 单元离散固体域，网格尺寸分别设置为 $h^s=1/50$ m、1/75 m 和 1/100 m。流体域采用两组规则 T3 单元进行离散，网格尺寸分别设置为 $h^f=1/40$ m 和 1/50 m。在同一流体网格设置下以固体加密网格 $h^s=1/300$ m 作为参考解。误差分析结果如图 3－37 所示，从图中可以看出，当参数 α^2 从 1 到 0.4 变化时，模型刚度得到软化位移误差逐渐减小；当参数 α^2 从 0.4 到 0 变化时，位移误差又逐渐在增加，意味着模型刚度又从理想值偏向于过度软化的一侧。在相同的流体网格设置下三组固体网格都有相似的变化趋势，并且固体网格越密位移误差越小。整体上，与其他取值相比 $\alpha^2=0.4$ 时固体位移误差最小，也就是说此时 NPS－PIM 构造出最适宜的模型刚度从而使位移误差最小。

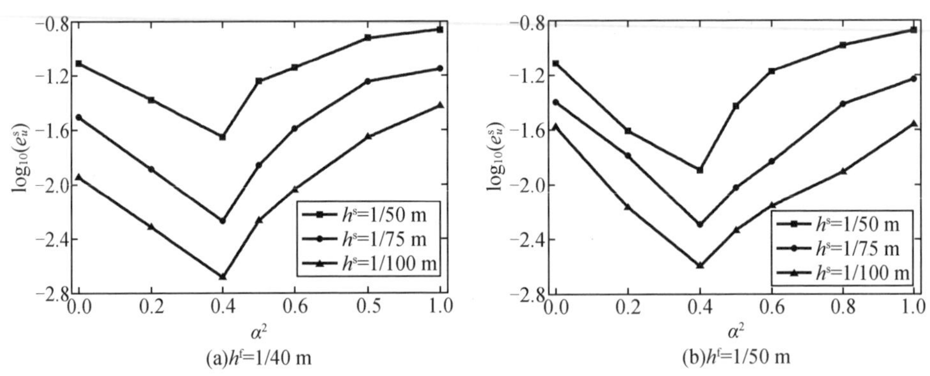

图 3－37 不同流体网格尺寸下固体位移误差分析[47]

接下来比较 NPS－PIM 在参数不同取值时的 CPU 时间，计算机配置为 Intel (R) Core(TM) i5－2400，CPU 3.10 GHz，RAM 4.0 G，本章中数值算例均基于此计算环境进行数值模拟。固体域采用三组规则 T3 单元进行离散，网格尺寸分别

为 $h^s = 1/50$ m、$1/75$ m 和 $1/100$ m。流体网格尺寸设置一组规则 T3 单元离散，$h^f = 1/40$ m。统计流固耦合模型中固体求解器采用不同参数时的 CPU 时间，结果如表 3-6 所示。统计时以流固耦合系统达到稳定状态时（$t = 3$ s）所消耗的 CPU 时间为基准，$\Delta t = 5 \times 10^{-5}$ s。在表 3-6 中，"$\alpha^2 = 0.2$""$\alpha^2 = 0.4$""$\alpha^2 = 0.5$""$\alpha^2 = 0.6$""$\alpha^2 = 0.8$"表示流固耦合模型中采用 NPS-PIM 时参数的取值，NS-PIM 和 FEM 分别对应于"$\alpha^2 = 0$"和"$\alpha^2 = 1$"的情况。为了更清楚对计算时间进行对比，将表中数据绘制成柱状图。从图 3-38 可以看出，流固耦合模型中采用 NPS-PIM 的 CPU 时间与 FEM 及 NS-PIM 在同一水平。因此 NPS-PIM 可以实现求解精度与计算时间的平衡。

表 3-6　流固耦合模型不同固体求解器 CPU 时间消耗　单位：s

h^s/m	NS-PIM	$\alpha^2 = 0.2$	$\alpha^2 = 0.4$	$\alpha^2 = 0.5$	$\alpha^2 = 0.6$	$\alpha^2 = 0.8$	FEM
1/50	879.618	881.460	882.906	882.600	881.664	885.174	874.884
1/75	987.924	994.344	991.872	992.994	997.656	994.086	987.072
1/100	1 127.952	1 141.686	1 141.536	1 139.238	1 144.332	1 137.804	1 117.254

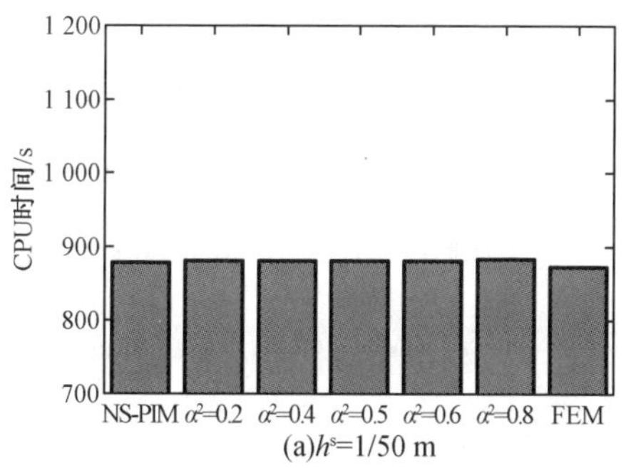

(a) h^s=1/50 m

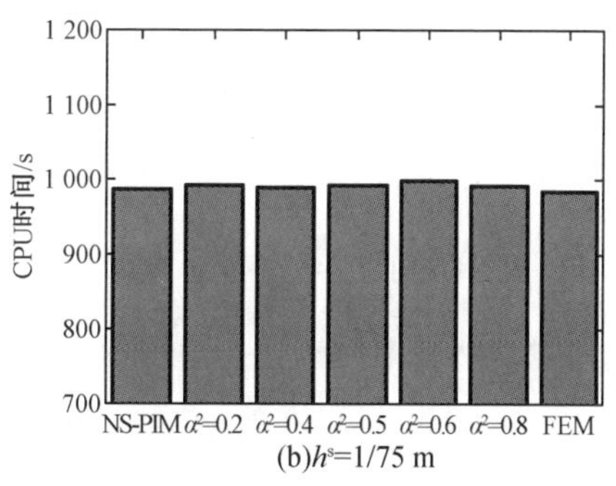

(b) h^s=1/75 m

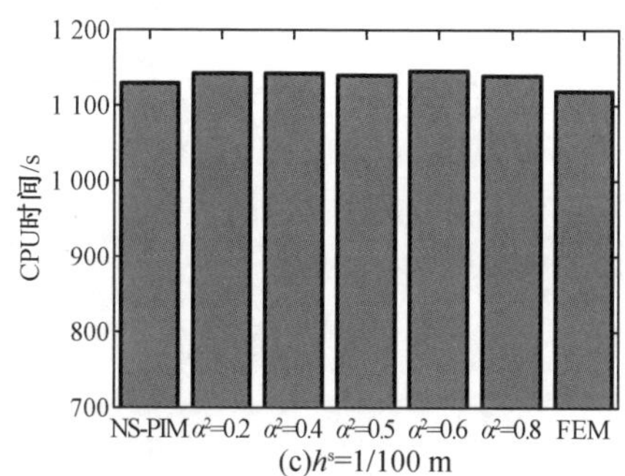

(c) h^s=1/100 m

图 3-38　流固耦合模型不同固体求解器 CPU 时间消耗柱状图

图 3－39 给出了 NPS－PIM 在 $\alpha^2=0.4$ 时的收敛特性,结果显示在流体网格尺寸分别为 1/50 m 和 1/200 m 的情况下固体位移的收敛率约为 1.79 和 1.76。

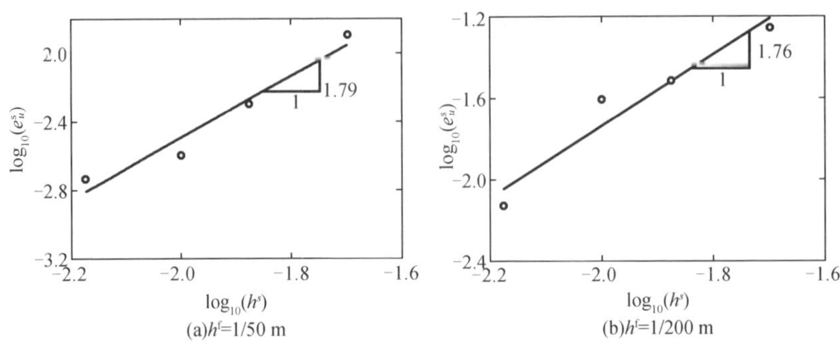

(a)h^f=1/50 m (b)h^f=1/200 m

图 3－39 NPS－PIM 在 $\alpha^2=0.4$ 时的收敛性分析[47]

固体模型采用几乎不可压缩的 Saint Venant－Kirchhoff 材料,Zhang 等[44]在 IS－FEM 中证明在模拟流固耦合固体大变形时固体体积变化率最大时仍小于 0.1%,意味着其体积变化几乎可以忽略,固体可以视为几乎不可压缩的连续体或者是近似刚体的连续体,引入的虚拟流体体积几乎不发生变化。由于虚拟流体被假设与真实流体相同的物理特性,因此也需要满足不可压缩流体假设,本书采用 $\alpha^2=0.4$ 的 NPS－PIM 计算虚拟流体区域速度散度积分 $\int \mathrm{div}(v)\,\mathrm{d}\Omega$ 的变化。图 3－40 给出了 $h^f=1/40$ m 和 $h^f=1/50$ m 时虚拟域内速度散度积分随时间的变化曲线。从图中可以看出,离散误差速度散度积分 $\int \mathrm{div}(v)\,\mathrm{d}\Omega$ 并不严格等于 0,其最大值也不超过 0.4×10^{-3} m²/s。

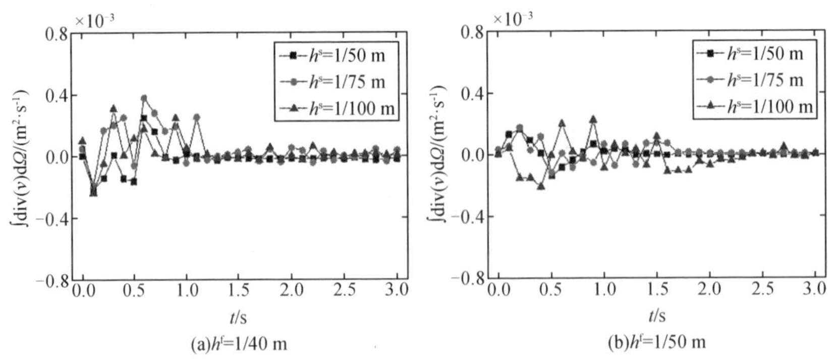

(a)h^f=1/40 m (b)h^f=1/50 m

图 3－40 速度散度积分随时间的变化曲线[47]

接下来将流固耦合模型中采用 $\alpha^2=0.4$ 的 NPS－PIM 与 ES－PIM（IS－PIM 中固体求解器）做对比。首先定义计算效率为 1/（CPU 时间×计算误差），计算机配置及 CPU 时间统计的物理时间与上述情况相同。为便于结果对比，以 FEM 计算效率为基准，将其结果量化为单位效率 1，NPS－PIM 及 ES－PIM 的结果均是与 FEM 计算效率相比所得结果。计算时流体网格设置一致（$h^{f}=1/40$ m），结果如表 3－7 所示。从表中可以看出，在当前计算条件下耦合 ES－PIM 的计算效率是耦合 FEM 的 3～5 倍；耦合 NPS－PIM 的计算效率是耦合 FEM 的 10～20 倍；耦合 NPS－PIM 的计算效率是耦合 ES－PIM 的 2～4 倍。

表 3－7　流固耦合模型采用 NPS－PIM 与 ES－PIM 计算效率比较　　单位：s

h^{s}/m	FEM	ES－PIM	NPS－PIM	NPS－PIM 相比 ES－PIM
1/50	1	3.953	17.149	4.338
1/75	1	5.734	20.161	3.516
1/100	1	4.590	11.200	2.440

4. 周期性流动驱动弹性梁问题

本算例考虑一瞬态的流固耦合问题，参数设置与文献[61]相同，固体变形为平面应力。几何模型如图 3－41 所示，矩形流域长度 $L=4$ m，高度 $H=1$ m。弹性梁高度和厚度分别为 $\lambda=0.8$ m 和 $d=0.021\,2$ m。固体参数 $\rho^{s}=6.0$ kg/m^3，$\nu^{s}=0.5$ 和 $E^{s}=10^{7}$ Pa。流体参数 $\rho^{f}=1.0$ kg/m^3，黏性系数 $\mu^{f}=0.1$ kg/（m·s）。弹性梁底端固定，位于流域中间位置。初始时刻流固耦合系统保持静止，然后向流域内输入流体，其速度呈周期性分布 $v_x^{f}=\sin(2\pi t+\pi/2)$，周期为 $T=1$ s。速度为正时从左端 $y=0$ 输入，为负时从右端 $y=L$ 输入。流域底端速度满足不可滑移边界条件，顶端法向速度 v_y^{f} 设置为 0。

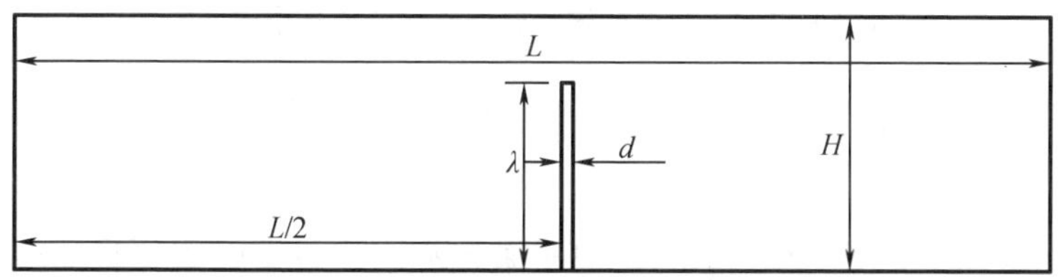

图 3－41　周期性流动驱动弹性梁模型[47]

计算域均采用 T3 单元离散，流域离散为 2 930 个节点和 5 608 个单元；固体域离散为 165 个节点和 216 个单元，$\Delta t = 10^{-5}$ s。图 3 – 42 给出了弹性梁在一个周期内的运动形式和流域速度矢量分布。当 $t/T = 0 \sim 0.3$，流体从左侧输入使得弹性梁向右侧摆动（图 3 – 42（a）至图 3 – 42（c））；当 $t/T = 0.3 \sim 0.5$，随着流动衰减弹性梁向相反方向反弹（图 3 – 42（d）、图 3 – 42（e））；当 $t/T = 0.5 \sim 0.7$，边界速度变为从右侧输入，弹性梁向左加速摆动（图 3 – 42（f）、图 3 – 42（g））；随后梁在弹性力的作用下摆动至平衡位置（图 3 – 42（h）、图 3 – 42（i））。在每个周期内梁都重复相同的摆动形态，该运动特性与文献[61]吻合。

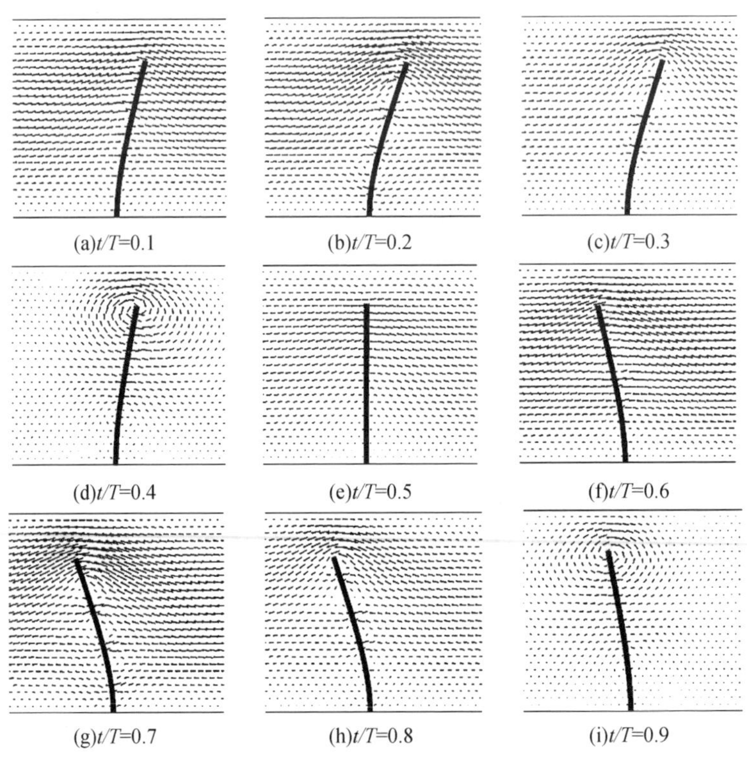

图 3 – 42　不同时刻弹性梁位置和速度矢量图[47]

为了研究梁顶点水平位移随时间变化曲线，设置三组规则固体网格，网格尺寸分别为 $h^s = 1/80$ m，$h^s = 1/100$ m，$h^s = 1/125$ m，且采用同一组流体网格，单元与节点数与之前一致。图 3 – 43 给出了梁顶点水平位移时间历程曲线，从图中可以看出随着固体网格逐渐加密位移曲线基本不再发生变化，位移幅值与文献[61]结果基本吻合。并且梁在周期性流体作用下同样发生周期性的运动变形，振动周期与系统输入流体的周期保持一致。

然后将输入速度的周期延长为 $T=2$ s，$T=4$ s，同时将弹性梁的弹性模量减小至 $E^s=10^5$ Pa 和 $E^s=10^4$ Pa，这样可以考虑固体更大变形情况下 NPS－PIM 的计算性能。流域离散为 2 930 个节点和 5 608 个单元；固体域离散为 165 个节点和 216 个单元。在流体网格保持一致的情况下，以加密的固体网格（679 个节点，1 080 个单元）作为参考解。将 NPS－PIM 取不同参数的结果与参考解比较。

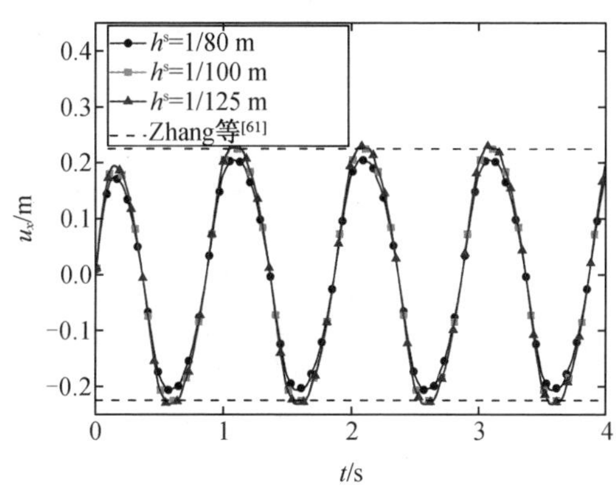

图 3－43　梁顶点水平位移时间历程曲线

图 3－44 为 $E^s=10^5$ Pa 的计算结果，从图中可以看出，在同一时刻当参数 α^2 从 1 到 0 变化时，弹性梁的位置从左到右依次分布，这是因为 NPS－PIM 构造的模型刚度是从过度刚性的 FEM 到过度软化 NPS－PIM 的连续性变化，能量输入相同时不同刚度模型呈现出不同的位移结果。并且当 $\alpha^2=0.4$ 和 $\alpha^2=0.2$ 时结果与参考解更为接近。图 3－45 为 $E^s=10^4$ Pa 的计算结果，从图中可以看出，由于梁变形过大致使其位置没有明显的规律性，但仍旧清晰可见的是当 $\alpha^2=0.4$ 时与参考解最为吻合。根据结果可知，流固耦合问题涉及大幅度的固体变形时，以 FEM、NS－PIM 及 NPS－PIM 作为固体求解器时结果差异显著，固体变形受模型刚度影响明显，并且 NPS－PIM 在参数 $\alpha^2=0.4$ 结果较好，意味着此时能构造出最适宜的刚度模型非常接近精确解刚度，浸没点基局部光滑点插值法在固体扭曲变形严重时仍能与参考解吻合较好。

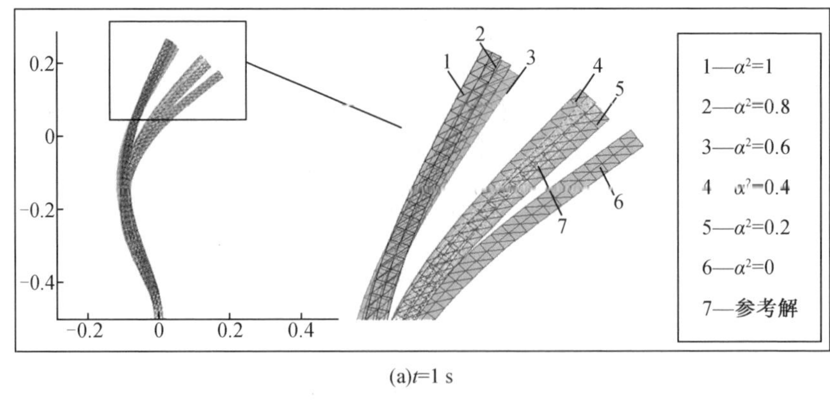

(a)t=1 s

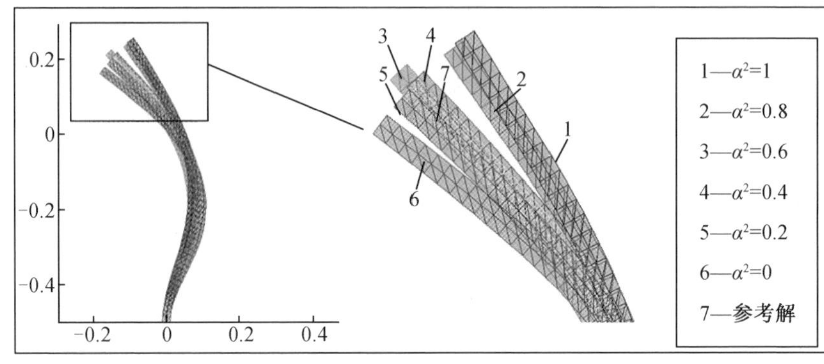

(b)t=2 s

图 3－44　T＝2 s 时 NPS－PIM 在参数 α^2 不同取值时的变形梁形态[47]

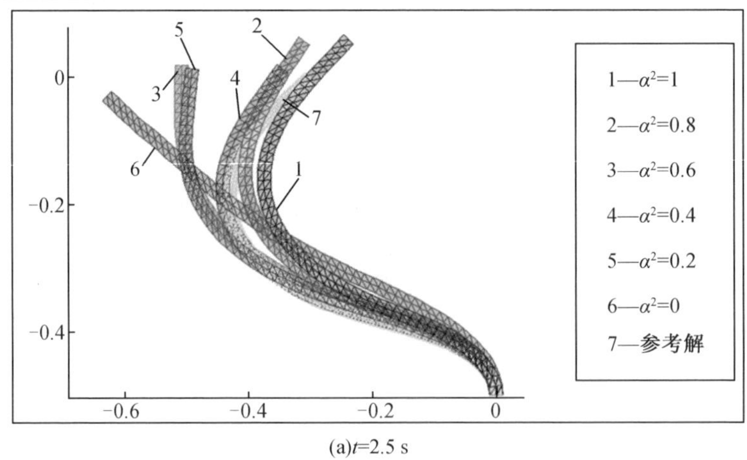

(a)t=2.5 s

图 3－45　T＝4 s 时 NPS－PIM 在参数 α^2 不同取值时的变形梁形态[47]

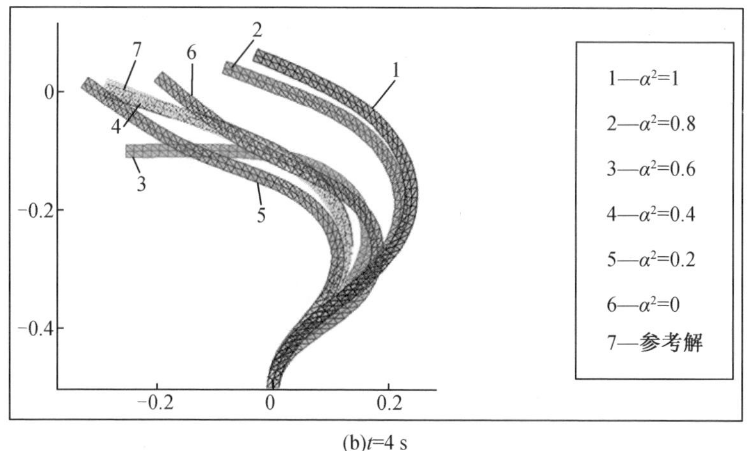

(b)t=4 s

图 3 - 45(续)

接下来对流固耦合模型中 $\alpha^2=0.4$ 的 NPS - PIM 固体模型做进一步验证。考虑 $T=2$ s 和 $E^s=10^5$ Pa 的情况，采用两种规则 T3 单元离散流体域，$h^f=1/40$ m 和 1/100 m。同时采用三组规则 T3 单元离散固体域，$h^s=3/200$ m、1/100 m 和 1/200 m，并以 $h^s=1/200$ m 作为参考解。图 3 - 46 给出了梁顶点水平位移的时间历程曲线，从图中可以看出两种流体网格情况下不同固体网格计算的位移曲线与参考解非常吻合。进一步通过局部放大图可以发现，两种流体网格情况下 $h^s=3/200$ m 的结果与参考解稍有些偏差，而 $h^s=1/100$ m 的结果与参考解吻合非常好。

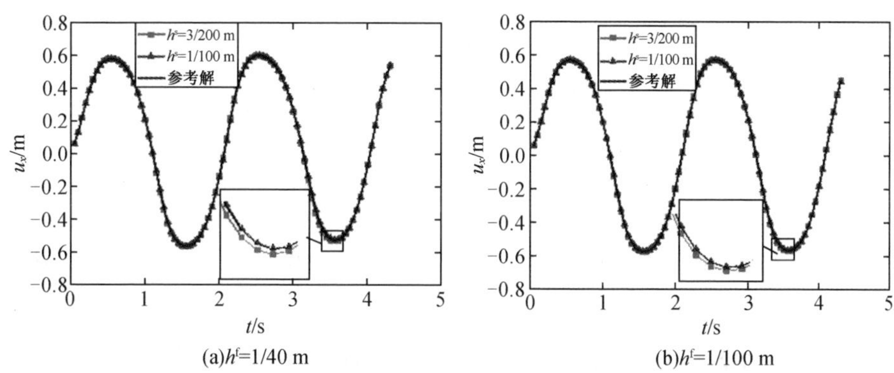

(a)h^f=1/40 m　　(b)h^f=1/100 m

图 3 - 46　梁顶点水平位移的时间历程曲线[47]

图 3 - 47 和图 3 - 48 给出了两组流体网格下在 $t=1$ s 和 2 s 两个时刻的弹性

梁位置，从图中可以看出，两组固体网格（$h^s=3/200$ m 和 $h^s=1/200$ m）与参考结果几乎重合，$h^s=3/200$ m 的结果梁顶端部分与参考位置有略微差别，这是由于网格本身过于稀疏引起的。整体上浸没点基局部光滑点插值法采用 $\alpha^2=0.4$ 的 NPS－PIM 作为固体求解器，可以构造出适宜的模型刚度，提高了大变形固体求解的准确性。

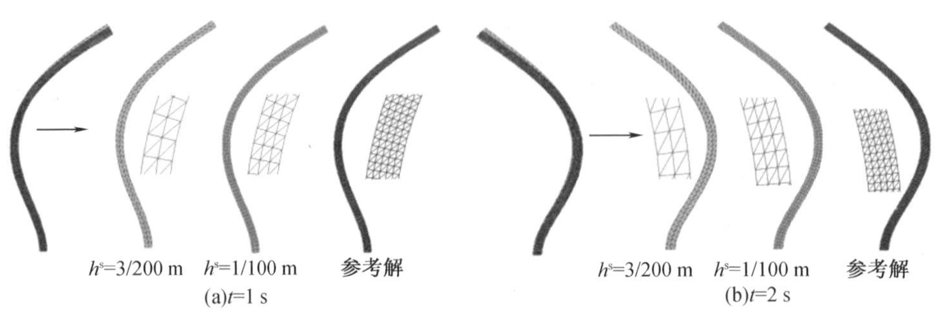

图 3－47　$h^f=1/40$ m 时弹性梁形态[47]

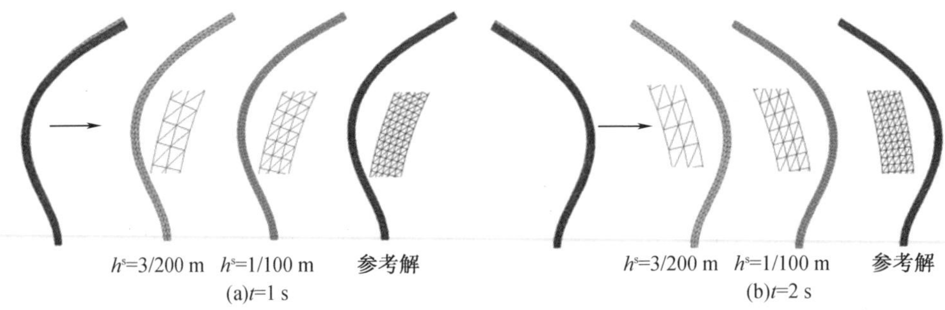

图 3－48　$h^f=1/100$ m 时弹性梁形态[47]

3.7.2　耦合界面速度修正

在 IS－PIM 中，虚拟流体域节点的速度通过固体单元节点速度插值得到。如图 3－49 所示，其中黑色实线代表固体的真实边界，由于流体节点和固体节点在固体边界并非一一对应，导致流体域在搜索固体边界时，只能搜索到位于固体边界内部的流体点，故流体域不能捕捉到真实的固体边界，而是将红色实线近似为耦合界面。这样不仅会产生一定的数值误差，并在中高雷诺数情况下致使边界层计算错误。

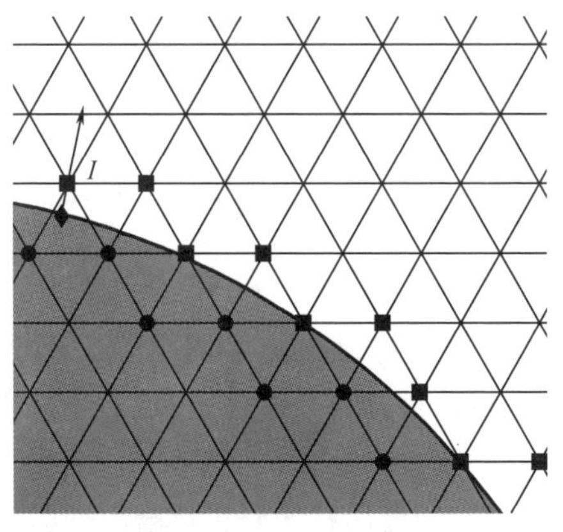

图 3 - 49　流体表征的流固耦合边界与局部速度修正[62]

为了解决非贴体网格下数值算法的耦合界面不准确性,学者们提出了很多技术来修正现有的数值算法,如虚拟单元法(ghost - cell method),尖锐界面技术(sharp - interface technique)及混合笛卡儿/浸没边界法等。其中尖锐界面技术以其简单、易于理解而得到广泛应用。在浸没边界法求解流固耦合问题的框架中,结合尖锐界面技术的浸没边界法(sharp - interface IBM)核心思想是修正固体域边界外的第一层流体节点的速度,使其能够与固体边界速度相切合,这样便将真实固体边界的速度考虑到该流固耦合系统中。数值结果证明采用该方法修正后的浸没边界法能够模拟雷诺数约 10 000 的流固耦合问题,且计算稳定。Jiang 等[49]在 IS - FEM 中采用尖锐界面技术修正了固体域边界外的第一层流体节点的速度,并用于模拟三维蜂鸟的扑翼运动问题,研究其悬停飞行机理。在改进的 IS - PIM 中将采用尖锐界面技术进行耦合界面的修正。

如图 3 - 49 所示,边界修正时需要对固体边界外层的流体第一层节点的速度值进行几何修正。采用二次曲线插值方法对流体节点速度进行重构,其结果被验证具有二阶精度。因此,在重构流体节点速度时,将采用二次曲线插值方法,假设速度分量 v_i 沿边界法向满足二次曲线变化,可表示为

$$v_i(s) = C_1 s^2 + C_2 s^2 + C_0 \tag{3-69}$$

式中,C_1、C_2、C_3 为待定系数;s 为点到 B 点的法向距离。故 $v_i(s)$ 可得

$$
\begin{cases}
v_i(0) = C_3 = v_i^B \\
v_i(s_C) = C_1 s_C^2 + C_2 s_C + C_3 = v_i^C \\
\left(\dfrac{\mathrm{d}v_i}{\mathrm{d}s}\right) = 2C_1 s_B + C_2 = \alpha \dfrac{v_i^I - v_i^B}{\Delta s_{BI}} + (1-\alpha)\dfrac{v_i^C - v_i^I}{\Delta s_{CI}} \\
v_i^I = C_1 s_I^2 + C_2 s_I + C_3
\end{cases}
\tag{3-70}
$$

式中，$\alpha = \Delta s_{CI}/\Delta s_{BI}$。$\Delta s$ 是两点的距离；v_i为固定点的速度。v_i^B和 v_i^C可通过 S－PIM 的形函数插值过程求得。这样，C_1、C_2、C_3可通过上式求解，对 I 点的速度进行几何重构。

值得注意的是，在采用尖锐界面技术修正耦合界面时，将人为地改变局部流体速度值，即仅对流体域做了几何方面的修正，这样会导致流体域的物理性质不连续。其次，在采用 IS－PIM 求解流固耦合问题时存在流线穿透固体域的情况，会引起固体边界附近的流体节点压力值产生数值震荡，甚至会引起流体求解失败。究其原因，是因为在固体边界附近的流体质量守恒条件并不严格满足。可采用修正固体边界附近流体节点的压力值来强制施加质量守恒条件。改进的 IS－PIM 将采用质量守恒算法对固体域附近的流体节点的压力值进行修正。

修正时，压力梯度在边界处应当满足

$$
\frac{\partial p}{\partial n} = -\rho \frac{D\vec{u}_i}{Dt} \cdot \vec{n}_i \tag{3-71}
$$

以图 3－49 为例，I 点的压力值可以通过线性插值得到，即

$$
p_I = p_C + \left(\frac{\partial p}{\partial n}\right)_{s=s_B} \cdot (s_{BI} - s_{IC}) \tag{3-72}
$$

$$
\left(\frac{\partial p}{\partial n}\right)_{s=s_B} = -\rho\left(\frac{{}^{n+1}v_{nm}^B - {}^{n}v_{nm}^B}{\mathrm{d}t} + {}^{n+1}v_x^B \frac{{}^{n+1}v_{nm}^B}{\mathrm{d}x} + {}^{n+1}v_y^B \frac{{}^{n+1}v_{nm}^B}{\mathrm{d}y}\right) \tag{3-73}
$$

式中，$\left(\dfrac{\partial p}{\partial n}\right)_{s=s_B}$是在 $s=s_B$ 处的梯度导数；${}^{n+1}v_{nm}^B$是 B 点在 $n+1$ 时间步的速度值；${}^{n}v_{nm}^B$是 B 点在 n 时间步的速度值，通过压力修正以满足质量守恒条件；x、y、nm 分别表示速度在 x 方向、y 方向和法向的速度。

接下来通过低雷诺数下的静止圆柱绕流问题（$Re=40$）验证在 IS－PIM 中引入尖锐界面修正技术及质量守恒算法的有效性。计算模型与图 3－20（a）一致，流体网格和固体网格节点数分别为 31 161 和 308。表 3－8 分别给出了 IS－PIM、在 IS－PIM 引入尖锐界面技术（sharp－ISPIM）及进一步修正质量守恒（sharp－ISPIM－mass）的 C_d结果，并与参考文献的结果进行了比较。

表 3 -8　阻力系数结果比较

$Re=40$	C_d
Calhoun[57]	1.62
Russell 等[58]	1.60
Dennis 等[63]	1.52
Fornberg[64]	1.50
IS - PIM	1.63
sharp - ISPIM	1.33
sharp - ISPIM - mass	1.52

从表 3 -8 可以看出,未引入修正算法的 IS - PIM 计算的 C_d 相对较大,可能是耦合界面捕捉不准确造成的。如图 3 -50 所示,固体区域内的不规则曲线被 IS - PIM 识别为固体边界,边界的不规整可能造成了压力结果相对较大。而 sharp - ISPIM 的计算结果相比于文献结果则偏小,因为在边界附近进行局部速度修正时,尽管速度场考虑了固体边界节点的速度,而仅仅是几何修正忽略了物理量的连续性,导致速度梯度变小。因此,sharp - ISPIM 计算出的 FSI 力并不准确。当采用 sharp - ISPIM - mass 对质量守恒做进一步修正时结果较为准确,其 C_d 值与文献结果接近。

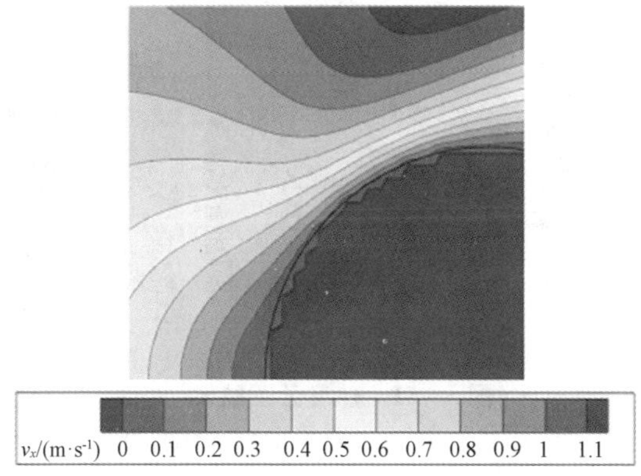

图 3 -50　采用未修正 IS - PIM 的圆柱绕流固体边界与数值边界[62]

进一步通过图 3 -51 中的速度云图对修正算法进行验证。可以看出,IS - PIM 的固体边界附近的流场分布较为粗糙(图 3 -51(c)左图),甚至流线会穿过边界。sharp－ISPIM 可以消除在原始 IS－PIM 中看到的流线渗透现象，但是边界附近流体的速度梯度变得不明显（图 3－51（c）中间图），虽然流线穿透问题得以改进但降低了耦合界面附近的精度，进而导致边界附近的速度梯度变小，计算的 FSI 力偏小。采用 sharp－ISPIM－mass 的结果更为合理，边界附近的流场较为平滑且边界层明显。

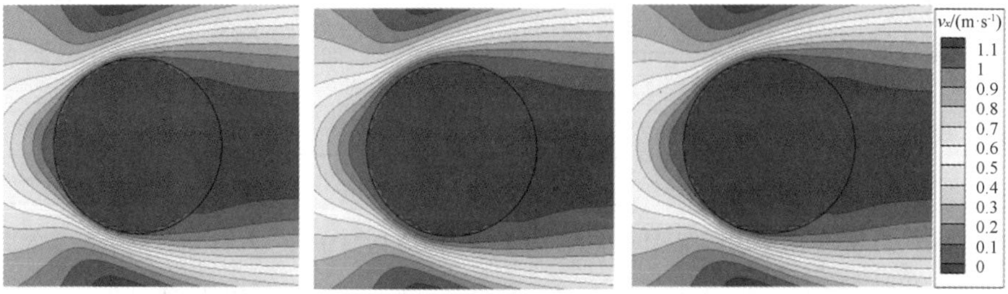

(a)

(b)

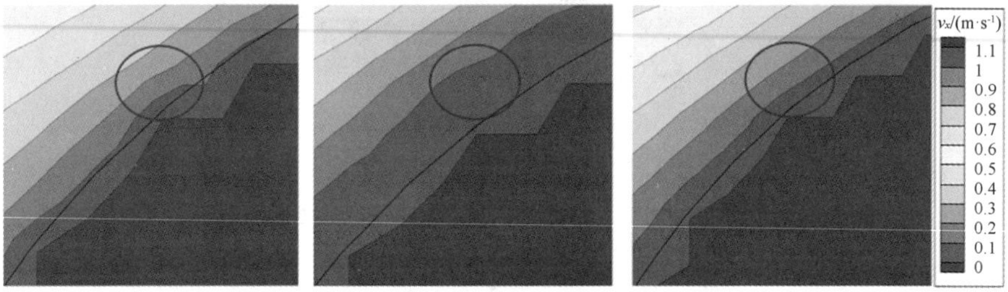

(c)

图 3－51　速度云图结果[62]

注：IS－PIM（左）、sharp－ISPIM（中）、sharp－ISPIM－Mass（右），其中（b）和（c）是（a）图的局部放大图。

3.8　本章小结

本章详细介绍了 IS－PIM 的基本理论，然后通过数值算例验证了算法的可靠性和准确性，并应用于带分流板的圆柱尾流控制研究。本章结论如下。

（1）在浸没方法框架下将 CBS 算法与最新提出的 S－PIM 相耦合，流体和固体域均采用简单的 T3 单元离散，简化了网格划分操作并提高了算法处理复杂几何问题的能力；模拟移动边界时无须调整流域网格，同时发挥了 S－PIM 在固体大变形模拟中的优良性能。

（2）IS－PIM 中耦合力在流体与固体间传递的有效性得到直接验证。分别提取从流体域和固体域计算的耦合力，比较不同网格比及同一网格比不同网格尺寸时的计算结果，发现两种形式下的耦合力最终都可以和理论值基本保持平衡。

（3）研究了流固耦合界面信息交换时不同插值方案对 IS－PIM 计算结果的影响。数值结果显示，采用粗糙网格时基于径向基函数插值的 T6 方案和基于多项式插值的 T6/3 方案结果优于线性插值方案的结果；随着网格加密不同插值方案的结果最终都收敛于同一结果。

（4）研究了采用刚性和柔性、单体和双体分流板时圆柱尾涡变化情况及 C_d 与 St 曲线变化趋势。结果显示刚性分流板可以抑制尾涡生成，柔性分流板可以扰乱尾涡脱落，从而削弱尾涡强度。双体分流板可以直接控制圆柱尾部旋涡生成，不会激发明显的柔性响应。综合比较不同形式分流板的减阻曲线发现，双体分流板减阻效果好于单体，刚性好于柔性；分流板减阻效果越好，曲线拐点发生的距离越大，意味着分流板发挥尾流控制效果的区域越广。

（5）在浸没方法框架下，耦合 NPS－PIM 与 CBS 算法的流固耦合改进模型继承了 IS－PIM 的优势，比以 FEM 和 NS－PIM 作为固体求解器的流固耦合模型结果更为准确，并且计算时间均保持在同一水平。

（6）NPS－PIM 采用点基局部梯度光滑技术构造的固体模型刚度非常接近精确解刚度，在模拟固体扭曲变形严重的流固耦合问题时，结果显示不同刚度模型的位移结果差异显著，而本书提出的浸没点基局部光滑点插值法仍与参考解吻合较好。

(7)在 IS－PIM 中引入尖锐界面技术并结合质量守恒算法进行修正，能够提高耦合界面速度场的连续性，同时保证界面附近的质量守恒，提高计算结果的准确性。

第4章
格子玻尔兹曼法与光滑点插值法耦合算法及应用

4.1 引言

在前文提出的 IS – PIM 及其改进模型中,采用基于有限元离散的 CBS 算法模拟不可压缩黏性流体,需要隐式迭代求解压力泊松方程,处理非线性对流项。当流域网格节点数增多时,泊松方程求解矩阵迭代求解次数显著增加,计算量增大。通常情况下,浸没固体相比于整个问题域往往占有非常小的体积比,流体求解器的计算效率直接影响了整个流固耦合模型的计算性能。

LBM 是一种介观尺度模型,演化过程清晰,方程显式迭代,并且易于并行具有大规模计算的潜力算法。许多学者在模拟不可压缩流体流动时将 LBM 与传统数值算法进行了比较,结果显示在计算精度一致的情况下,LBM 占用更少的计算机内存,且并行性能更有优势。基于 LBM 演化方程简单和求解高效的优势,在浸没方法框架下将 LBM 与 S – PIM 耦合,提出 LBM 与 S – PIM 耦合算法求解流固耦合问题。由于本章算例不涉及固体扭曲变形严重的流固耦合问题,接下来将在二维和三维问题求解中分别采用 ES – PIM 和 FS – PIM 分析固体运动和变形。

4.2 格子玻尔兹曼法

LBM 是一种建立在介观尺度的数值模型,基于统计的思想采用粒子分布函数描述粒子运动并反映出宏观物理量的变化。与宏观尺度的算法相比,它不需要满足连续性假设,同时演化方程简单,不需要直接求解流体控制方程。

4.2.1 格子玻尔兹曼方程

流体微观粒子运动规律通过分布函数描述,可通过玻尔兹曼方程进行求解,即

$$\frac{\partial f}{\partial t}+\xi\cdot\nabla f=Q(f) \tag{4-1}$$

式中,f 表示粒子分布函数;ξ 表示粒子微观速度;$Q(f)$ 是碰撞算子表示粒子的碰撞对分布函数的影响。

玻尔兹曼方程中碰撞算子形式复杂,分布函数 f 难以直接求出。为此学者们提出了很多简化碰撞模型,其中最广泛采用的是 BGK 碰撞模型,碰撞算子可表示为

$$Q(f)=-\frac{1}{\lambda}[f-f^{\mathrm{eq}}] \tag{4-2}$$

式中,λ 表示松弛时间,反映了粒子碰撞后接近局部平衡状态的快慢;f^{eq} 表示局部平衡分布函数,形式为

$$f^{\mathrm{eq}}(\boldsymbol{x}^{\mathrm{f}},\xi,t)=\frac{\rho^{f}}{(2\pi\bar{R}\bar{T})^{3/2}}\exp\left[-\frac{(\xi-\boldsymbol{v}^{\mathrm{f}})}{2\bar{R}\bar{T}}\right] \tag{4-3}$$

式中,$\bar{R}$ 表示常数;$\bar{T}$ 表示温度。

将式(4-2)代入式(4-1)得到 BGK 玻尔兹曼方程

$$\frac{\partial f}{\partial t}+\xi\cdot\nabla f=-\frac{1}{\lambda}[f-f^{\mathrm{eq}}] \tag{4-4}$$

连续的 BGK 玻尔兹曼方程可以在介观尺度上基于粒子速度进行离散,因为介观粒子的具体运动形式并不会对宏观运动产生显著影响,因而可以将粒子速度 ξ 进行简化,从而实现连续 BGK 玻尔兹曼方程在速度空间的离散,然后通过有限差分法在规则格子上进行空间和时间离散可得格子玻尔兹曼方程(LBE)

$$f_{\varepsilon}(\boldsymbol{x}^{\mathrm{f}}+\boldsymbol{c}_{\varepsilon}\delta t,t+\delta t)-f_{\varepsilon}(\boldsymbol{x}^{\mathrm{f}},t)=-\frac{1}{\tau}[f_{\varepsilon}(\boldsymbol{x}^{\mathrm{f}},t)-f_{\varepsilon}^{\mathrm{eq}}(\boldsymbol{x}^{\mathrm{f}},t)] \tag{4-5}$$

式中,$\boldsymbol{c}_{\varepsilon}$ 表示简化的有限维度的介观粒子速度矢量;f_{ε} 表示粒子分布函数;$f_{\varepsilon}^{\mathrm{eq}}$表示粒子的平衡态分布函数;$\tau$ 表示无量纲松弛时间并且可通过 $\tau=\lambda/\delta t$ 求得;δt 表示 LBM 中的时间步长。

LBE 的物理意义解释为在介观尺度上粒子发生碰撞及碰撞后的运动过程,可将式(4-5)进行分解描述,具体演化过程为

$$\bar{f}_{\varepsilon}(\boldsymbol{x}^{\mathrm{f}},t)=f_{\varepsilon}(\boldsymbol{x}^{\mathrm{f}},t)-\frac{1}{\tau}[f_{\varepsilon}(\boldsymbol{x}^{\mathrm{f}},t)-f_{\varepsilon}^{\mathrm{eq}}(\boldsymbol{x}^{\mathrm{f}},t)] \tag{4-6}$$

$$f_{\varepsilon}(\boldsymbol{x}^{\mathrm{f}}+\boldsymbol{c}_{\varepsilon}\delta t,t+\delta t)=\bar{f}_{\varepsilon}(\boldsymbol{x}^{\mathrm{f}},t) \tag{4-7}$$

式中，$\bar{f}_{\varepsilon}(\boldsymbol{x}^{\mathrm{f}},t)$ 表示碰撞后的粒子分布函数。式(4－6)和式(4－7)分别对应于碰撞步和迁移步的粒子演化过程。

4.2.2　格子速度模型

以二维情况为例，采用 D2Q9 格子模型。如图 4－1 所示，宏观尺度上流域离散为规则格子，介观尺度上粒子在格子点上发生碰撞后会向 9 个方向移动，速度矢量 $\boldsymbol{c}_{\varepsilon}$ 的表达式为

$$\boldsymbol{c}_{\varepsilon}=\begin{cases}(0,0), & \varepsilon=0\\ (\cos[(\varepsilon-1)\pi/2],\sin[(\varepsilon-1)\pi/2])c, & \varepsilon=1,2,3,4\\ (\cos[(2\varepsilon-9)\pi/4],\sin[(2\varepsilon-9)\pi/4])\sqrt{2}c, & \varepsilon=5,6,7,8\end{cases} \tag{4-8}$$

式中，速度 $c=h^{\mathrm{f}}/\delta t$。

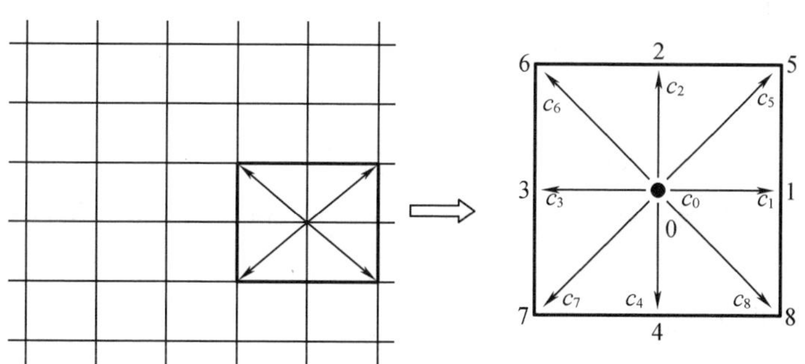

图 4－1　D2Q9 格子模型

采用 He－Luo 模型[65]中的平衡态分布函数 $f_{\varepsilon}^{\mathrm{eq}}$，其定义为

$$f_{\varepsilon}^{\mathrm{eq}}=\omega_{\varepsilon}\left(\rho^{\mathrm{f}}+\rho_0^{\mathrm{f}}\left(\frac{\boldsymbol{c}_{\varepsilon}\cdot\boldsymbol{v}^{\mathrm{f}}}{c_{\mathrm{s}}^2}+\frac{(\boldsymbol{c}_{\varepsilon}\cdot\boldsymbol{v}^{\mathrm{f}})^2}{c_{\mathrm{s}}^4}-\frac{(\boldsymbol{v}^{\mathrm{f}})^2}{2c_{\mathrm{s}}^2}\right)\right) \tag{4-9}$$

式中，声速 $c_{\mathrm{s}}=c/\sqrt{3}$；参数 ω_{ε} 的值为 $\omega_0=4/9$，$\omega_{1\sim4}=1/9$，$\omega_{5\sim8}=1/36$；ρ_0^{f} 表示静水密度。

宏观变量密度、速度和压力可从借助于介观模型演化而来，即

$$\rho^{\mathrm{f}} = \sum_{\varepsilon=0}^{8} f_{\varepsilon} \tag{4-10}$$

$$\rho_0^{\mathrm{f}} \boldsymbol{v}^{\mathrm{f}} = \sum_{\varepsilon=0}^{8} c_{\varepsilon} f_{\varepsilon} \tag{4-11}$$

$$p^{\mathrm{f}} = c_{\mathrm{s}}^2 \rho^{\mathrm{f}} \tag{4-12}$$

流体运动黏性 υ^{f} 可由下式求得:

$$\upsilon^{\mathrm{f}} = c_{\mathrm{s}}^2\left(\tau - \frac{1}{2}\right)\delta t \tag{4-13}$$

相比于传统 Navier－Stokes 方程求解器,LBM 模拟不可压缩流时不需要求解压力泊松方程和处理非线性对流项,通过 LBE 方程显式求得分布函数即可演化到宏观变量。这种处理方式保证了 LBM 的计算效率,同时基于介观粒子的局部碰撞演化过程给予 LBM 天然的并行特性。

4.2.3 固壁边界条件施加

在固壁传统数值算法可以自然施加无滑移边界条件,LBM 采用粒子分布函数与无滑移边界条件没有直接的物理联系。经典的绝对反弹格式因其简单性被广泛应用,它假定边界处格子点上的分布函数与原函数完全相反,粒子接触边界时会沿着相反方向反弹,但是只有一阶精度。之后 Ladd[66] 提出了二阶精度的反弹格式,因对边界位置与格子点的关系有严格要求,在规则格子中的应用受到限制。Noble 等[67]结合宏观速度条件和固有内能提出一致性的水动力边界条件。Chen 等[68]基于有限差分法提出非平衡外推格式,施加边界条件时不必考虑边界点所在位置,但应用于曲线边界时精度难以保证,数值稳定性也有待提高。Guo 等[69]提出非平衡外推方法,该方法边界适应性强、实现简单且数值稳定性好,整体上具有二阶精度。本章 LBM 采用非平衡外推方法施加流域固壁边界条件,其基本思想是将边界点处分布函数分为平衡态和非平衡态两部分。平衡态部分通过宏观边界条件建立,非平衡态部分通过外推格式进行估算。

假设流域边界处有一节点 $\boldsymbol{x}_b^{\mathrm{f}}$,与其相邻的域内节点为 $\boldsymbol{x}_{ad}^{\mathrm{f}}$,在非平衡外推方法中 $\boldsymbol{x}_b^{\mathrm{f}}$ 处未知分布函数可表示为

$$f_{\varepsilon}(\boldsymbol{x}_b^{\mathrm{f}}, t) = f_{\varepsilon}^{\mathrm{eq}}(\boldsymbol{x}_b^{\mathrm{f}}, t) + f_{\varepsilon}^{\mathrm{neq}}(\boldsymbol{x}_b^{\mathrm{f}}, t) \tag{4-14}$$

式中,$f_{\varepsilon}^{\mathrm{neq}}$ 为非平衡态分布函数。

施加速度边界条件时,根据节点 $\boldsymbol{x}_b^{\mathrm{f}}$ 的速度和 $\boldsymbol{x}_{ad}^{\mathrm{f}}$ 的密度(一般边界节点密度未知,可用相邻点密度近似),分布函数平衡态部分可表示为

$$f_{\varepsilon}^{\mathrm{eq}}(\boldsymbol{x}_b^{\mathrm{f}},t)=f_{\varepsilon}(\rho^{\mathrm{f}}(\boldsymbol{x}_{ad}^{\mathrm{f}}),\boldsymbol{v}^{\mathrm{f}}(\boldsymbol{x}_b^{\mathrm{f}}))\tag{4-15}$$

同样，可根据相邻点 $\boldsymbol{x}_{ad}^{\mathrm{f}}$ 的非平衡态分布函数近似 $\boldsymbol{x}_b^{\mathrm{f}}$ 的非平衡态部分为

$$f_{\varepsilon}^{\mathrm{neq}}(\boldsymbol{x}_b^{\mathrm{f}},t)=f_{\varepsilon}^{\mathrm{neq}}(\boldsymbol{x}_{ad}^{\mathrm{f}},t)=f_{\varepsilon}(\boldsymbol{x}_{ad}^{\mathrm{f}},t)-f_{\varepsilon}^{\mathrm{eq}}(\boldsymbol{x}_{ad}^{\mathrm{f}},t)\tag{4-16}$$

结合式(4-15)和式(4-16)，可求得施加速度边界条件时 $\boldsymbol{x}_b^{\mathrm{f}}$ 处未知分布函数。同理，施加压力边界条件时，根据节点 $\boldsymbol{x}_b^{\mathrm{f}}$ 的密度和 $\boldsymbol{x}_{ad}^{\mathrm{f}}$ 的速度(此时边界节点密度已知速度未知)可得分布函数的平衡态部分

$$f_{\varepsilon}^{\mathrm{eq}}(\boldsymbol{x}_b^{\mathrm{f}},t)=f_{\varepsilon}(\rho^{\mathrm{f}}(\boldsymbol{x}_b^{\mathrm{f}}),\boldsymbol{v}^{\mathrm{f}}(\boldsymbol{x}_{ad}^{\mathrm{f}}))\tag{4-17}$$

压力边界条件中未知分布函数的非平衡态部分与速度边界条件施加方式相似，根据相邻点 $\boldsymbol{x}_{ad}^{\mathrm{f}}$ 的非平衡态分布函数近似，其形式与式(4-16)相同。这样就实现了 LBM 中速度和压力边界条件的施加。

4.3　流固耦合力求解

LBM 中基于规则格子的离散方式简单但灵活性较差，虽然反弹法或者非平衡态外推法能有效处理平直边界，但是计算复杂边界时面临较大挑战。例如在处理运动边界或变形边界时，反弹和非平衡态外推格式计算较为复杂，甚至会产生数值波动。Feng 等[21]提出 IB-LBM，基于浸没方法框架能够显著提高 LBM 处理复杂移动边界的能力，同时还保留了 LBM 的计算优势。如图 4-2 所示，边界为 Γ^{s} 的固体浸没在不可压缩黏性流体域 Ω^{f} 中，流体采用固定欧拉网格描述，固体边界离散为一系列拉格朗日形式的节点。将体力项引入 Navier-Stokes 方程中以满足流固界面速度条件，狄拉克 δ 函数用来实现速度由欧拉节点到拉格朗日节点的插值。拉格朗日节点上的边界力分布在浸没边界周围的流体，虚线表示每一个固体节点力的影响区域。流固耦合控制方程基于 IBM 基本思想，具体形式为

$$\nabla\cdot\boldsymbol{v}^{\mathrm{f}}=0\tag{4-18}$$

$$\rho^{\mathrm{f}}\frac{\partial\boldsymbol{v}^{\mathrm{f}}}{\partial t}+\rho^{\mathrm{f}}(\boldsymbol{v}^{\mathrm{f}}\cdot\nabla\boldsymbol{v}^{\mathrm{f}})=-\nabla p^{\mathrm{f}}+\mu^{\mathrm{f}}\cdot\nabla^2\boldsymbol{v}^{\mathrm{f}}+\boldsymbol{f}^{\mathrm{f,FSI}}\tag{4-19}$$

$$\boldsymbol{v}^{\mathrm{s}}(s,t)=\int_{\Omega}\boldsymbol{v}^{\mathrm{f}}(\boldsymbol{x},t)\delta(\boldsymbol{x}^{\mathrm{f}}-\boldsymbol{x}^{\mathrm{s}}(s,t))\mathrm{d}\boldsymbol{x}\tag{4-20}$$

$$\boldsymbol{f}^{\mathrm{f,FSI}}(\boldsymbol{x},t)=\int_{\Gamma}\bar{\boldsymbol{f}}^{\mathrm{f,FSI}}(s,t)\delta(\boldsymbol{x}^{\mathrm{f}}-\boldsymbol{x}^{\mathrm{s}}(s,t))\mathrm{d}s\tag{4-21}$$

式中，$\boldsymbol{x}^{\mathrm{f}}$ 表示流体坐标；$\boldsymbol{x}^{\mathrm{s}}$ 表示固体坐标；$\boldsymbol{f}^{\mathrm{f,FSI}}$表示作用于流体节点的耦合力密度；$\bar{\boldsymbol{f}}^{\mathrm{f,FSI}}$表示作用于耦合界面处的力密度；$\mu^{\mathrm{f}}$ 表示动力黏性系数。

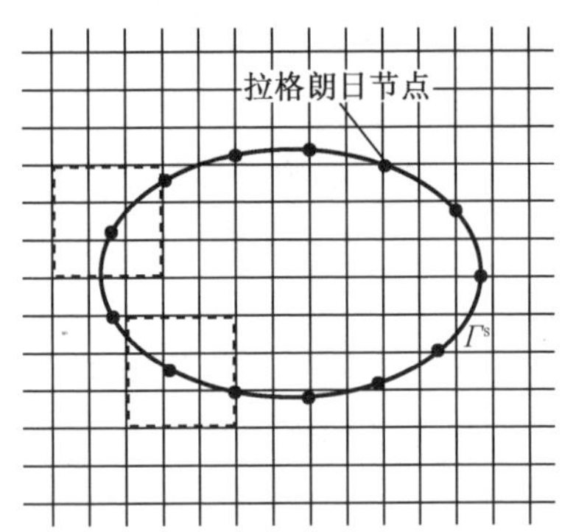

图 4-2　IB-LBM 简介

注：拉格朗日节点表示离散边界，格子交点表示流体节点，虚线表示边界力影响域。

对于不可压缩黏性流体，考虑耦合力影响的 LBE 方程可表达为

$$f_{\varepsilon}(\boldsymbol{x}^{\mathrm{f}}+c_{\varepsilon}\delta t,t+\delta t)-f_{\varepsilon}(\boldsymbol{x}^{\mathrm{f}},t)=-\frac{1}{\tau}[f_{\varepsilon}(\boldsymbol{x}^{\mathrm{f}},t)-f_{\varepsilon}^{\mathrm{eq}}(\boldsymbol{x}^{\mathrm{f}},t)]+F_{\varepsilon}\delta t \tag{4-22}$$

式中，F_{ε} 表示离散力分布函数。

离散力分布函数 F_{ε} 可表示为

$$F_{\varepsilon}=\left(1-\frac{1}{2\tau}\right)\omega_{\varepsilon}\left[\frac{\boldsymbol{c}_{\varepsilon}-\boldsymbol{v}^{\mathrm{f}}}{c_s^2}+\frac{\boldsymbol{c}_{\varepsilon}\cdot\boldsymbol{v}^{\mathrm{f}}}{c_s^4}\boldsymbol{c}_{\varepsilon}\right]\cdot\boldsymbol{f}^{\mathrm{f,FSI}} \tag{4-23}$$

此时，从介观模型演化宏观变量式(4-11)中需要引入耦合力以考虑耦合界面对流体速度的影响，即

$$\rho_0^{\mathrm{f}}\boldsymbol{v}^{\mathrm{f}}=\sum_{\varepsilon=0}^{8}c_{\varepsilon}f_{\varepsilon}+\frac{1}{2}\boldsymbol{f}^{\mathrm{f,FSI}}\delta t \tag{4-24}$$

基于浸没方法的耦合力求解方法有很多，本书采用直接力法，根据下式可计算拉格朗日节点 $\boldsymbol{x}_b^{\mathrm{s}}$ 的边界处体力项：

$$\bar{\boldsymbol{f}}^{\mathrm{f,FSI}}(\boldsymbol{x}_b^{\mathrm{s}},t)=2\rho_0^{\mathrm{f}}(\boldsymbol{v}_b^{\mathrm{s}}(\boldsymbol{x}_b^{\mathrm{s}},t)-\boldsymbol{v}^{\mathrm{s}*}(\boldsymbol{x}_b^{\mathrm{s}},t))h^{\mathrm{f}}/\delta t \tag{4-25}$$

式中，$\bar{\boldsymbol{f}}^{\mathrm{f,FSI}}$沿着固体边界积分可求得固体边界作用于流体的耦合力，然后根据牛顿第三定律可得固体所受耦合力；$\boldsymbol{v}_b^{\mathrm{s}}$ 表示固体边界速度；$\boldsymbol{v}^{\mathrm{s}*}$ 表示为考虑力修正的拉格朗日网格节点上的流体演化速度，可通过周围欧拉节点进行插值得

$$\boldsymbol{v}^{s*}(\boldsymbol{x}_b^s,t) = \sum_{(i,j)} \boldsymbol{v}^{f*}(\boldsymbol{x}^f,t)\delta_h(\boldsymbol{x}^f - \boldsymbol{x}_b^s)(h^f)^2 \tag{4-26}$$

式中，$\boldsymbol{v}^{f*}$ 表示欧拉节点上的流体演化速度，由介观演化而来，有

$$\rho_0^f \boldsymbol{v}^{f*} = \sum_{\varepsilon=0}^{8} c_\varepsilon f_\varepsilon \tag{4-27}$$

式中，$\delta_h(\boldsymbol{x}^f - \boldsymbol{x}_b^s)$ 表示连续的核函数分布，用以近似 δ 函数，具体表达式为

$$\delta_h(\boldsymbol{x}^f - \boldsymbol{x}_b^s) = \frac{1}{(h^f)^2}\Phi\left(\frac{x_i - x_b}{h^f}\right)\Phi\left(\frac{y_i - y_b}{h^f}\right) \tag{4-28}$$

$$\Phi(r) = \begin{cases} \frac{1}{8}(3 - 2|r| + \sqrt{1 + 4|r| - 4r^2}), & 0 \leqslant |r| < 1, \\ \frac{1}{8}(5 - 2|r| - \sqrt{-7 + 12|r| - 4r^2}), & 1 \leqslant |r| < 2, \\ 0, & r \geqslant 2, \end{cases} \tag{4-29}$$

式中，(x_i, y_i) 和 (x_b, y_b) 分别表示欧拉节点 $\boldsymbol{x}^f$ 和拉格朗日节点 $\boldsymbol{x}_b^s$ 的坐标。

如果拉格朗日节点上的耦合力已知，可将其分布在周围欧拉节点上，即

$$\boldsymbol{f}^{f,FSI}(\boldsymbol{x}^f,t) = \sum_{b=1}^{N_b} \bar{\boldsymbol{f}}^{f,FSI}(\boldsymbol{x}_b^s,t)\delta_h(\boldsymbol{x}^f - \boldsymbol{x}_b^s)\Delta s \tag{4-30}$$

式中，N_b 表示边界点的数量；Δs 表示相邻拉格朗日节点的距离。

图 4-3 给出了 LBM 与 S-PIM 耦合算法的基本思路。在流固耦合系统中，流体域离散为规则格子，固体采用移动拉格朗日网格描述。LBM 用来求解流体变量，S-PIM 求解固体运动方程，固体边界节点即为 IBM 中拉格朗日离散点，并采用 IBM 求解流固耦合力。固体的速度和位移可以通过插值传递给流体，通过流体域计算的耦合力插值给固体。

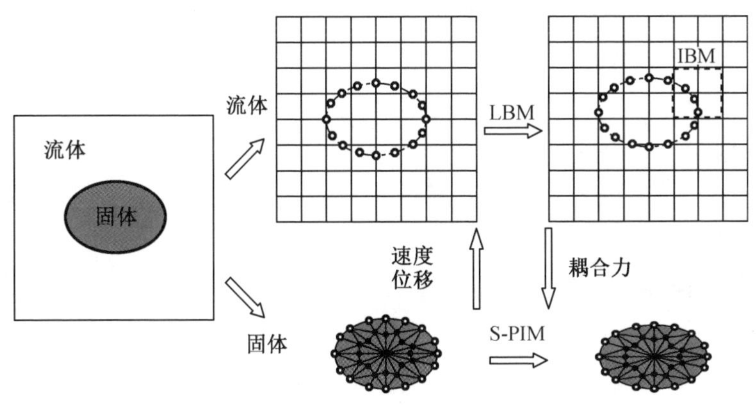

图 4-3　LBM 与 S-PIM 耦合算法的基本思路[70]

LBM 方程演化时,其时间步长一般应满足关系:

$$\Delta t^{\mathrm{f}} = \frac{\delta t}{C_t} \tag{4-31}$$

式中,C_t 表示无量纲参数,通常情况下取 δt 等于格子间距 h^{f}。由于固体时间积分采用显式中心差分算法,时间步长较小,往往小于 LBM 中的时间步长。这时可以选用固体时间步长作为统一的流固耦合时间步,然而这样往往会占用大量的计算资源。因此可以设置不等时间步长提高计算效率,这样意味着经过一个流体时间步需要固体进行若干次(假设为 m 次)子循环,即 $\Delta t = \Delta t^{\mathrm{f}} = m\Delta t^{\mathrm{s}}$。一般来说,在一个子循环内流固耦合力是保持不变的,这样可能影响流体和固体求解器的同步性。先前学者对不等时间步问题进行了细致的探讨,并指出可允许的子循环次数 m 与所考虑的问题有关,但是只要在一个流体时间步内固体边界移动的距离不超过一个格子,就可以保证两个求解器的同步性。本书在耦合 LBM 与 S-PIM 过程中除了遵循以上规则外,同时在每个子循环内还基于求得的固体速度更新流固耦合力,进一步强化耦合的同步性。图 4-4 概括性地给出了 LBM 耦合 S-PIM 程序求解流程图。程序求解细节说明如下。

(1)前处理及初始化

①离散初始位置的流体域 $\boldsymbol{\Omega}^{\mathrm{f}}$ 和固体域 $\boldsymbol{\Omega}^{\mathrm{s}}$;

②计算 $\boldsymbol{\Phi}_I^{\mathrm{s}}$、$M_{IJ}^{\mathrm{s}}$;

③设置初始条件,$t=0$, $n=0$,${}^n\boldsymbol{v}_I^{\mathrm{f}}$,${}^n\boldsymbol{\rho}_I^{\mathrm{f}}$,${}^n\boldsymbol{v}_I^{\mathrm{s}}$,${}^n\boldsymbol{a}_I^{\mathrm{s}}$,${}^n\boldsymbol{f}_I^{\mathrm{ext}}$;

④设置流固耦合时间步 $\Delta t = \min(\Delta t^{\mathrm{f}}, \Delta t^{\mathrm{s}})$。

(2)更新时间步 $t^{n+1} = t^n + \Delta t$

(3)流体模块

①根据式(4-24)计算流体速度;

②在流域外边界施加速度边界条件;

③根据式(4-22)求解 LBM 演化方程求得${}^{n+1}\boldsymbol{f}_{\varepsilon}^{\mathrm{eq}}$;

④根据式(4-10)和式(4-27)计算流体密度和流体演化速度${}^{n+1}\boldsymbol{v}^{\mathrm{f}*}$;

⑤根据式(4-26)插值得到固体边界点上拉格朗日形式的流体演化速度${}^{n+1}\boldsymbol{v}^{\mathrm{s}*}$。

(4)耦合模块

子循环开始:$i=1\sim m$。

①根据固体边界处节点速度${}^{n+(i-1)/m}\boldsymbol{v}_b^{\mathrm{s}*}$ 和流体演化速度${}^{n+1}\boldsymbol{v}^{\mathrm{s}*}$ 计算边界体力项;

②沿固体边界积分求得 FSI 力。

(5)固体模块

调用 S－PIM 程序模块,将输出值${}^{n+i/m}\boldsymbol{u}_I^{\mathrm{s}}$,${}^{n+i/m}\boldsymbol{v}_I^{\mathrm{s}}$,${}^{n+i/m}\boldsymbol{a}_I^{\mathrm{s}}$ 返回步骤 d;

子循环结束:输出${}^{n+1}\boldsymbol{u}_I^{\mathrm{s}}$,${}^{n+1}\boldsymbol{v}_I^{\mathrm{s}}$,${}^{n+1}\boldsymbol{a}_I^{\mathrm{s}}$ 到主程序。

(6)耦合模块

①根据式(4－30)将边界力密度分配到周围欧拉节点上;

②流体速度修正。

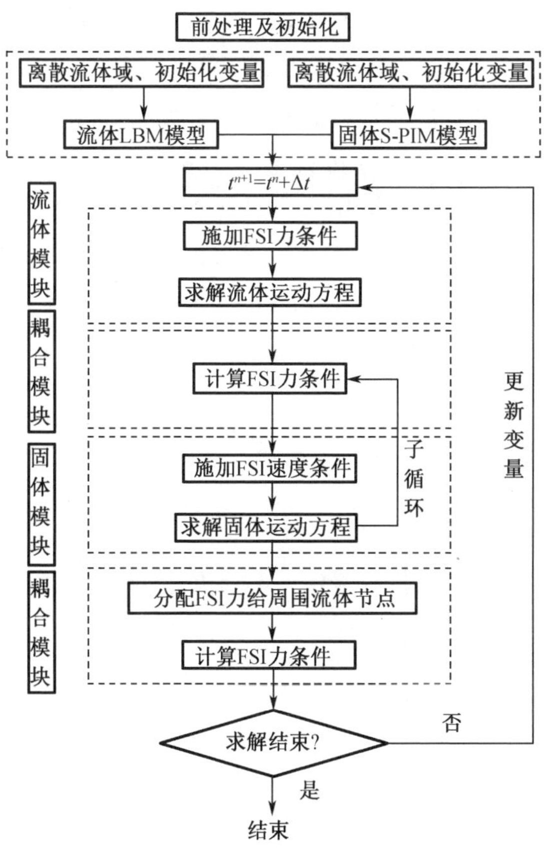

图 4－4　LBM 耦合 S－PIM 程序执行流程图

4.4 数值算例

4.4.1 流体求解器 LBM 与 CBS 计算对比

基于有限元离散的 CBS 算法是一种传统的宏观尺度数值方法，其求解过程在前文中已做详细介绍。这里将基于介观模型的 LBM 与 CBS 算法做直接对比，在相同计算条件下比较它们的计算时间与收敛误差。LBM 与 CBS 程序均基于 C/C + + 程序语言实现，计算机配置为 Intel（R） Core（TM） i7 - 4790, CPU 3.60 GHz,RAM 8.0，本节中数值算例除了 4.5.5 小节外，均基于此计算环境进行数值模拟。如图 4 - 5 所示，考虑经典的顶腔驱动不可压缩流体运动问题，变量均无量纲化，方形流域尺寸为 $L=1$，顶盖处施加水平速度大小为 $v_x=U$，其他边界为固壁，满足不可滑移速度边界条件，这里考虑 $Re=100$ 的情况。

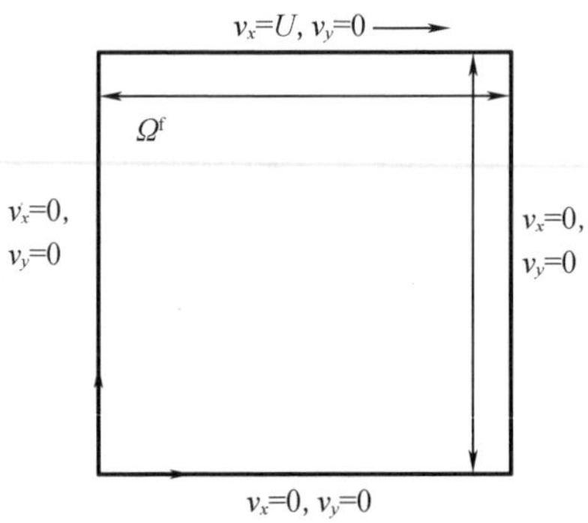

图 4 - 5 顶腔驱动流体运动模型

定义 LBM 与 CBS 算法求解时程序迭代误差：

$$err = \| {}^{n+1}v_i^{\mathrm{f}} - {}^{n}v_i^{\mathrm{f}} \|_{L_2} / \| {}^{n}v_i^{\mathrm{f}} \|_{L_2} \tag{4-32}$$

计算时设置三套规则网格离散流体域，两种方法节点数相同且时间步长一致，网格离散信息如表 4 - 1 所示。然后记录程序运行至物理时间 $t=100$ s 时的 CPU 时间和迭代误差 err，表 4 - 2 中比较了 LBM 和 CBS 算法 CPU 时间和迭代误差。从表中可以看出，计算到相同物理时间 $t=100$ s 时 LBM 消耗的 CPU 时间远远小于 CBS，这是因为 LBM 演化方程为显式求解，计算过程简单，CBS 因引入修正速度需要显式求解两次动量方程，同时还需要隐式求解压力泊松方程，矩阵迭代求解时计算量非常大，并且还要占用大量的计算资源。而 LBM 迭代误差略大于 CBS，说明 LBM 收敛速度不及 CBS，这是因为对于稳态问题 CBS 可以从稳定的初始场中求解控制方程得到稳态解，其迭代过程类似于非稳态的求解过程，而 LBM 本质上是弱可压模型，更适用于模拟非稳态问题，在模拟稳态问题时其数值解收敛的速度会偏慢。整体上在计算条件相同的情况下，LBM 相比于 CBS 能够保持更高的计算效率。

表 4－1　网格离散信息

网格方案	M_1	M_2	M_3
h^f(m)	2×10^{-2}	1×10^{-2}	5×10^{-3}
节点数	2 601	10 201	40 401
Δt^f(s)	2×10^{-2}	1×10^{-2}	5×10^{-3}

表 4－2　LBM 与 CBS 算法 CPU 时间和迭代误差比较

网格方案	M_1	M_2	M_3
CPU 时间（LBM）	0.295	2.313	20.816
CPU 时间（CBS）	93.5	730	5600
err（LBM）	9.84×10^{-6}	3.85×10^{-6}	1.93×10^{-6}
err（CBS）	2.79×10^{-6}	1.77×10^{-6}	1.50×10^{-6}

图 4－6 给出了三种网格情况下分别采用 LBM 与 CBS 计算的 $X=L/2$ 处水平速度，并与文献[71]参考解进行对比。从图 4－6(a) 中可以看出，LBM 采用三种网格的数值结果差别非常小，并且均与参考解吻合程度较好；从图 4－6(b) 中可以看出，在网格设置为 M_1 时节点数较少，CBS 数值结果与参考解有一定偏差，随着网格节点数增多至 M_3 时，与参考解已基本吻合。整体上，在网格节点数较少时 LBM 结果优于 CBS 的结果，随着网格数增多两者结果都能收敛于参考解。

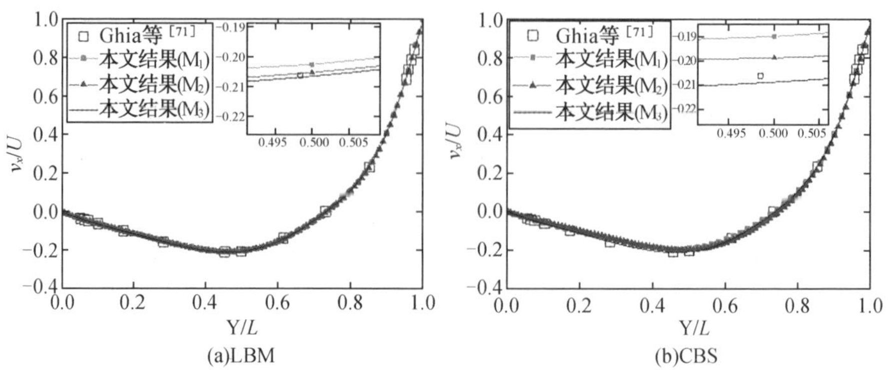

(a)LBM (b)CBS

图 4-6　比较 $X=L/2$ 处水平速度

图 4-7 给出了三种网格情况下分别采用 LBM 与 CBS 计算的 $Y=L/2$ 处垂向速度，并与文献[71]参考解进行对比。同样地，LBM 在三种网格下的计算结果均与参考解吻合较好，CBS 在网格设置 M_1 时与参考解偏差较 LBM 结果大，加密后结果较为吻合。

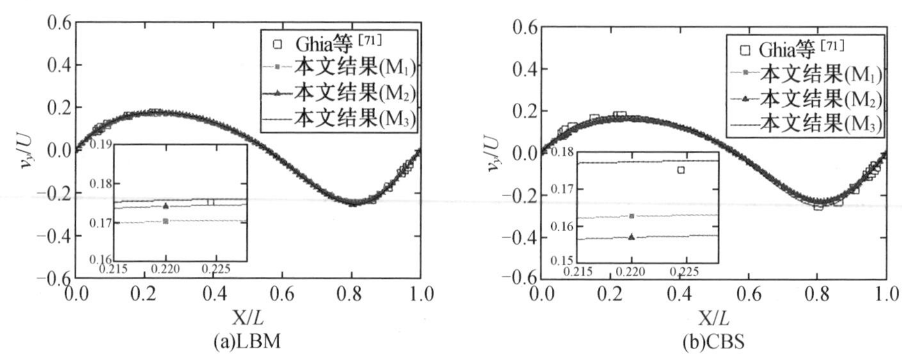

(a)LBM (b)CBS

图 4-7　比较 $Y=L/2$ 处垂向速度

综上可以看出，在相同计算条件下 LBM 比 CBS 结果准确性更高，同时计算时间远远小于 CBS 的结果，接下来通过计算 $Re=400$ 和 1 000 两种情况进一步验证 LBM 的可靠性。图 4-8 给出了两种雷诺数下的计算结果，并与文献[71]参考解进行对比。从图中可以看出，$X=L/2$ 处水平速度和 $Y=L/2$ 处垂向速度均与参考解吻合较好。图 4-9 给出稳定状态时的流线分布和水平速度云图。可以看出图中部区域形成较大的涡，在左下角和右下角形成的涡较小。进一步比较本书结果与文献[71,72]结果中涡的位置，如表 4-3 所示。从表中可以看出，

本书结果与文献吻合良好。

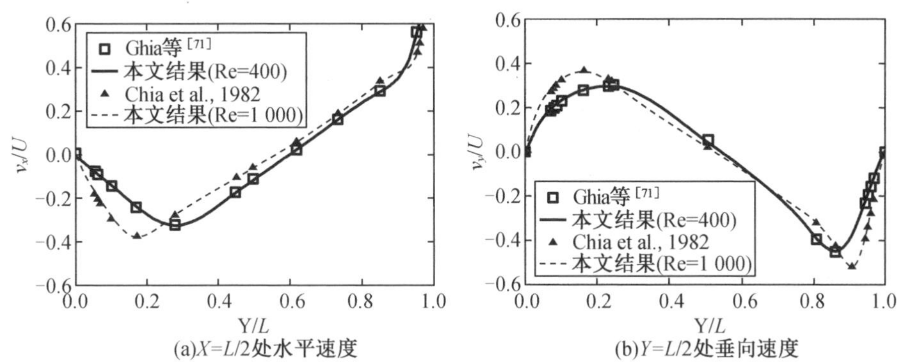

(a)$X=L/2$处水平速度　(b)$Y=L/2$处垂向速度

图 4－8　计算结果

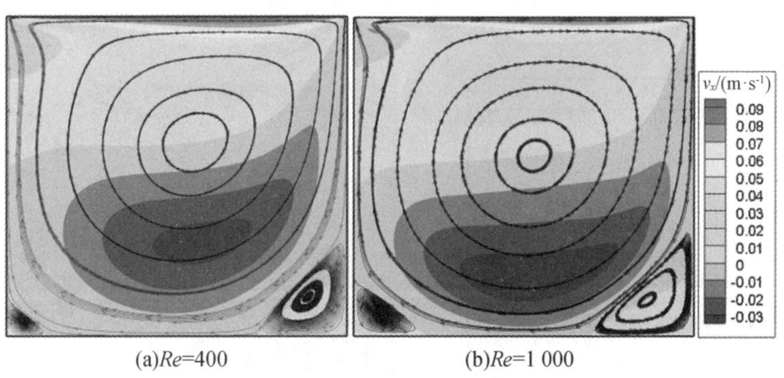

(a)Re=400　(b)Re=1 000

图 4－9　流线分布和水平速度云图

表 4－3　不同雷诺数下涡位置比较

雷诺数	结果	中部涡位置	左下角涡位置	右下角涡位置
Re = 400	Ghia 等[71]	(0.554 7,0.605 5)	(0.050 8,0.046 9)	(0.890 6,0.125 0)
	Luan 等[72]	(0.565,0.609)	(0.051,0.046)	(0.888,0.124)
	本书结果	(0.550 5,0.606 0)	(0.051 5,0.047 6)	(0.878 8,0.123 9)
Re = 1 000	Ghia 等[71]	(0.531 3,0.562 5)	(0.085 9,0.078 1)	(0.859 4,0.109 4)
	Luan 等[72]	(0.537,0.568)	(0.083,0.076)	(0.861,0.111)
	本书结果	(0.528 2,0.565 7)	(0.081 7,0.075 5)	(0.857 8,0.115 3)

4.4.2 顶腔驱动流体作用于超弹性墙问题

本算例中研究顶腔驱动流体运动作用于超弹性墙的问题,这是一个经过广泛验证的经典流固耦合算例。如图 4-10(a)所示,方腔尺寸为 $L=2$ m,位于方腔底端的弹性墙长度为 $L=2$ m,高度为 $H=0.5$ m。流体特性为密度 $\rho^{\mathrm{f}}=1.0\ \mathrm{kg/m^3}$,黏性系数 $\mu^{\mathrm{f}}=0.2\ \mathrm{kg/(m\cdot s)}$。超弹性墙采用 Neo-Hookean 材料模型,材料常数为 $C_{10}=0.1\ \mathrm{kg/(m\cdot s^2)}$,$C_{01}=0$,体积模量为 $\kappa=0$,密度为 $\rho^{\mathrm{s}}=1.0\ \mathrm{kg/m^3}$。方腔顶盖的驱动速度满足

$$v_x^{\mathrm{f}}=0.5\begin{cases}\sin^2(\pi x/0.6) & x^{\mathrm{f}}\in[0.0,0.3]\\ 1.0 & x^{\mathrm{f}}\in(0.3,1.7)\\ \sin^2(\pi(x-2.0)/0.6) & x^{\mathrm{f}}\in[1.7,2.0]\end{cases} \tag{4-33}$$

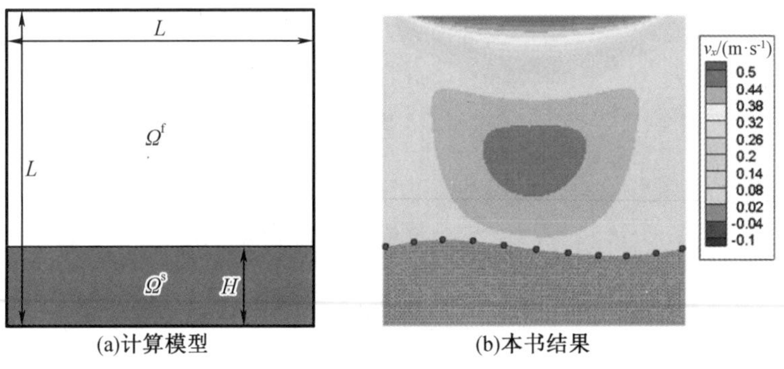

(a)计算模型　(b)本书结果

图 4-10　顶腔驱动流体作用于超弹性墙[70]

流域其他边界满足不可滑移速度边界条件,底部中点压力设置为参考值 0。弹性墙顶部自由运动,其他边界均为固壁。流体域划分为 200×200 均匀格子,固体域离散为不规则 T3 单元,976 个节点和 1 800 个单元。图 4-10(b)给出了流体速度云图和弹性墙变形位置,并将弹性墙顶部变形与参考文献[73]对比,结果吻合良好。

为检测流体收敛特性,流体域网格尺寸设置为 $h^{\mathrm{f}}=0.05,0.04,0.02,0.01$ 和 0.008 m;固体单元尺寸设置为 $h^{\mathrm{s}}=0.01$ m;参考解网格尺寸为 $h^{\mathrm{f}}=0.005$ m 和 $h^{\mathrm{s}}=0.01$ m。图 4-11 给出了流体域收敛特性分析结果,流体速度收敛率为 $O(h^{1.1})$略大于 IFEM[74]的 $O(h^{1.0})$;固体位移收敛率为 $O(h^1)$与 IFEM 的 $O(h^1)$

一致。为检测固体收敛特性，固体域网格尺寸设置为 $h^s=0.04,0.036,0.032,0.028$ 和 0.024 m；固体单元尺寸为 $h^f=0.01$ m；参考解网格尺寸为 $h^f=0.01$ m 和 $h^s=0.01$ m。图 4－12 给出了固体域收敛特性收敛分析结果，流体速度和固体位移的收敛率分别为 $O(h^{1.8})$ 和 $O(h^{2.7})$，均高于 IFEM 的 $O(h^{1.2})$ 和 $O(h^{1.7})$。

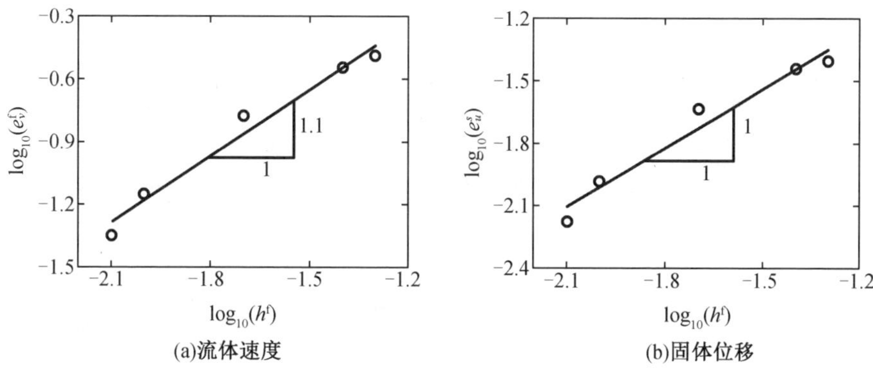

图 4－11　流体域收敛性分析[70]

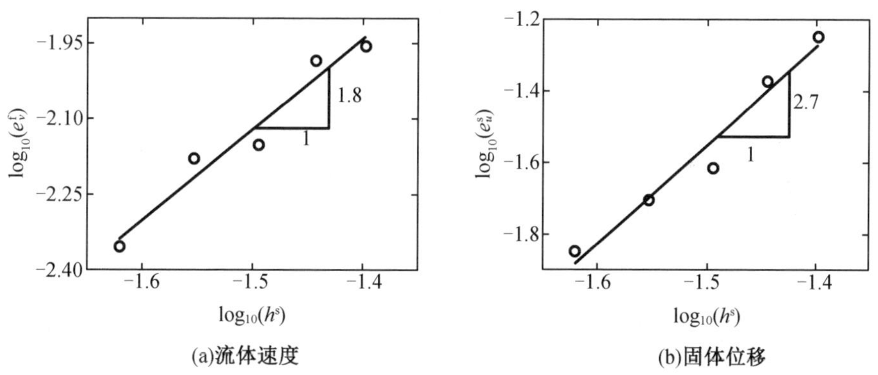

图 4－12　固体域收敛性分析[70]

先前研究[74]指出，对于非相容性网格方法如果流固网格尺寸比 h^f/h^s 设置不合理，可能会导致数值不稳定现象。为有效避免数值不稳定现象，一个保守的流固网格比设置至少为 2。在 IFEM 算法中发现当 $h^f/h^s<0.5$ 时流体渗入固体域，在固体域中心附近出现压力振荡，即为“渗漏”现象。实际上这是一种数值误差，本书同样研究网格比 h^f/h^s 小于 0.5 的情况。图 4－13 给出了网格比 h^f/h^s 为 5，0.5 和 0.25 时的速度和压力云图，分别对应于图 4－13 中左、中和右图。当 $h^f/h^s=5$ 时流体网格尺寸较为粗糙，为 $h^f=0.1$ m，左图的速度和压力云图结果令

人满意且弹性墙变形光顺；当 $h^f/h^s=0.5$ 甚至 0.25 时，速度和压力云图分布稳定且连续性好，并没有非物理的数值现象。这是因为本书的插值函数影响域任一方向均为两层格子，固体边界相邻节点可以设置四层流体格子，因此当网格比为 0.25 时结果仍是可靠的。

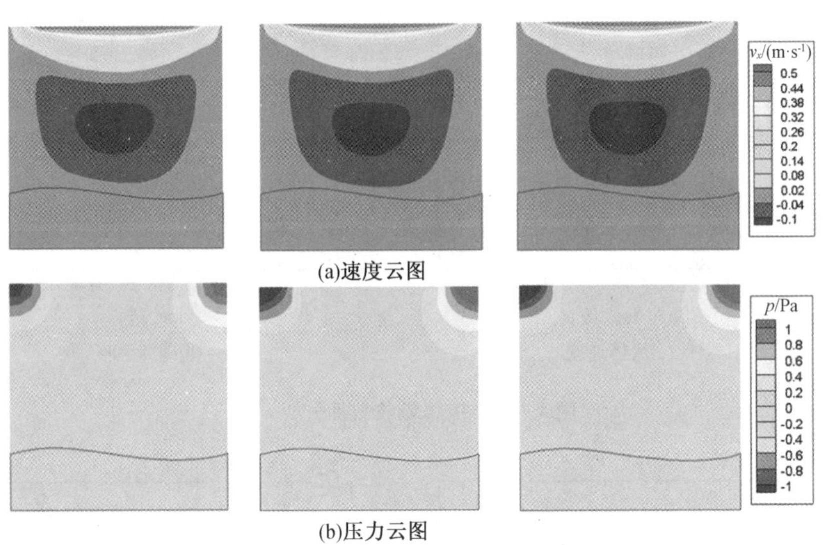

注：左图中 $h^f=0.1$ m，$h^s=0.02$ m（$h^f/h^s=5$）；中图中 $h^f=0.01$ m，$h^s=0.02$ m（$h^f/h^s=0.5$）；右图中 $h^f=0.01$ m，$h^s=0.04$ m（$h^f/h^s=0.25$）。

图 4-13 计算结果[70]

4.4.3 流域内弹性梁问题

本算例与 3.5.2 小节中计算模型相同，计算时流体域划分为 200×200 均匀格子，固体域离散为不规则 T3 单元，包含 409 个节点和 648 个单元。

图 4-14 给出了 $t=1$ s、3 s 和 6 s 的流体速度云图和固体位移云图。从速度云图中可以看出，在弹性梁的上端形成一个高速区，随着时间增加会在梁的后方形成一个反方向的泡状速度区域。当流体作用力逐渐于固体弹性力相平衡时，流固耦合系统会达到一个稳定的状态。LBM 与 S-PIM 耦合算法数值模拟结果与 3.5.2 小节中的结果一致。

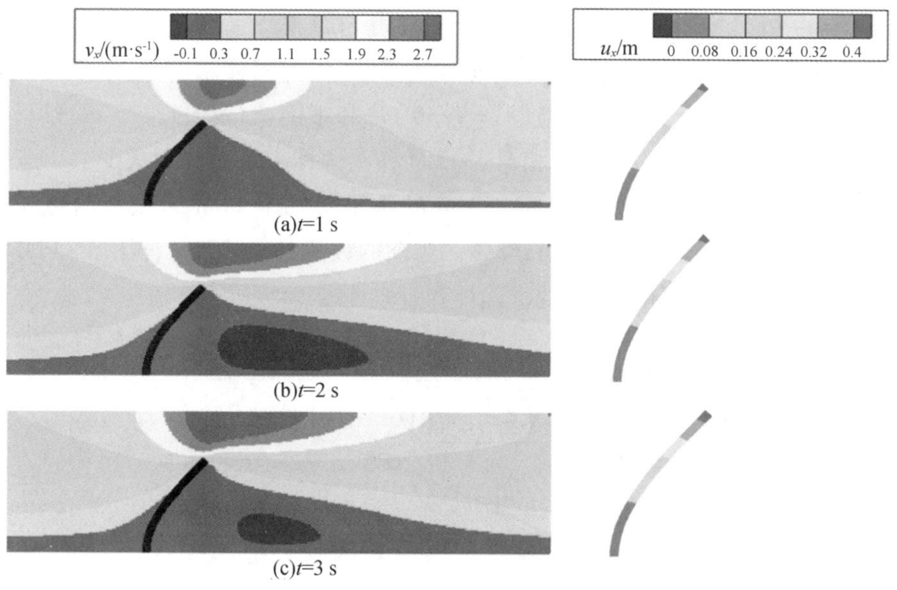

图 4－14　不同时刻流体速度云图和固体位移云图[70]

图 4－15 给出了梁顶点水平位移时间历程曲线，可以看出初始阶段位移曲线呈线性增长，之后由于顶端较大的速度梯度会导致其经历一段波动，最终系统达到平衡位移幅值几乎不发生变化。最终幅值稳定在 0.444 m 左右，与 Zhang 等[44]计算结果 0.445 m 基本一致。为了比较流固耦合模型中采用 FEM 与 S－PIM 的位移误差，设置三种固体网格尺寸为 $h^s=1/50, 1/75, 1/100$，和 $1/125$ m，设置同一种流体网格尺寸为 $h^f=1/100$ m。参考解采用 FEM 作为固体求解器且网格尺寸设置为 $h^s=1/200$ m 和 $h^f=1/100$ m。

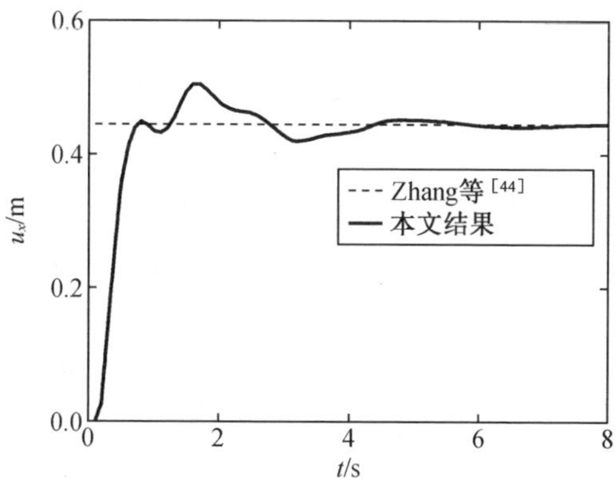

图 4－15　梁顶点水平位移时间历程曲线

图4－16给出了流固耦合模型中分别采用FEM和S－PIM作为固体求解器的位移误差结果。从图中可以看出，相比于FEM作为固体求解器，本书算法具有较高的计算精度。采用粗网格（$h^s=1/50$ m）和细网格（$h^s=1/125$ m）的计算结果表明，本书算法的位移误差相对于FEM作为固体求解器分别减少了94%和81%。本书算法采用粗网格$h^s=1/50$ m的结果仍好于FEM采用细网格$h^s=1/125$ m的结果，位移误差减少了65%。当前的数值对比结果验证了S－PIM作为流固耦合模型中固体求解器的准确性和有效性。

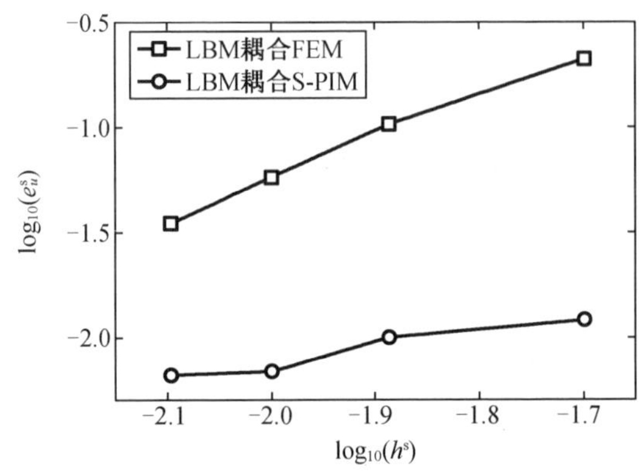

图4－16　本书结果与LBM耦合FEM位移误差对比

进一步分析计算误差和计算时间，比较本书算法与FEM作为固体求解器的计算效率。统计的CPU时间为数值模拟物理时间达到$t=8$ s。表4－4和表4－5给出了流固耦合模型中分别采用FEM和S－PIM作为固体求解器的计算误差和计算时间。从表中可以看出，相同的计算条件下本书算法计算时间稍高于LBM耦合FEM的结果，但计算误差却小很多。根据结果绘制成图4－17效率曲线，相比于LBM耦合FEM本书算法计算效率更高。

表4－4　流固耦合模型FEM作为固体求解器CPU时间和误差[70]

h^s/m	1/50	1/75	1/100	1/125
CPU时间t^s/s	310.6	363.3	426.8	505.7
误差e_u^s	0.210 3	0.102 9	0.058	0.034 8

表 4 – 5　流固耦合模型 S – PIM 作为固体求解器 CPU 时间和误差[70]

h^s/m	1/50	1/75	1/100	1/125
CPU 时间 t^s/s	319.6	382.4	459.0	564.8
误差 e_u^s	0.012 1	0.01	0.006 9	0.006 6

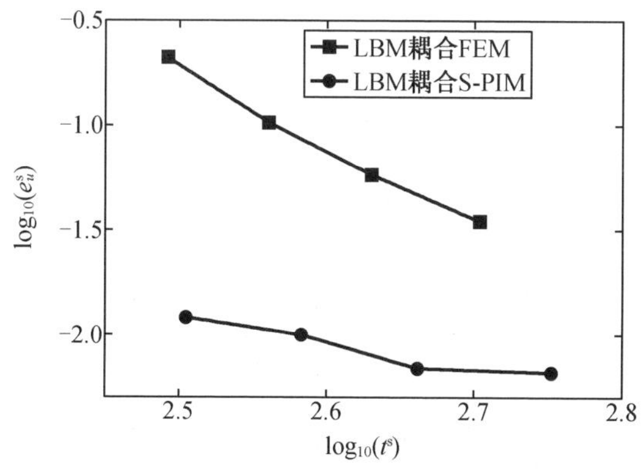

图 4 – 17　计算效率对比[70]

为验证不等时间步时流体和固体求解器的同步性，考虑以下两种情况：

(1) $h^f = 1/100$ m，$h^s = 1/100$ m，时间步长 $\Delta t^f = 10^{-3}$ s；

(2) $h^f = 1/50$ m，$h^s = 1/50$ m，时间步长 $\Delta t^f = 2 \times 10^{-3}$ s。

当前参数设置均可以保证固体边界在一个流体时间步内运动不超过一个格子。表 4 – 6 给出了子循环次数 m 和 $t = 8$ s 时的水平位移幅值。计算结果显示，子循环次数在一个合理范围内并不会影响计算结果。

表 4 – 6　子循环步数和位移结果[70]

情况(1)	m	u_x/m	情况(2)	m	u_x/m
$\Delta t^s = 2 \times 10^{-5}$ s	50	0.456 25	$\Delta t^s = 2 \times 10^{-5}$ s	100	0.449 20
$\Delta t^s = 10^{-5}$ s	100	0.456 25	$\Delta t^s = 10^{-5}$ s	200	0.449 20
$\Delta t^s = 5 \times 10^{-6}$ s	200	0.456 25	$\Delta t^s = 5 \times 10^{-6}$ s	400	0.449 20

图 4 – 18 给出了流固耦合系统稳定时弹性梁的应力分布云图。从图中可以看出，由于梁底端固定受流体作用变形时在 y 方向受到较大的拉压应力，同时梁的扭曲变形使其中部受到明显的剪切应力，该现象符合物理规律。

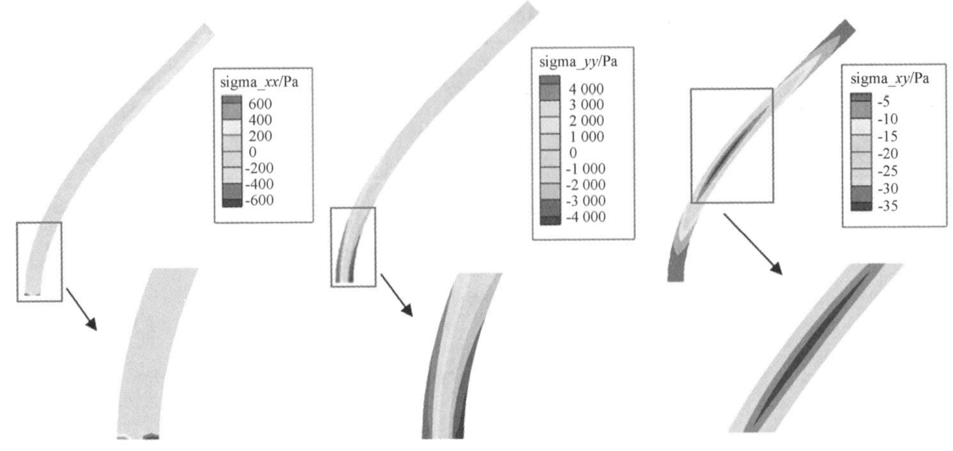

图 4-18　稳定状态时的应力云图[70]

4.4.4　圆柱后接弹性板的涡激振动问题

本算例与3.6.3小节计算模型相同。流体域离散为1 000×164规则格子，固体域离散为T3单元，476个节点和774个单元。图4-19给出了$t=10$ s和$t=13$ s时的速度和压力云图。从图中可以看出流体作用于弹性梁使其发生变形，其下流伴有旋涡的生成和脱落。

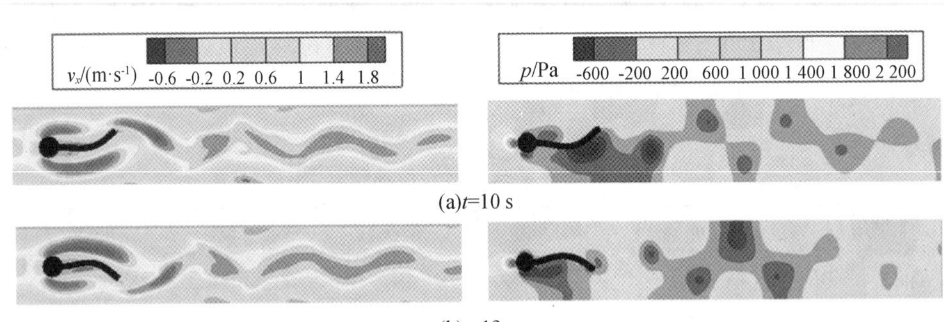

图 4-19　速度和压力云图(左:速度;右:压力)[70]

Celik 等[75]发展了完善的非稳态问题误差估计和数值不确定性分析理论，在计算流体数值算法分析中应用广泛。Sigüenza 等[76]采用该理论对文献[77]中FSI1和FSI3两种情况进行了分析，用以验证数值算法处理非稳态问题的稳定性和收敛性。本书考虑算例中 FSI2（参数设置见 3.6.3 小节），对 LBM 与 S－PIM 耦合算法做进一步验证。表 4－7 给出了四种比较典型的参考文献，并对文献算法作以说明。

表 4－7　参考文献说明

方法类型	文献	算法简述
A	Turnek 等[77]	ALE 与 FEM 统一求解耦合算法
B	Turnek 等[78]	改进的 ALE 与 FEM 统一求解耦合算法
C	Roy 等[79]	不可压缩流体中考虑固体可压缩性的 IFEM 算法
D	Nordanger 等[80]	基于 ALE 的等几何 FEM 算法

本书采用三组网格（M_1、M_2 和 M_3）进行数值测试，网格尺寸设置如表 4－8 所示。流体和固体网格加密比 r 均为 $h_{coarse}/h_{refined}=2$，满足不稳定分析分析中 r 大于 1.3 的要求。三组网格的流固网格尺寸比均为 0.5。φ_1、φ_2 和 φ_3 是对应于网格 M_1、M_2 和 M_3 的数值模拟结果。梁顶点的位移幅值 u_{amp} 和均值 u_{ave} 可通过下式计算得到：

$$u_{amp}=(u_{max}-u_{min})/2,u_{ave}=(u_{max}+u_{min})/2 \tag{4-34}$$

式中，u_{max} 和 u_{min} 分别表示位移的最大值和最小值。接下来将计算垂向和水平方向的位移幅值（$u_{y,amp}$，$u_{x,amp}$）和均值（$u_{y,ave}$，$u_{x,ave}$）。

表 4－8　网格离散

网格尺寸	M_1	M_2	M_3
h^f/m	5×10^{-3}	2.5×10^{-3}	1.25×10^{-3}
h^s/m	1×10^{-2}	5×10^{-3}	2.5×10^{-3}
h^f/h^s	0.5	0.5	0.5

空间阶数 γ 可通过下式计算：

$$\gamma=\frac{1}{\ln(r)}\left|\ln\left|(\varphi_1-\varphi_2)/(\varphi_2-\varphi_3)\right|\right| \tag{4-35}$$

然后预测网格不断加密情况下的最终收敛值为

$$\varphi_\infty=(r^\gamma\varphi_3-\varphi_2)/(r^\gamma-1)=(r^\gamma\varphi_2-\varphi_1)/(r^\gamma-1) \tag{4-36}$$

与收敛值相对误差 e_∞ 可采用下式进行估算：

$$e_\infty = |(\varphi_\infty - \varphi_3)/\varphi_\infty| \tag{4-37}$$

表4-9给出了三组网格计算结果并与参考文献中结果进行比较,本书计算了三个重要的表征参数(γ、φ_∞、e_∞)。基于当前设置的三种网格可计算出φ_1、φ_2、φ_3,然后可预测位移幅值和均值的最终收敛解φ_∞。表中上标"FEM"和"SPIM"分别表示LBM与FEM和S-PIM耦合的计算结果。与FEM作为固体求解器相比,相同条件下S-PIM由于适当软化的模型刚度求得的最终收敛值φ_∞略高。两种方法空间阶数γ均高于1,对于非相容性网格方法来讲是比较令人满意的结果。同时LBM与S-PIM耦合算法的结果相对误差e_∞小于FEM作为固体求解器的结果,并且误差最大值也不高于3.5%。

表4-9 数值结果不确定性分析[70]

类别	$u_{y,\mathrm{amp}}/\times10^{-1}$ m	$u_{y,\mathrm{ave}}/\times10^{-3}$ m	$u_{x,\mathrm{amp}}/\times10^{-2}$ m	$u_{x,\mathrm{ave}}/\times10^{-2}$ m
A	0.806 0	1.230 0	1.244 0	-1.458 0
B	0.817 0	1.300 0	1.270 0	-1.485 0
C	0.675 7	1.351 4	9.672 1	-1.065 6
D	0.810 4	1.300 0	1.274 3	-1.471 0
$\varphi_1^{\mathrm{FEM}}(\mathrm{M}_1)$	0.640 3	1.009 0	0.964 5	-1.082 9
$\varphi_2^{\mathrm{FEM}}(\mathrm{M}_2)$	0.767 6	1.212 7	1.166 7	-1.344 1
$\varphi_3^{\mathrm{FEM}}(\mathrm{M}_3)$	0.816 8	1.281 8	1.253 5	-1.447 5
$\varphi_\infty^{\mathrm{FEM}}$	0.847 8	1.317 1	1.318 8	-1.515 3
γ^{FEM}	1.37	1.56	1.22	1.34
$e_\infty^{\mathrm{FEM}}(\%)$	3.66	2.76	4.95	4.68
$\varphi_1^{\mathrm{SPIM}}(\mathrm{M}_1)$	0.759 2	1.196 4	1.143 7	-1.284 1
$\varphi_2^{\mathrm{SPIM}}(\mathrm{M}_2)$	0.817 3	1.291 3	1.242 3	-1.431 2
$\varphi_3^{\mathrm{SPIM}}(\mathrm{M}_3)$	0.840 8	1.319 4	1.290 3	-1.490 0
$\varphi_\infty^{\mathrm{SPIM}}$	0.856 7	1.331 2	1.335 8	-1.529 2
γ^{SPIM}	1.31	1.76	1.04	1.32
$e_\infty^{\mathrm{SPIM}}(\%)$	1.86	0.90	3.41	2.63

为更好区分不同算法计算结果,图4-20给出了本书计算结果φ_∞与参考结果对比的柱状图。从图中可以看出,由于没有解析解,不同文献的数值结果本身具有一定的差异性,整体上本书计算的最终收敛解与文献A、B和D较为吻合;

除了垂向位移均值，本书结果和其他文献结果均高于文献 C 的结果；随着网格不断加密，本书结果是逐渐收敛的。在网格设置较为粗糙时，本书提出的 LBM 与 S－PIM 耦合算法结果比采用 FEM 作为固体求解器的结果更接近参考解。

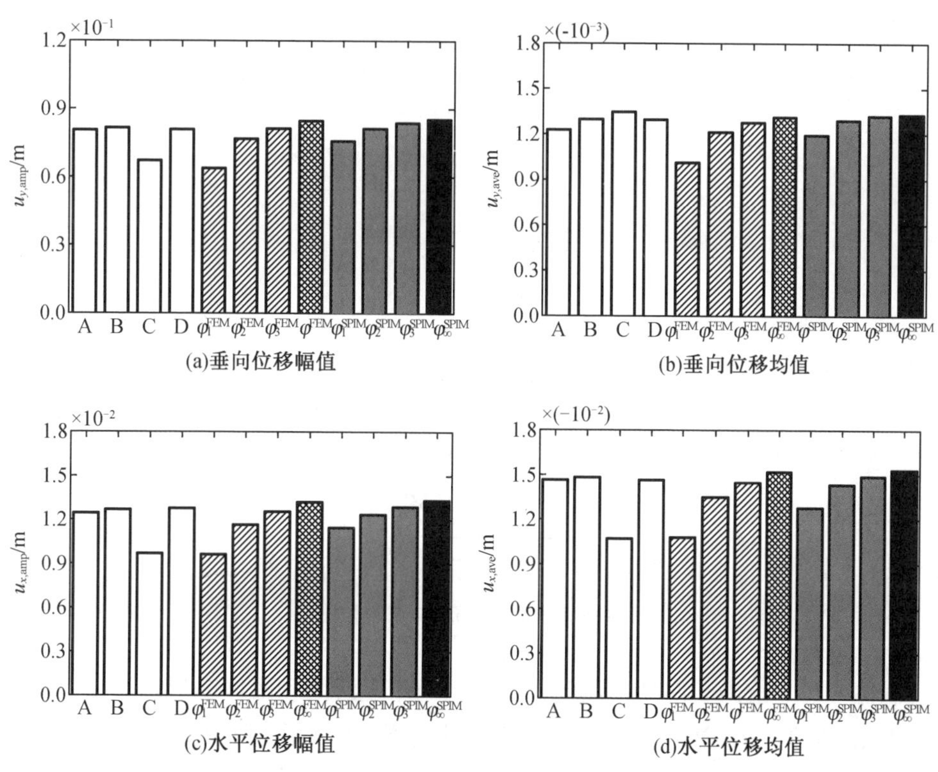

图 4－20　本书计算结果与文献结果对比[70]

4.4.5　三维流域内球体沉降问题

本算例考虑三维流域内球体在重力作用下的自由沉降问题，对 LBM 与 S－PIM 耦合算法做进一步验证。计算模型如图 4－21 所示，初始时刻球体静止于流域内，释放后在重力作用下开始向下运动，加速度为 $g=9.8\ \mathrm{m/s^2}$。随着速度不断增大耦合力与重力逐渐平衡，球体将达到一个匀速运动的状态。球体直径大小为 $D=5\times10^{-4}$ m，流域尺寸和球体在流域中的位置见图 4－21。流体密度为 $\rho^{\mathrm{f}}=997.13\ \mathrm{kg/m^3}$，动力黏性系数为 $\mu^{\mathrm{f}}=8.91\times10^{-4}\ \mathrm{kg/(m\cdot s)}$。固体密度为

$\rho^s = 2\ 560\ kg/m^3$，为模拟球体不同程度变形时对流场的影响，固体弹性模量分别设置为 $E^s = 10^4$ Pa 和 $E^s = 20$ Pa。流域壁面均满足不可滑移速度边界条件。流体域离散为 125×125×750 个规则网格，球体采用 T4 单元离散为 1 492 个节点和 7 266 个单元。固体材料为 Saint Venant - Kirchhoff 模型，采用 FS - PIM 求解固体运动变形。计算机配置为 Intel(R) Xeon(R) CPU E5 - 2680 v3 @ 2.5 GHz，RAM 64.0 GB，程序运行至当前物理时间 0.21 s 需要的实际计算时间约为 46 小时。

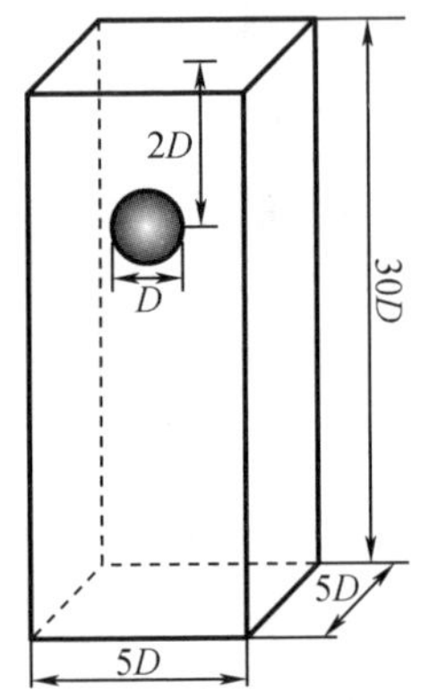

图 4 - 21　流域内球体沉降模型[70]

图 4 - 22 给出了两种弹性模量下的流场速度云图和固体变形图。从图中可以看出，刚度大的球体($E^s = 10^4$ Pa)形状几乎不发生变化，而刚度小的球体($E^s = 20$ Pa)发生了较大的变形，下落过程中受到重力和阻力作用被挤压变形。流场速度受固体变形影响分布也有所不同，用 l 和 L 分别表示球体运动时对流域的影响区域，刚度小的球体 L 值较大，这是因为变形球体下侧表面与流体接触面较大，流场受扰动区域随之增大。

图 4 - 23 给出了弹性模量 $E^s = 10^4$ Pa 时的速度历程曲线，可以看出初始一段时间内球体垂向速度增加较快，随着下落速度增大球体所受阻力也不断增加，导致速度增加变缓并逐渐接近稳定状态。整个过程速度曲线变化趋势与实验结果一致，并且相比于参考文献[82]数值结果，本书结果与实验结果[81]更为接近。

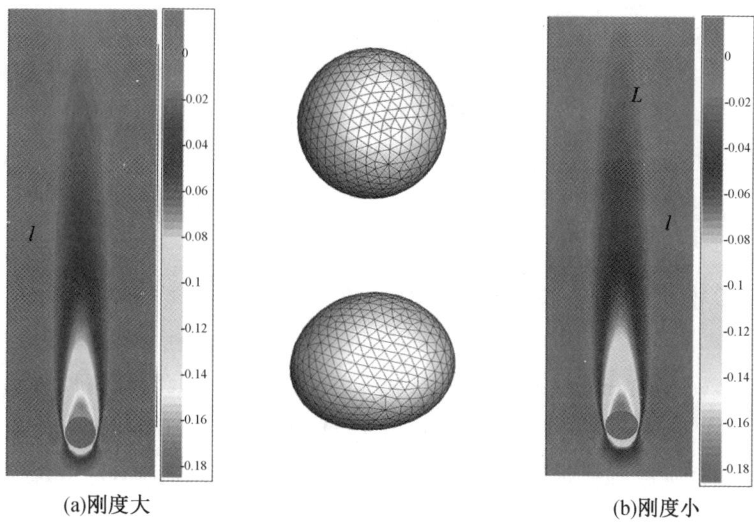

图 4-22　不同固体刚度流体速度云图(单位:m/s)[70]

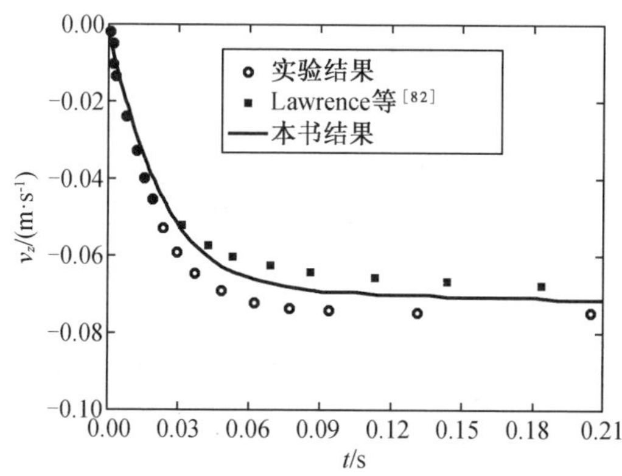

图 4-23　本书结果与实验结果[81]和参考文献[82]数值结果对比

4.5 算法改进

4.5.1 多松弛 LBM 模型

采用多松弛(multiple relaxation times, MRT)LBM(MRT－LBM)模型求解流体，相比单松弛(single relaxation time, SRT)LBM(SRT－LBM)模型,多松弛模型具有更好的精确度和稳定性。这里采用由 Guo 等[83]提出的 MRT－LBM 模型,演化方程可表示为

$$f_{\varepsilon}(\boldsymbol{x}^{\mathrm{f}}+\boldsymbol{c}_{\varepsilon}\delta t,t+\delta t)-f_{\varepsilon}(\boldsymbol{x}^{\mathrm{f}},t)=-\boldsymbol{M}^{-1}\boldsymbol{S}(\boldsymbol{m}-\boldsymbol{m}^{\mathrm{eq}})+\boldsymbol{M}^{-1}\boldsymbol{M}F_{\varepsilon}\delta t \tag{4-38}$$

式中,$\boldsymbol{M}$ 为映射矩阵,$\boldsymbol{S}$ 为碰撞松弛矩阵。

与 SRT－LBM 里在速度空间 $\boldsymbol{f}=f_{\varepsilon}$, $\varepsilon=0, 1, \cdots, 8$ 中执行碰撞不同,在 MRT－LBM 中,碰撞步骤在动量空间 $\boldsymbol{m}=m_{\varepsilon}$, $\varepsilon=0, 1, \cdots, 8$ 中执行,转换关系可写为

$$\boldsymbol{m}=\boldsymbol{M}\boldsymbol{f},\ \boldsymbol{m}^{\mathrm{eq}}=\boldsymbol{M}\boldsymbol{f}^{\mathrm{eq}} \tag{4-39}$$

MRT－LBM 的 D2Q9 模型离散速度与 LBGK 一致,映射矩阵 $\boldsymbol{M}$ 可由下式给出:

$$\boldsymbol{M}=\begin{bmatrix} 1 & 1 & 1 & 1 & 1 & 1 & 1 & 1 & 1 \\ -4 & -1 & -1 & -1 & -1 & 2 & 2 & 2 & 2 \\ 4 & -2 & -2 & -2 & -2 & 1 & 1 & 1 & 1 \\ 0 & 1 & 0 & -1 & 0 & 1 & -1 & -1 & 1 \\ 0 & -2 & 0 & 2 & 0 & 1 & -1 & -1 & 1 \\ 0 & 0 & 1 & 0 & -1 & 1 & 1 & -1 & -1 \\ 0 & 0 & -2 & 0 & 2 & 1 & 1 & -1 & -1 \\ 0 & 1 & -1 & 1 & -1 & 0 & 0 & 0 & 0 \\ 0 & 0 & 0 & 0 & 0 & 1 & -1 & 1 & -1 \end{bmatrix} \tag{4-40}$$

本书松弛矩阵取值为 $\boldsymbol{S}=\mathrm{diag}(0,\ s_e,\ s_{\varepsilon},\ 0,\ s_q,\ 0,\ s_q,\ s_{\nu},\ s_{\nu})$。在这里松弛时间 τ 和参数 s_{ν}的关系为

$$s_{\nu}=\frac{1}{\tau} \tag{4-41}$$

对于半步长反弹格式，s_ν和 s_q满足

$$s_q = \frac{8 - s_v}{8(2 - s_v)} \tag{4-42}$$

在 MRT - LBM 框架下使用半步长反弹格式（即式(4 - 42)）处理固壁边界，可获得管道流的精确解。同时为减小浸没边界层中的边界数值滑移，可在 MRT - LBM 中采用以下关系式：

$$s_q = \frac{4(2 - s_v)}{4 + 7s_v} \tag{4-43}$$

式中，s_e和 s_ε可以按 $s_e = s_\varepsilon = s_\nu$ 进行取值。

4.5.2　耦合界面速度修正

本章提出的 IB - LBM 与 S - PIM 耦合算法依旧是在浸没方法的框架下，同样存在无滑移速度边界条件难以准确施加的问题，这里采用力修正技术强化耦合界面处的无滑移速度边界条件，相比式(4 - 25)，修正后的流固耦合力计算公式增加一项力修正系数 k，即

$$\bar{\boldsymbol{f}}^{\mathrm{f,FSI}}(\boldsymbol{x}_b^{\mathrm{s}}, t) = 2\rho_0^{\mathrm{f}} k(\boldsymbol{x}^{\mathrm{s}}, t)(\boldsymbol{v}_b^{\mathrm{s}}(\boldsymbol{x}_b^{\mathrm{s}}, t) - \boldsymbol{v}^{\mathrm{s}*}(\boldsymbol{x}_b^{\mathrm{s}}, t))h^{\mathrm{f}}/\delta t \tag{4-44}$$

修正系数 k 求解公式为

$$k(\boldsymbol{x}^{\mathrm{s}}, t) = \frac{1}{\sum_{i,j}\sum_{b=1}^{N_b}\delta_h(\boldsymbol{x}^{\mathrm{f}} - \boldsymbol{x}_b^{\mathrm{s}})\delta_h(\boldsymbol{x}^{\mathrm{f}} - \boldsymbol{x}^{\mathrm{s}})\Delta s\,(h^{\mathrm{f}})^3} \tag{4-45}$$

4.5.3　圆柱 Cuette 流动问题

首先模拟圆柱 Cuette 流动问题，比较 IB - LBM 中采用 SRT 与 MRT 的模拟结果。如图 4 - 24 所示，一圆环浸没在方形流域中，圆环中心与方形流域中心重合并以固定角速度 $\omega = 2$ rad/s 逆时针旋转。流域尺寸设置为 $8R_1 \times 8R_1$，圆环外径为 $R_1 = 0.5$ cm，内径为 $R_2 = 0.4$ cm。固体特性为 $\rho^{\mathrm{s}} = 10$ g/cm^3，$\boldsymbol{\nu}^{\mathrm{s}} = 0.3$ 及 $E^{\mathrm{s}} = 10^3$ Pa；流体特性为 $\rho^{\mathrm{f}} = 1.0$ g/cm^3 并考虑两种黏性系数 $\boldsymbol{\nu}^{\mathrm{f}} = 0.1$ cm^2/s(case 1)和 $\boldsymbol{\nu}^{\mathrm{f}} = 10$ cm^2/s(case 2)。计算时忽略重力作用，固体的变形非常小，可近似为刚体，由于耦合界面满足无滑移速度边界条件，圆环内部流体稳定时角速度也为 2 rad/s，可作为解析解对数值结果进行验证。数值模拟时设置五套网格组合，具体如表 4 - 10 所示。

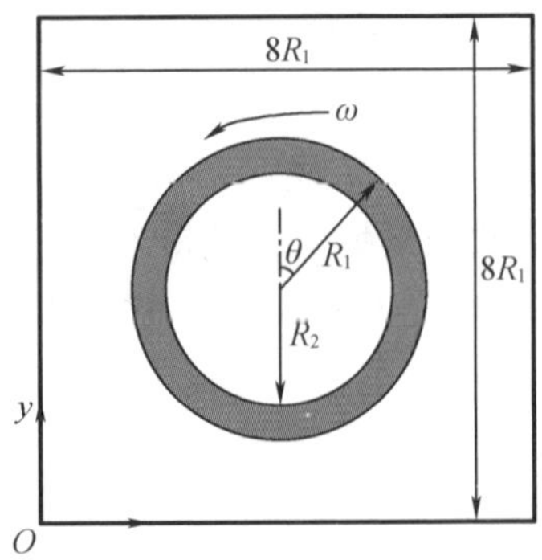

图 4-24　计算模型

表 4-10　网格组合

间距/尺寸	M_1	M_2	M_3	M_4	M_4
h^f/cm	1/20	1/25	1/40	1/50	1/80
h^s/cm	1/30	1/37.5	1/60	1/75	1/120

计算到流场稳定时，分析 $\theta=0°$ 时速度二范数误差如图 4-25(a)所示。在 Case 1 中 $\nu^f=0.1\ \mathrm{cm^2/s}$ 时，SRT-LBM 与 MRT-LBM 的速度误差曲线均近似为二阶精度，且 MRT-LBM 速度误差小于 SRT-LBM 的结果；在 Case 2 中 $\nu^f=10\ \mathrm{cm^2/s}$ 时，SRT-LBM 速度误差相比于 MRT-LBM 急剧增加，且随着网格加密误差值逐步增大并不收敛，而 MRT-LBM 随着网格逐步加密误差曲线逐步收敛又接近二阶精度。图 4-25(b)进一步给出了在 Case 2 条件下沿 $\theta=0°$ 分布的流体切向速度，可以看出 MRT-LBM 的数值模拟结果与解析解更为吻合。

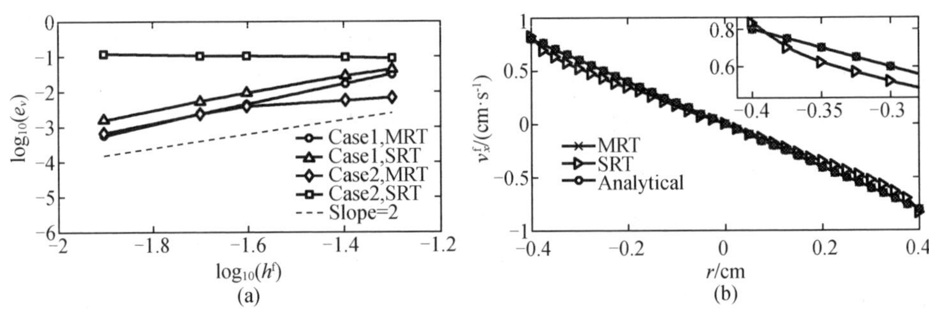

图 4-25　计算结果[84]

4.5.4　流域内弹性梁问题

与 4.5.3 同一算例，这里为验证引入力修正技术的 LBM 耦合 S－PIM 算法在修正边界速度的效果，定义边界速度误差

$$e_b = \frac{1}{N_b}\sqrt{\sum_{b=1}^{N_b}\frac{(\boldsymbol{v}_b^{\mathrm{f}} - \boldsymbol{v}_b^{\mathrm{s}})^2}{v_0^2}} \tag{4-46}$$

式中，N_b为固体边界点的个数；$\boldsymbol{v}_b^{\mathrm{f}}$ 及 $\boldsymbol{v}_b^{\mathrm{s}}$ 为耦合界面处的流体速度和固体速度；v_0为流域左侧边界输入速度的最大值，即 1.5 m/s。计算时设置三套网格，计算结果如表 4－11 所示。可以看出，在引入力修正技术后边界速度误差减小，并且随着网格加密耦合界面的捕捉也更为准确。

表 4－11　引入力修正技术后边界速度误差比较

$h^{\mathrm{f}} = h^{\mathrm{s}}$	1/50 m	1/100 m	1/200 m
LBM 耦合 S－PIM	0.73%	0.51%	0.35%
引入力修正技术	0.17%	0.06%	0.03%

引入力修正技术后耦合界面速度误差减小，但是修正算法会增加计算量，为了综合考虑计算误差与计算时间，同样比较修正前后的计算效率。记录程序运行至物理时间 $t = 10$ s 时的实际计算时间，并计算位移误差，将修正前后的计算结果绘制成图 4－26。从图中可以看出，引入力修正技术后实际计算时间会有一定的增加，但并不明显，而位移误差随着网格加密降低明显，即在 LBM 与 S－PIM 耦合算法中引入力修正技术能够较为准确地捕捉耦合界面。

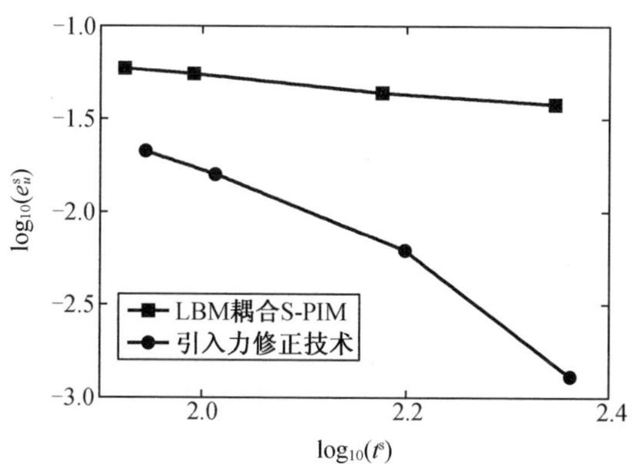

图 4－26　计算效率对比

4.6 本章小结

为了提高流固耦合模型计算效率,本章采用 LBM 作为流体求解器,提出 LBM 与 S - PIM 耦合算法,通过数值算例验证了耦合算法的准确性、稳定性和收敛性。本章结论如下:

(1)LBM 模拟不可压缩流动时,无须求解压力泊松方程,不用处理非线性对流项,与基于 FEM 离散的 CBS 算法相比,能够大幅度缩短计算时间,同时还能保证数值模拟的准确性。

(2)LBM 采用规则格子划分流体域,网格离散方式简单,在浸没方法框架下具备处理任意复杂几何边界的能力;S - PIM 能够软化模型刚度阵,有利于模拟固体大变形问题;相比于 LBM 耦合 FEM 的流固耦合模型,本书提出的 LBM 与 S - PIM 耦合算法具有更高的准确性和计算效率。

(3)LBM 与 S - PIM 耦合算法具有较强的网格适用性,在较大的流固网格比变化范围仍能保持数值稳定性,当 $h^f/h^s = 0.25$ 时没有出现非物理的数值现象,意味着问题域离散时流固网格分辨率的选择范围更为广泛,具备处理复杂大变形流固耦合问题的能力。

(4)采用 MRT - LBM 能够提高数值算法的精度和稳定性,且在耦合算法中引入力修正技术有利于精确捕捉耦合界面,强化了无滑移速度边界条件的施加。

第5章 光滑粒子水动力法与光滑点插值法耦合算法及应用

5.1 引言

以上章节提出的流固耦合模型可以有效模拟涉及固体大变形的流固耦合问题,在船舶与海洋工程领域还经常遇到诸如晃荡、高速砰击及水下爆炸等强非线性流固耦合问题,这时基于欧拉网格模拟自由液面流动时需要采用自由液面追踪算法,往往较为复杂,而粒子类方法的天然拉格朗日属性可以自动追踪变形液面和移动边界,无须施加特殊处理。其中 SPH 算法在 CFD 领域应用广泛,并成功应用于各种海洋工程问题的模拟。

采用 SPH 模拟不可压缩黏性流体流动时存在两种模型,即 ISPH 模型和 WCSPH 模型。在 ISPH 中需通过压力泊松方程求得压力,在 WCSPH 中可通过状态方程求得压力,两种 SPH 模型可以实现计算效率的平衡,而 WCSPH 程序编写更为简单。

为有效模拟强非线性自由液面流动的流固耦合问题,本书以改进的 WCSPH 作为流体求解器,提出 SPH 与 S－PIM 耦合算法。SPH 与 S－PIM 耦合算法中虚粒子假设与 IS－PIM 中虚拟流体假设一致,并且其全域离散粒子的方式与基于网格的浸没方法相似,因此本书提出的 SPH 与 S－PIM 耦合算法可看作是浸没方法框架在粒子法中的扩展。

5.2 弱可压 SPH 算法

5.2.1 控制方程

采用 WCSPH 求解不可压缩黏性流体时,其控制方程包括质量守恒和动量守恒方程方程,可表示为

$$\frac{\mathrm{d}\rho^{\mathrm{f}}}{\mathrm{d}t} = -\rho^{\mathrm{f}} \nabla \cdot \boldsymbol{v}^{\mathrm{f}} \tag{5-1}$$

$$\frac{\mathrm{d}\boldsymbol{v}^{\mathrm{f}}}{\mathrm{d}t} = -\frac{1}{\rho^{\mathrm{f}}}\nabla p^{\mathrm{f}} + \boldsymbol{g} + \boldsymbol{\Theta} \tag{5-2}$$

式中,$\boldsymbol{\Theta}$ 表示耗散项。

在 WCSPH 模型中通过状态方程来求解压力,即

$$p^{\mathrm{f}} = c_{\mathrm{s}}^{2}(\rho^{\mathrm{f}} - \rho_0^{\mathrm{f}}) \tag{5-3}$$

式中,c_{s} 和 ρ_0^{f} 分别表示数值声速和参考密度(对于水来说 $\rho_0^{\mathrm{f}} = 1\ 000\ \mathrm{kg/m^3}$)。在 WCSPH 算法中,密度变化限制在 1% 以内以满足流体弱可压缩性假设,这就要求 c_{s} 满足预测的最大流体速度的十倍以上。

5.2.2 SPH 离散公式

无论 WCSPH 还是 ISPH 算法,离散时都包括核近似和粒子近似两部分。核近似的主要特点是选用适当的核函数估算δ函数,并将场函数表示成一个有限对称域上的积分形式,这个有限对称域被称为支持域;粒子近似是将支持域离散成有限数目的粒子,把场函数积分形式表达为包含粒子信息的线性代数方程。

1. 核近似

SPH 算法中场函数 $A(\boldsymbol{r})$ 可表示为狄拉克 δ 函数的积分形式,其具体定义为

$$A(\boldsymbol{r}) = \int_{\Omega} A(\boldsymbol{r}')\delta(\boldsymbol{r} - \boldsymbol{r}', h)\mathrm{d}\boldsymbol{r}' \tag{5-4}$$

式中,$\boldsymbol{r}$ 表示粒子位置矢量;h 表示光滑长度。

离散时需要选取适当的核函数对 δ 函数进行近似,因此核函数决定了场函

数近似的准确性,需要满足以下三个基本条件:

$$\int_{\Omega} W(\boldsymbol{r}-\boldsymbol{r}',h)\mathrm{d}\boldsymbol{r}' = 1 \tag{5-5}$$

$$\lim_{h\to 0} W(\boldsymbol{r}-\boldsymbol{r}',h) = \delta(\boldsymbol{r}-\boldsymbol{r}',h) \tag{5-6}$$

$$W(\boldsymbol{r}-\boldsymbol{r}',h) = 0,\ \ |\boldsymbol{r}-\boldsymbol{r}'| > kh \tag{5-7}$$

式中,$W(\boldsymbol{r}-\boldsymbol{r}',h)$表示在支持域上定义的核函数;$k$ 表示常数,kh 定义了核函数的影响范围即支持域。式(5-5)至式(5-7)分别为核函数的归一化条件、δ 函数性质和紧支性条件。

本书 WCSPH 模型采用三次样条曲线作为核函数,即

$$W(\boldsymbol{r},h) = \frac{10}{7\pi h^2}\begin{cases} \dfrac{3}{4}q^3 - \dfrac{3}{2}q^2 + 1, & 0\leqslant q<1 \\ \dfrac{1}{4}(2-q)^3, & 1\leqslant q<2 \\ 0, & \text{其他} \end{cases} \tag{5-8}$$

式中,$q = |\boldsymbol{r}-\boldsymbol{r}_b|/h$。

这样场函数 $A(\boldsymbol{r})$可表示为核函数的近似积分形式为

$$A(\boldsymbol{r}) \doteq \int_{\Omega} A(\boldsymbol{r}')W(\boldsymbol{r}-\boldsymbol{r}',h)\mathrm{d}\boldsymbol{r}' \tag{5-9}$$

进一步可推导场函数 $A(\boldsymbol{r})$的空间导数,在式(5-9)中直接将 A 替换为 $\nabla\cdot A$,并利用分部积分公式做变换可得

$$\begin{aligned}\nabla\cdot A(\boldsymbol{r}) &\doteq \int_{\Omega}[\nabla\cdot A(\boldsymbol{r}')]W(\boldsymbol{r}-\boldsymbol{r}',h)\mathrm{d}\boldsymbol{r}' \\ &\doteq \int_{\Omega}\nabla\cdot[A(\boldsymbol{r}')W(\boldsymbol{r}-\boldsymbol{r}',h)]\mathrm{d}\boldsymbol{r}' - \int_{\Omega}A(\boldsymbol{r}')\cdot\nabla W(\boldsymbol{r}-\boldsymbol{r}',h)\mathrm{d}\boldsymbol{r}'\end{aligned} \tag{5-10}$$

式(5-10)右端第一项可以利用散度定理将其转化为边界积分形式为

$$\int_{\Omega}\nabla\cdot[A(\boldsymbol{r}')W(\boldsymbol{r}-\boldsymbol{r}',h)]\mathrm{d}\boldsymbol{r}' = \int_{\Gamma}A(\boldsymbol{r}')W(\boldsymbol{r}-\boldsymbol{r}',h)\cdot\boldsymbol{n}\mathrm{d}\boldsymbol{r}' \tag{5-11}$$

式中,$\boldsymbol{n}$ 表示支持域边界 Γ 的单位外法向量。

根据核函数的紧支性条件,当支持域位于问题域内时核函数在支持域边界上积分为零,式(5-10)可进一步简化为

$$\nabla\cdot A(\boldsymbol{r}) \doteq -\int_{\Omega}A(\boldsymbol{r}')\cdot\nabla W(\boldsymbol{r}-\boldsymbol{r}',h)\mathrm{d}\boldsymbol{r}' \tag{5-12}$$

式(5-12)即为场函数空间导数$\nabla\cdot A(\boldsymbol{r})$的核近似形式,在 SPH 算法中场函数的导数转化为场函数本身和核函数导数的积分形式,通过核近似避免了场函

数的直接求导。

2. 粒子近似

通过核近似已经给出场函数在支持域上的积分形式，接下来需要将积分形式表示为支持域内离散粒子的求和形式。SPH 算法中每个粒子均被赋予质量并占有一定的体积，可以通过域内粒子信息估算场函数及其空间导数有

$$A(\boldsymbol{r}_a) \doteq \sum_b \frac{m_b}{\rho_b} A(\boldsymbol{r}_b) W(\boldsymbol{r}_a - \boldsymbol{r}_b, h) \tag{5-13}$$

$$\nabla A(\boldsymbol{r}_a) \doteq -\sum_b \frac{m_b}{\rho_b} A(\boldsymbol{r}_b) \nabla W(\boldsymbol{r}_a - \boldsymbol{r}_b, h) \tag{5-14}$$

式中，下标 a 表示支持域内的中心粒子；下标 b 表示支持域内的相邻粒子；m_b 和 ρ_b 分别表示支持域内粒子的质量和密度。接下来的公式中将约等号改为等号。

5.2.3 控制方程离散

基于 SPH 离散公式(5－13)和式(5－14)将控制方程式(5－1)和式(5－2)离散为

$$\frac{\mathrm{d}\rho_a^{\mathrm{f}}}{\mathrm{d}t} = \sum_b m_b \boldsymbol{v}_{ab}^{\mathrm{f}} \cdot \nabla W(\boldsymbol{r}_{ab}, h) \tag{5-15}$$

$$\frac{\mathrm{d}\boldsymbol{v}_a^{\mathrm{f}}}{\mathrm{d}t} = \sum_b m_b \left(\frac{p_a^{\mathrm{f}}}{(\rho_a^{\mathrm{f}})^2} + \frac{p_b^{\mathrm{f}}}{(\rho_b^{\mathrm{f}})^2} \right) \cdot \nabla W(\boldsymbol{r}_a - \boldsymbol{r}_b, h) + \boldsymbol{\Theta} + \boldsymbol{g} \tag{5-16}$$

式中，$\boldsymbol{v}_{ab}^{\mathrm{f}} = \boldsymbol{v}_a^{\mathrm{f}} - \boldsymbol{v}_b^{\mathrm{f}}$，$\boldsymbol{r}_{ab} = \boldsymbol{r}_a - \boldsymbol{r}_b$。

如果考虑层流流动，耗散项 $\boldsymbol{\Theta}$ 可表示为

$$\boldsymbol{\Theta} = \upsilon^{\mathrm{f}} (\nabla^2 \boldsymbol{v}^{\mathrm{f}}) \tag{5-17}$$

特别地，式(5－17)中拉普拉斯算子可表示为

$$\upsilon^{\mathrm{f}} (\nabla^2 \boldsymbol{v}^{\mathrm{f}})_a = \sum_b \frac{4 m_b (\mu_a^{\mathrm{f}} + \mu_a^{\mathrm{f}}) \boldsymbol{r}_{ab} \cdot \nabla_a W(\boldsymbol{r}_{ab}, h)}{(\rho_a^{\mathrm{f}} + \rho_b^{\mathrm{f}})^2 (|\boldsymbol{r}_{ab}|^2 + 0.01 h^2)} \boldsymbol{v}_{ab}^{\mathrm{f}} \tag{5-18}$$

式中，$\mu_a^{\mathrm{f}} = \rho_a^{\mathrm{f}} \upsilon_a^{\mathrm{f}}$，$\mu_b^{\mathrm{f}} = \rho_b^{\mathrm{f}} \upsilon_b^{\mathrm{f}}$。

在流体动力学模拟中，通常将人工黏性引入耗散项以减缓由于粒子非物理堆积引起的压力振荡问题，其形式为

$$\Pi_{ab} = \begin{cases} \dfrac{-\alpha \, \overline{c_{ab}} \mu_{ab}^{\mathrm{f}}}{\overline{\rho_{ab}^{\mathrm{f}}}}, & \boldsymbol{v}_{ab}^{\mathrm{f}} \cdot \boldsymbol{r}_{ab} < 0 \\ 0, & \boldsymbol{v}_{ab}^{\mathrm{f}} \cdot \boldsymbol{r}_{ab} > 0 \end{cases}, \quad \mu_{ab}^{\mathrm{f}} = \frac{h \boldsymbol{v}_{ab}^{\mathrm{f}} \cdot \boldsymbol{r}_{ab}}{|\boldsymbol{r}_{ab}|^2 + 0.01 h^2} \tag{5-19}$$

式中，$\mu_{ab}^{\mathrm{f}}=\mu_a^{\mathrm{f}}-\mu_b^{\mathrm{f}}$，$\overline{c_{ab}}$和$\overline{\rho_{ab}^{\mathrm{f}}}$分别表示粒子 a 和 b 的数值声速和密度的平均值；$\bar{\alpha}$表示人工黏性系数。

动量方程中加入人工黏性项后可表示为

$$\frac{\mathrm{d}\boldsymbol{v}_a^{\mathrm{f}}}{\mathrm{d}t}=\sum_b m_b\left(\frac{p_a^{\mathrm{f}}}{(\rho_a^{\mathrm{f}})^2}+\frac{p_b^{\mathrm{f}}}{(\rho_b^{\mathrm{f}})^2}-\Pi_{ab}\right)\cdot\nabla_a W(\boldsymbol{r}_a-\boldsymbol{r}_b,h)+\boldsymbol{\Theta}+\boldsymbol{g}\tag{5-20}$$

5.2.4　密度正则化

SPH 是一种典型的粒子类方法，和网格类方法相比粒子可以自由运动不受束缚，容易模拟自由液面。但是这样也导致了支持域内粒子数量难以维持稳定，而粒子数量的增加或者减少都会使核函数的归一化条件难以满足，引起粒子密度出现非物理的数值振荡。在 WCSPH 中压力是基于密度通过状态方程求得的，密度的振荡会引起压力场的不稳定性。密度正则化是学者们提出的一种密度修正方法，在粒子近似中引入权函数，可以使粒子在移动的过程中仍能保证核函数的归一化条件，从而提高压力场求解的稳定性。本书 WCSPH 模型中采用的密度正则化公式为

$$\rho_{\mathrm{new}}^{\mathrm{f}}=\frac{\sum_b m_b W(\boldsymbol{r}_{ab},h)}{\sum_b \frac{m_b}{\rho_b^{\mathrm{f}}}W(\boldsymbol{r}_{ab},h)}\tag{5-21}$$

式中，$\rho_{\mathrm{new}}^{\mathrm{f}}$表示正则化后的密度。

5.2.5　自由液面判断条件

通过定义的粒子数密度判断粒子是否处于自由液面，可表示为

$$\rho_a^{\mathrm{f}}=\sum_b\frac{m_b}{\rho_b^{\mathrm{f}}}W(\boldsymbol{r}_a-\boldsymbol{r}_b,h)\tag{5-22}$$

式中，ρ_a^{f} 表示 a 粒子的粒子数密度。

可以看出，该式为核函数归一化的估算公式且在理论上值应为 1，然而当粒子运动到自由液面时由于支持域被截断其粒子数密度会远远小于 1。本书在计算时如果某一粒子的粒子数密度小于 0.9 即判定为自由液面粒子，并且设置其压力为 0。

5.2.6 固壁边界条件

固壁边界条件的处理对于 SPH 算法求解的准确性和稳定性都有很大的影响,其中广泛采用的有斥力边界条件和动力学边界条件。斥力边界条件通过在固壁设置一层斥粒子能够有效阻止粒子穿透,但是边界附近流体粒子的支持域难以保持完整性,这样可能导致边界处压力振荡;动力学边界条件通过在边界设置多层虚粒子能够为流体粒子构造完整的支持域,然后通过粒子间的物理斥力将运动到边界的流体粒子排开,这种处理方式有时会出现非物理的粒子穿透现象。

Liu 等[85]将斥力边界条件和动力学边界的优势结合起来,提出了一种耦合动力学边界条件,既能有效阻止粒子穿透固壁又能保证边界处支持域的连续性。Chen 等[86]在 Liu 工作基础上改进了耦合动力学边界条件,使其更加简单有效,在流体动力学模拟中取得更好的数值结果。本书 WCSPH 模型即采用改进的耦合动力学边界条件,其处理方式如图 5-1 所示。除了在固壁处布置一层斥粒子外,在其外侧再布置两层虚粒子。所有边界粒子均被视为正常的流体粒子,并具有物理量如密度、体积和压力。不同时刻边界粒子的位置由边界的运动规律决定,因此这些粒子不需要参与动量方程的求解。它们的密度是通过密度正则化步骤获得的,并且正则化时和真实流体粒子一样利用其支持域中所有相邻粒子的信息。为了避免流体粒子可能穿透固体边界,运动至边界附近的流体粒子会被准确地施加斥力边界条件。为了减小斥力对内部流场的影响,其影响距离被限制为光滑长度的一半。本书所采用的斥力形式为

$$\boldsymbol{F}_{ab}=0.01c_s^2\cdot\chi\cdot f(\eta)\cdot\frac{\boldsymbol{r}_{ab}}{|\boldsymbol{r}_{ab}|^2}\cdot m_a \tag{5-23}$$

式中,$\boldsymbol{F}_{ab}$表示接近固壁的流体粒子 a 所受斥力;m_a 表示流体粒子质量,且χ,η 及 $f(\eta)$的具体形式为

$$\chi=\begin{cases}1-\dfrac{|\boldsymbol{r}_{ab}|}{h}, & 0<|\boldsymbol{r}_{ab}|<h\\ 0, & \text{其他}\end{cases} \tag{5-24}$$

$$\eta=\frac{|\boldsymbol{r}_{ab}|}{0.5h} \tag{5-25}$$

$$
f(\eta)=\begin{cases}\dfrac{2}{3}, & 0<\eta\leqslant\dfrac{2}{3}\\ 2\eta-1.5\eta^2, & \dfrac{2}{3}<\eta\leqslant 1\\ 0.5(2-\eta)^2, & 1<\eta\leqslant 2\\ 0, & 其他\end{cases} \tag{5-26}
$$

式中,χ 和 η 可以限制斥力作用范围,$f(\eta)$ 表示核函数梯度。

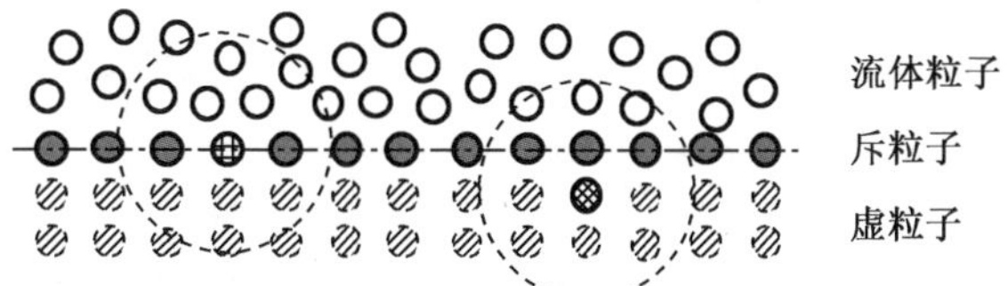

图 5-1　改进的耦合动力学固壁边界条件

5.2.7　时间积分方案

时间积分采用预测-校正方案,具有二阶精度,具体过程分为以下三个步骤。

1. 预测步

$$
\begin{cases}{}^{n+\frac{1}{2}}\boldsymbol{v}_a^{\mathrm{f}}={}^{n}\boldsymbol{v}_a^{\mathrm{f}}+\dfrac{\Delta t^{\mathrm{f}}}{2}\left(\dfrac{\mathrm{d}\boldsymbol{v}^{\mathrm{f}}}{\mathrm{d}t}\right)_a^n\\ {}^{n+\frac{1}{2}}\rho_a^{\mathrm{f}}={}^{n}\rho_a^{\mathrm{f}}+\dfrac{\Delta t^{\mathrm{f}}}{2}\left(\dfrac{\mathrm{d}\rho^{\mathrm{f}}}{\mathrm{d}t}\right)_a^n\\ {}^{n+\frac{1}{2}}\boldsymbol{r}_a={}^{n}\boldsymbol{r}_a+\dfrac{\Delta t^{\mathrm{f}}}{2}\left(\dfrac{\mathrm{d}\boldsymbol{r}}{\mathrm{d}t}\right)_a^n\end{cases} \tag{5-27}
$$

2. 修正步

$$
\begin{cases}{}^{n+\frac{1}{2}}\boldsymbol{v}_a^{\mathrm{f}}={}^{n}\boldsymbol{v}_a^{\mathrm{f}}+\dfrac{\Delta t^{\mathrm{f}}}{2}\left(\dfrac{\mathrm{d}\boldsymbol{v}^{\mathrm{f}}}{\mathrm{d}t}\right)_a^{n+\frac{1}{2}}\\ {}^{n+\frac{1}{2}}\rho_a^{\mathrm{f}}={}^{n}\rho_a^{\mathrm{f}}+\dfrac{\Delta t^{\mathrm{f}}}{2}\left(\dfrac{\mathrm{d}\rho^{\mathrm{f}}}{\mathrm{d}t}\right)_a^{n+\frac{1}{2}}\\ {}^{n+\frac{1}{2}}\boldsymbol{r}_a={}^{n}\boldsymbol{r}_a+\dfrac{\Delta t^{\mathrm{f}}}{2}\left(\dfrac{\mathrm{d}\boldsymbol{r}}{\mathrm{d}t}\right)_a^{n+\frac{1}{2}}\end{cases} \tag{5-28}
$$

3. 更新变量

$$\begin{cases} {}^{n+1}\boldsymbol{v}_a^{\mathrm{f}} = 2\left({}^{n+\frac{1}{2}}\boldsymbol{v}_a^{\mathrm{f}}\right) - {}^{n}\boldsymbol{v}_a^{\mathrm{f}} \\ {}^{n+1}\rho_a^{\mathrm{f}} = 2\left({}^{n+\frac{1}{2}}\rho_a^{\mathrm{f}}\right) - {}^{n}\rho_a^{\mathrm{f}} \\ {}^{n+1}\boldsymbol{r}_a = 2\left({}^{n+\frac{1}{2}}\boldsymbol{r}_a\right) - {}^{n}\boldsymbol{r}_a \end{cases} \tag{5-29}$$

WCSPH 算法为显式求解模型,流体时间步长需满足下式中的稳定性准则:

$$\Delta t^{\mathrm{f}} \leqslant 0.25\frac{h}{\bar{c}_{\max} + |\boldsymbol{v}_{\max}^{\mathrm{f}}|}, \Delta t^{\mathrm{f}} \leqslant 0.25\left(\frac{h}{|\boldsymbol{g}|}\right)^{0.5} \tag{5-30}$$

式中,$\bar{c}_{\max}$表示粒子数值声速的最大值;$v_{\max}^{\mathrm{f}}$表示粒子最大速度。

5.3 WCSPH 与 S-PIM 耦合算法程序求解流程

WCSPH 与 S-PIM 耦合算法是通过在固体域内引入虚粒子实现的,其与流域固壁处虚粒子性质相同,并且满足以下两个假设:

(1)与真实流体粒子具有相同的物理特性;

(2)运动与固体节点始终保持一致。

这种虚粒子假设在粒子类方法中较为常见,并且与 IS-PIM 中虚拟流体假设一致。耦合算法基本思路如图 5-2 所示,离散时粒子分布于整个问题域,在前处理时被固体覆盖的粒子会被识别为虚粒子,并在固壁处设置一层斥粒子和两层虚粒子。采用 WCSPH 模拟不可压缩黏性流体流动,根据耦合界面处固体节点所受压力计算流固耦合力,然后采用 S-PIM 求解固体运动方程并将速度和位移赋值给固体域内虚粒子。

图 5-3 简要给出了程序执行流程图,具体实施过程说明如下:

(1)前处理及初始化

①离散初始位置的流体域 Ω^{f} 和固体域 Ω^{s};

②计算 $\boldsymbol{\Phi}_I^{\mathrm{s}}$、$M_{IJ}^{\mathrm{s}}$;

③设置初始条件,$t=0$,$n=0$、${}^{n}\boldsymbol{v}_I^{\mathrm{f}}$、${}^{n}\rho_I^{\mathrm{f}}$、${}^{n}p_I^{\mathrm{f}}$、${}^{n}\boldsymbol{v}_I^{\mathrm{s}}$、${}^{n}\boldsymbol{a}_I^{\mathrm{s}}$、${}^{n}\boldsymbol{f}_I^{\mathrm{ext}}$;

④搜索固体域覆盖的虚粒子,并建立节点与虚粒子插值关系;

⑤设置流固耦合时间步 $\Delta t = \min(\Delta t^{\mathrm{f}}, \Delta t^{\mathrm{s}})$;

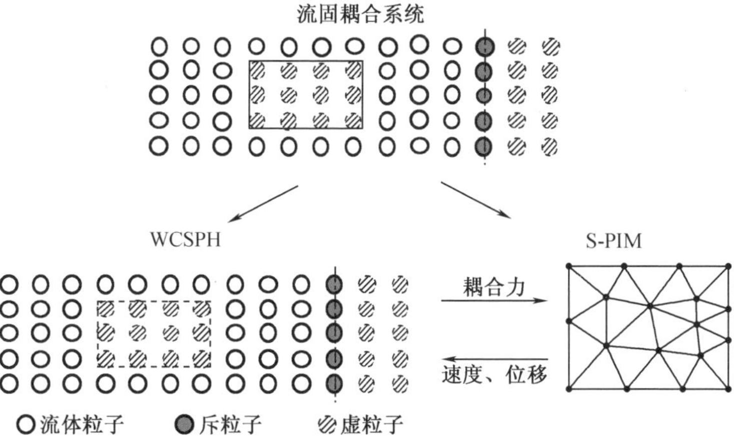

图 5 – 2　WCSPH 耦合 S – PIM 基本思路[87]

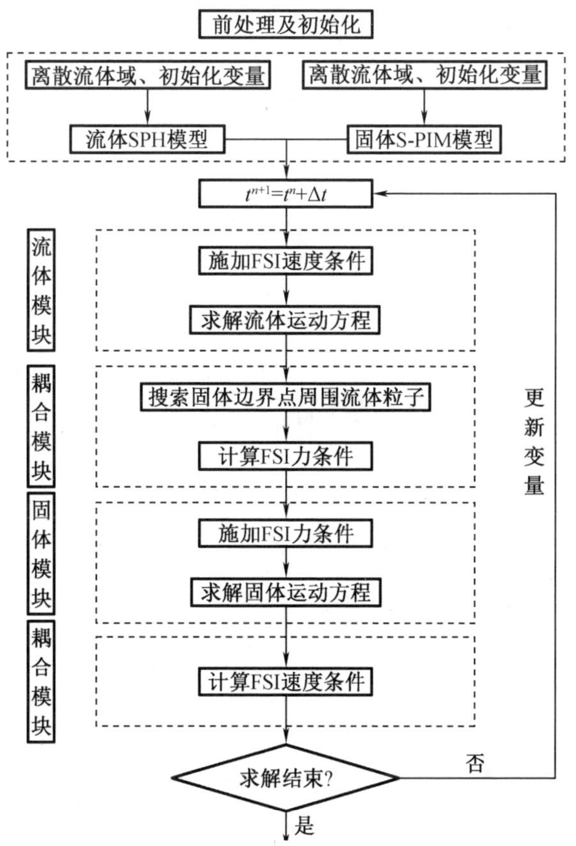

图 5 – 3　WCSPH 耦合 S – PIM 程序执行流程图

(2)更新时间步 $t^{n+1}=t^n+\Delta t$

(3)流体模块

①施加 FSI 速度条件;

②根据式(5-27)计算中间变量${}^{n+\frac{1}{2}}\boldsymbol{v}_a^{\mathrm{f}}$、${}^{n+\frac{1}{2}}\rho_a^{\mathrm{f}}$、${}^{n+\frac{1}{2}}\boldsymbol{r}_a$;

③根据式(5-28)修正中间变量${}^{n+\frac{1}{2}}\boldsymbol{v}_a^{\mathrm{f}}$、${}^{n+\frac{1}{2}}\rho_a^{\mathrm{f}}$、${}^{n+\frac{1}{2}}\boldsymbol{r}_a$;

④根据式(5-29)更新变量${}^{n+1}\boldsymbol{v}_a^{\mathrm{f}}$、${}^{n+1}\rho_a^{\mathrm{f}}$、${}^{n+1}\boldsymbol{r}_a$;

⑤根据式(5-3)求出${}^{n+1}p^{\mathrm{f}}$,每隔 20 步执行密度正则化(式(5-22))。

(4)耦合模块

搜索固体边界节点周围流体粒子,根据其压力计算固体所受耦合力。

(5)固体模块

调用 S-PIM 程序模块,将输出值${}^{n+1}\boldsymbol{u}_I^{\mathrm{s}}$、${}^{n+1}\boldsymbol{v}_I^{\mathrm{s}}$、${}^{n+1}\boldsymbol{a}_I^{\mathrm{s}}$ 返回主程序。

(6)耦合模块

通过插值关系将固体速度传递给固体域内虚粒子。返回步骤(2)执行下一次循环。

5.4 数值算例

5.4.1 溃坝流作用于弹性挡板问题

溃坝流作用于弹性挡板问题是一个标准的流固耦合验证算例。如图 5-4 所示,矩形容器内充满不可压缩黏性流体,容器右下方为一弹性挡板,顶端固定,底端可以自由移动。当挡板底端被释放时,流体在重力作用下迫使挡板沿着右侧发生弯曲变形。计算模型详见图 5-4,挡板厚度为 0.005 m;流体特性为 $\rho^{\mathrm{f}}=1\ 000\ \mathrm{kg/m^3}$,$\nu^{\mathrm{f}}=5\times10^{-5}\ \mathrm{m^2/s}$,$g=9.8\ \mathrm{m/s^2}$;固体特性为 $\rho^{\mathrm{s}}=1\ 100\ \mathrm{kg/m^3}$,$E^{\mathrm{s}}=10\ \mathrm{MPa}$,$\nu^{\mathrm{s}}=0.4$。

首先采用一般弹性材料 Saint Venant-Kirchhoff 模型模拟弹性挡板变形,这也是以往学者在模拟这个问题中的常用固体模型。计算时 $h^{\mathrm{f}}=0.002\ \mathrm{m}$,$h^{\mathrm{s}}=0.001\ \mathrm{m}$,时间步长 $\Delta t=10^{-5}\ \mathrm{s}$。图 5-5 给出了本书结果与实验结果[88]及 Yang 等[28]耦合 SPH 与 FEM 采用一般弹性模型的数值结果比较。从图 5-5(a)可以看出，本书计算的板底端水平位移 u_x 在0.12 s时达到最大值0.039 m，高于Yang等[28]的数值模拟结果0.035 m。图5－5(b)显示本书计算的板底端垂向位移 u_y 最大值接近0.013 m高于Yang等[28]的数值模拟结果0.011 m。而本书与Yang等[28]采用弹性的数值模拟结果均与实验结果有较大差距，低估了弹性梁的变形。从能量观点解释，假设流体与固体之间的能量传递相等，相同激励下一般弹性模型刚度偏硬导致位移结果偏小。说明当前的材料模型高估了实验中所用固体材料的模型刚度，而实际上挡板采用的是橡胶材料，需要更加真实的本构关系才能给出准确的结果。

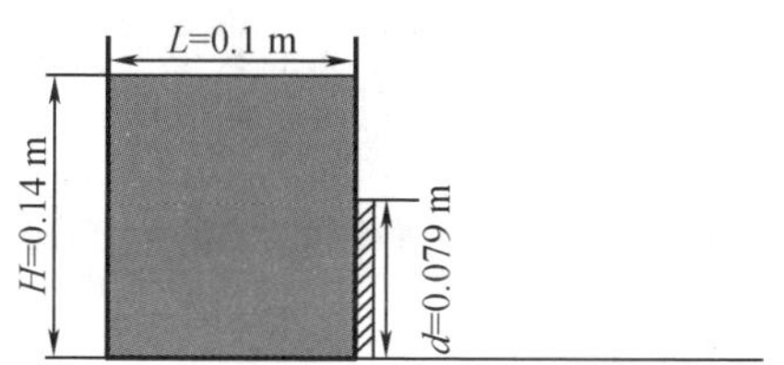

图5－4　溃坝作用于弹性挡板模型[87]

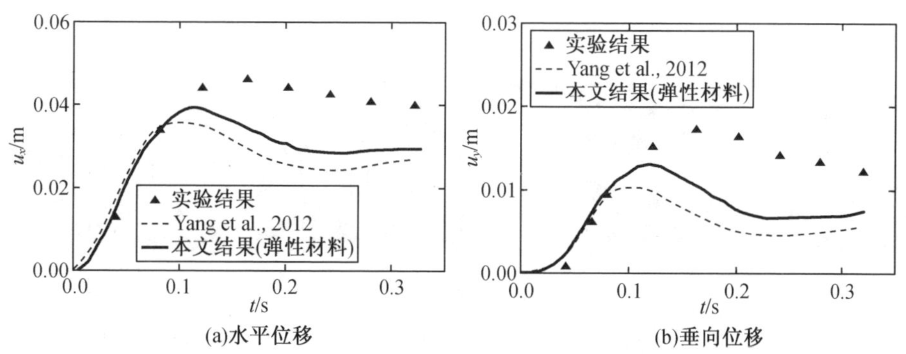

图5－5　采用弹性材料模型板底端位移比较[87]

相比于上述一般弹性模型，Yang等[28]证明固体选用超弹性材料Mooney－Rivlin模型能够更好地反映实验中固体材料特性，本书即选用超弹性材料模型进行模拟。显示不同时刻的流体自由液面形状及压力分布结果，并与实验结果[88]进行对比。从图中可以看出，流体粒子受到重力作用迫使弹性挡板底端发生变形并向右侧移动，且底端位移逐步增大(图5－6(a)至图5－6(c))；由于挡板自身弹性力不断增大与流体作用力逐步平衡甚至大于耦合力时，底端位移开始缓慢增加，并且从某一时刻起不再增加向相反方向反弹(图5－6(d)至图5－6(h))。

整个过程中自由液面不断下降，并且经历了“左高右低”和“左低右高”两种形态。这是由于刚开始一段时间内溃坝流作用力较大，弹性挡板底端移动速度快从而加速了右侧流体的涌出，自由液面呈现出“左高右低”；之后作用于弹性挡板的流体减少，而挡板自身具有较大弹性力开始向左侧运动，阻碍了右侧流体的流出，自由液面呈现出“左低右高”。同时自由液面形态的转换对压力的分布也有影响，表现为流域底端压力由均匀性到非均匀性的过渡。整体上，本书数值模拟结果能够再现溃坝流体作用于弹性挡板的整个过程，与实验结果吻合较好。

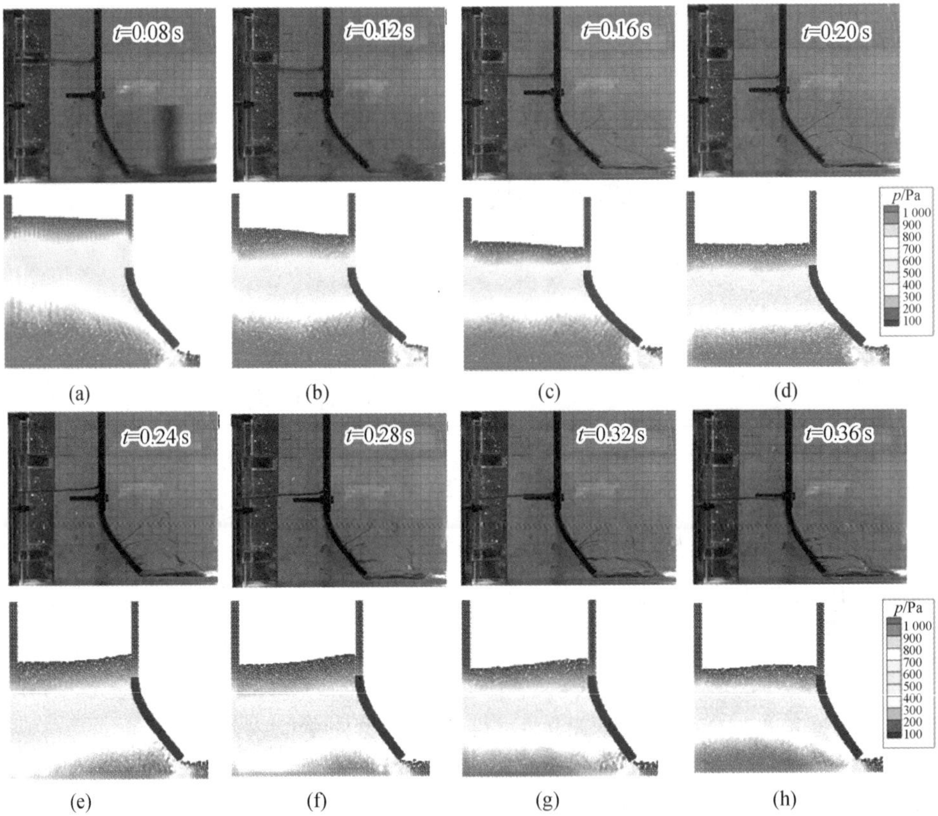

图 5-6　不同时刻本书结果与实验结果对比[87]

进一步对本书算法做收敛性分析，选取四组流体粒子与固体网格组合计算挡板底端位移曲线。表 5-1 给出了具体的组合设置参数。计算结果如图 5-7 所示，并与实验结果[88]和 Yang 等[28]采用超弹性材料的结果对比。从图中可以看出，对于所有粒子与网格尺寸组合本书计算的位移峰值基本保持一致，并且随着粒子和网格的加密与实验结果更为接近。在初始阶段图5-7(a)和图5-7(b)的位移曲线均呈现出较快的增长趋势,大约在0.14 s到达峰值然后开始逐渐减小。垂向位移峰值约为0.046 m,与实验吻合较好;水平位移峰值约为0.021 m,高于实验结果。整体上本书结果与实验结果吻合,验证了本书算法的可靠性。同时进一步验证了超弹性材料Mooney-Rivlin模型应用于该问题的有效性,并与Yang等[28]得出的结论一致。

表5-1　粒子与网格组合说明

间距/尺寸	M_1	M_2	M_3	M_4
h^f/m	0.002 5	0.002	0.001	0.000 5
h^s/m	0.001	0.001	0.001	0.001
h^f/h^s	2.5	2	1	0.5

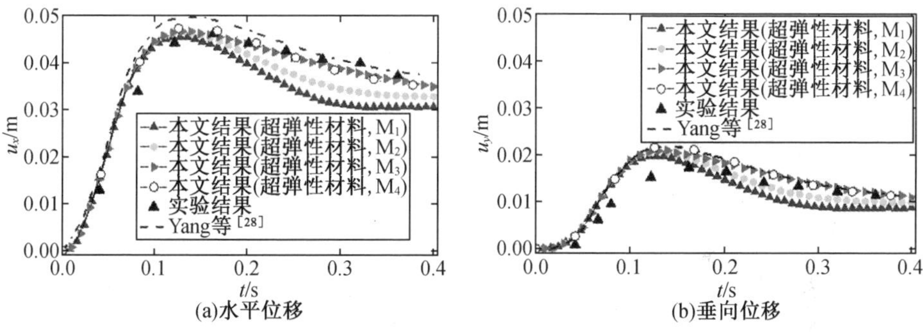

图5-7　采用超弹性材料模型板底端位移比较

若流体粒子与固体节点非一一对应,本书算法仍能有效处理这种情况。以$h^f/h^s=2.5$为例,此时粒子与节点无法完全贴合。图5-8给出了$h^f/h^s=2.5$时流体粒子在固体到达最大位移处($t=0.14$ s)的速度、压力及密度云图。从图5-8(a)中可以看出,在低速区域主要分布在距离挡板较远处,接近挡板的粒子及脱离挡板限制的粒子速度较大;密度变化限制在参考密度的1%以内满足弱可压缩性假设,同时压力云图可通过状态方程求得。图5-8(b)、图5-8(c)给出了对应的固体域内虚粒子的速度、压力和密度云图。可以看出在最大位移处速度云图中速度几乎为0,这是因为固体接近静止而虚粒子与固体运动保持一致;通过密度正则化可得虚粒子的密度和压力。总之本书算法能够有效处理粒子与网格非匹配性的对应关系,并且虚粒子与固体网格对应关系在前处理时已给定,每一时刻只要固体速度已知可直接通过插值传递给虚粒子。

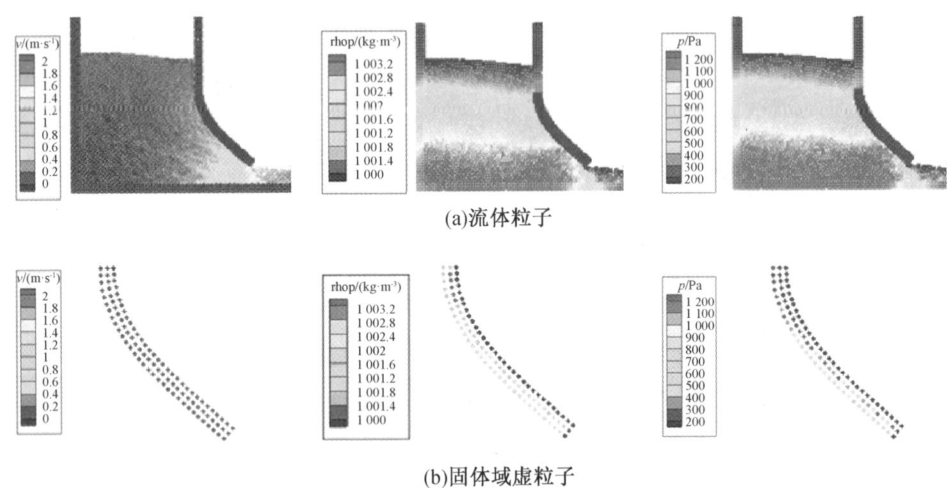

(a)流体粒子

(b)固体域虚粒子

图 5-8 结果云图(左:速度;中:密度;右:压力)[87]

5.4.2 坍塌的水柱冲击挡板问题

水柱坍塌冲击挡板问题是研究自由液面大变形问题的经典算例,本书计算模型与参考文献[89]中实验设置一致,如图 5-9 所示。流体特性为 $\rho^{f}=1\ 000\ \mathrm{kg/m^3}$,$\upsilon^{f}=10^{-6}\ \mathrm{m^2/s}$, $g=9.8\ \mathrm{m/s^2}$。本书考虑两种情况:

(1)挡板为刚性,高度和厚度分别为 $a=0.048$ m,$b=0.024$ m;

(2)挡板为弹性,高度和厚度分别为 $a=0.08$ m,$b=0.012$ m。

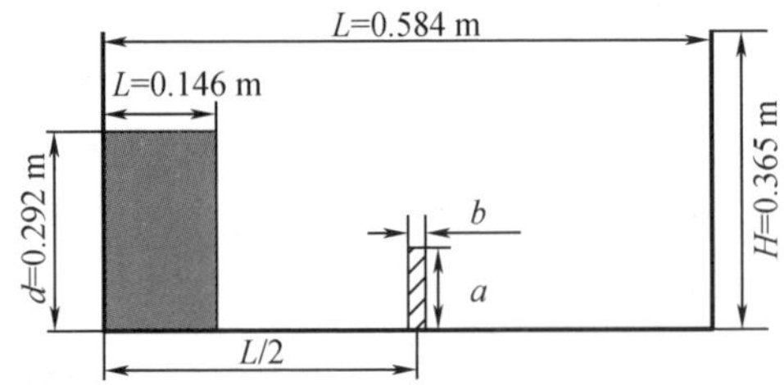

图 5-9 坍塌的水柱冲击挡板[87]

1. 坍塌的水柱冲击刚性挡板

图5-10给出了不同时刻水柱坍塌冲击刚性挡板的自由液面形态，并将本书计算结果与实验[89]和粒子有限元法(particle FEM, PFEM)的数值模拟结果[90]进行对比。$t=0.1$ s时，水流还未接触挡板液面下降平稳；$t=0.2$ s时，水流与挡板发生相互作用产生射流；随着时间增加至$t=0.3$ s，射流范围增大水柱高度急剧降低；$t=0.4$ s时射流冲击壁面形成飞溅的水滴。本书结果与实验和参考的数值解较为吻合。

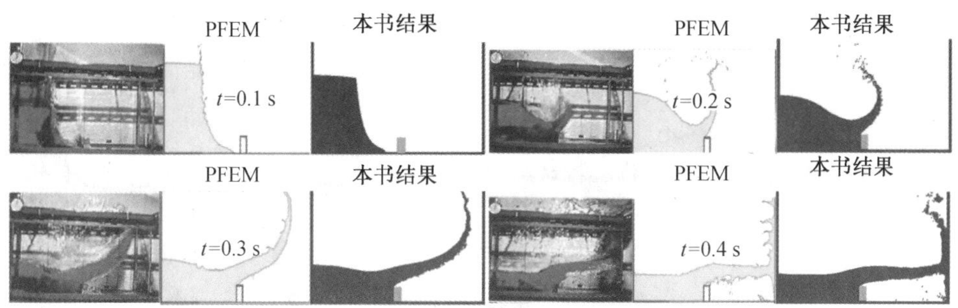

图5-10　不同时刻本书结果与实验和PFEM结果对比[87]

2. 水柱冲击弹性挡板

弹性挡板采用Saint Venant-Kirchhoff材料模型，材料特性设置如下：密度$\rho^s=2\ 500\ \mathrm{kg/m^3}$，杨氏模量$E^s=10^6$ Pa，泊松比$\nu^s=0$。流体粒子间距分别设置为$h^f=0.004$ m、0.003 m、0.002 m，固体采用规则T3单元$h^s=0.002$ m，时间步长$\Delta t=10^{-5}$ s。给出不同时刻压力云图和弹性挡板的位置。由于该问题没有实验结果，以PFEM结果作为参考[90]。从图5-11可以看出，$t=0.14$ s时水流冲击到弹性板，在砰击力的作用下板发生弯曲。从$t=0.16$ s到0.26 s水流越过挡板形成较大射流，挡板变形也逐渐增大。$t=0.42$ s时射流冲击刚性壁面形成飞溅。整个过程中，三组粒子间距模拟的压力分布基本保持一致，并且随着粒子分布越来越密，自由液面形态更为平缓。

图5-12给出了粒子间距为$h^f=0.002$ m时的挡板顶点的水平位移曲线，并与参考文献[32]，[91]，[92]进行对比。从图中可以看出，在0.4 s前所有结果趋势相同，曲线峰值较为接近，之后不同方法呈现出的振动趋势有所差异。这是由于该问题涉及自由液面大变形，具有较强的非线性。本书结果的水平位移峰值与Marti[91]采用粒子法的结果较为接近，与Walhorn[92]采用网格离散的CFD方

法相比,峰值相差6.16%。

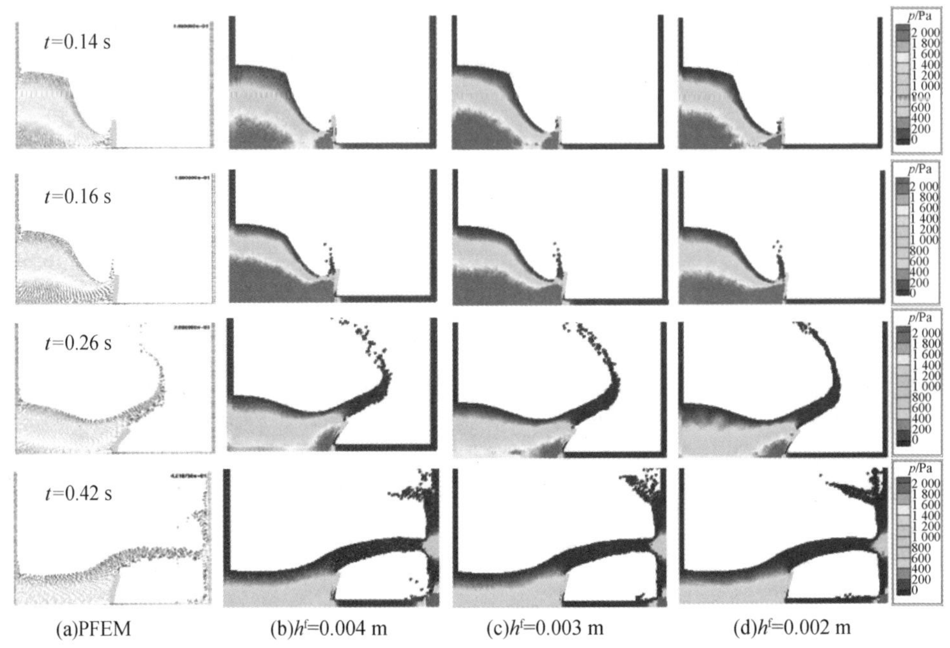

图5-11　不同粒子间距本书结果与PFEM结果对比[87]

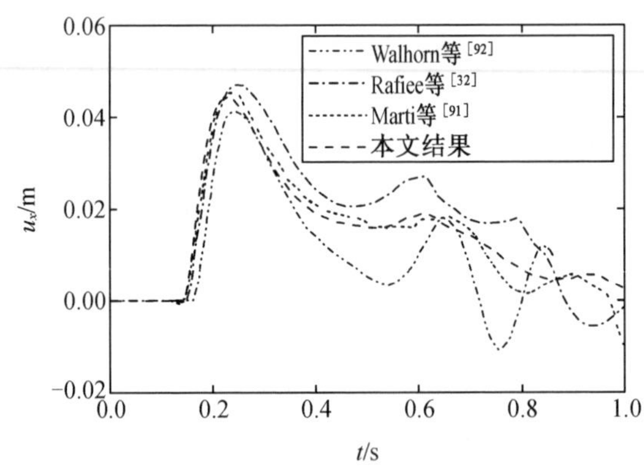

图5-12　板顶点水平位移时间历程曲线与参考解对比[87]

进一步研究挡板为不同弹性模量时的振动曲线变化趋势,结果如图5-13所示。从图中可以看出,随着弹性模量的增大挡板变形逐步减小,且经历位移峰值后挡板刚度较大时振动的幅值变小,频率加快,结果也符合真实的物理规律。

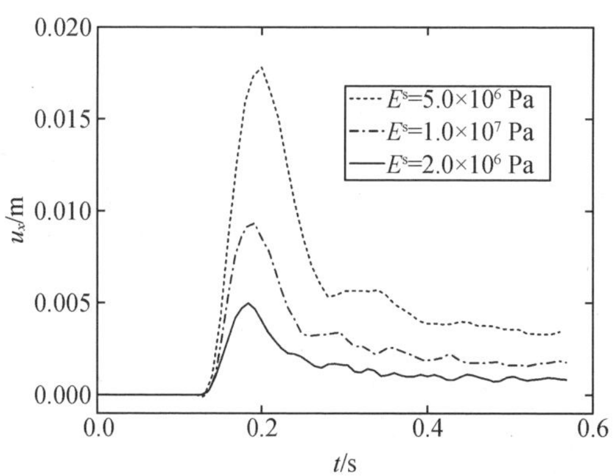

图 5 – 13　不同弹性模量时板顶点水平位移曲线[87]

5.4.3　横摇舱中液体晃荡问题

1. 晃荡液体砰击刚性舱壁

本算例中涉及舱室横摇运动引起的自由液面大变形并砰击刚性舱壁问题，将本书计算的壁面砰击压力结果与实验结果[93]进行对比验证耦合模型中流体求解器的有效性。实验设置如图 5 – 14 所示，水深 d = 0.093 m，舱室围绕底部中心做横摇运动。其中横摇幅值 θ_0 = 4°，周期为 1.919 1 s(0.85T)，T 表示舱室固有周期，可通过下列关系式求得：

$$T = 2\pi\left(\sqrt{\frac{\pi g}{L}\cdot\tanh\left(\frac{\pi d}{L}\right)}\right)^{-1} \tag{5-31}$$

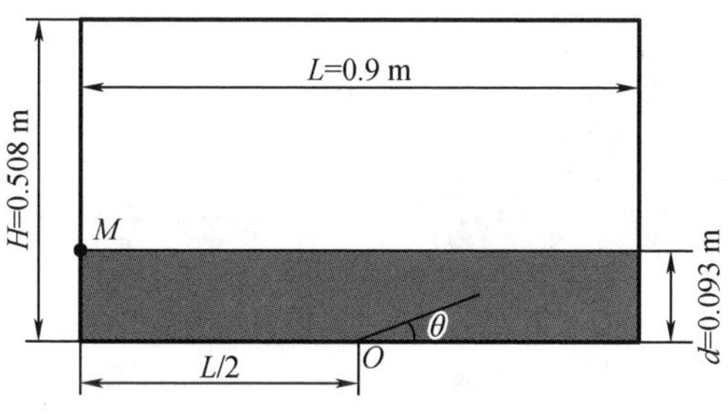

图 5 – 14　舱室晃荡模型

流体为水，密度 ρ^f = 998 kg/m^3，运动黏性系数 υ^f = 10^{-6} m^2/s，压力监测点 M

位于左侧舱壁高度与初始液面平齐处。计算时 $h^f=0.004$ m,时间步长 $\Delta t=10^{-5}$ s。给出半个周期内的液面形态数值结果与实验结果比较。如图 5－15 所示液面沿着左侧舱壁上升至最高处产生飞溅现象,然后舱室向右侧转动导致左侧舱壁的液体在重力作用下滑落,并逐渐形成破碎波从左向右移动且幅值逐渐在增大,当波浪运动至右侧舱壁,舱室开始向左转动,流体在惯性作用下会继续运动至舱壁顶部。本书数值结果再现了波浪飞溅和破碎的形成过程,与实验结果吻合较好。

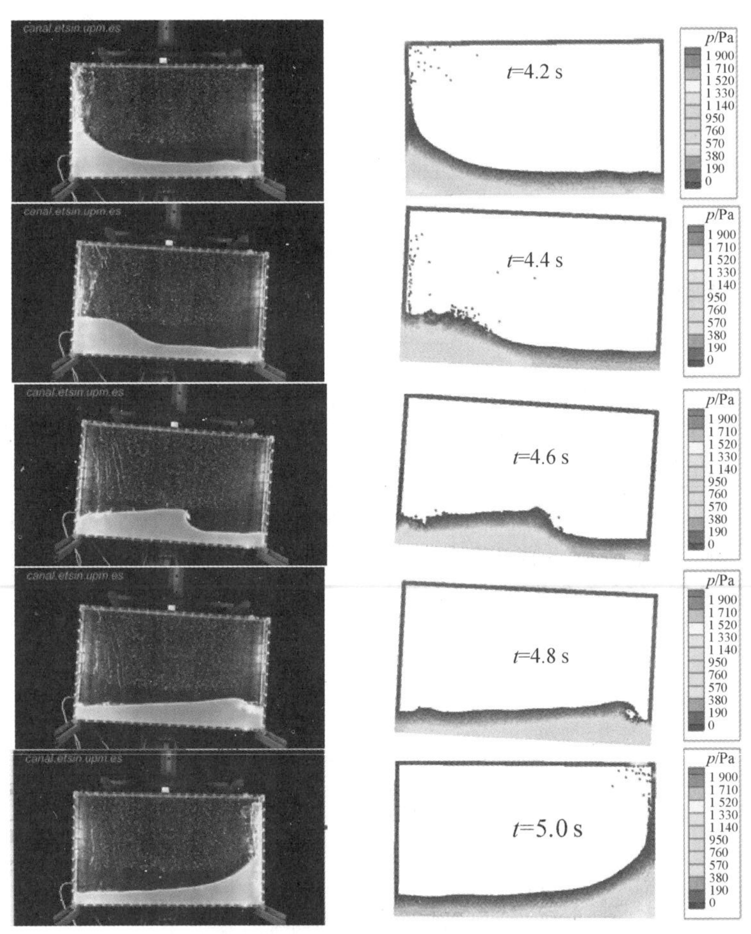

图 5－15　不同时刻本书结果与实验结果对比

图 5－16 给出了监测点的压力时间历程曲线,并与实验结果和文献[94]数值结果进行比较。从图中可以看出,压力结果呈现出明显的周期性,但是在每个周期内其峰值表现出一定的差异性。这是因为不同周期内第一个峰值是来自波浪

的瞬间砰击作用,由于砰击的持续时间非常短并且依赖于砰击前波浪形态,因此峰值大小具有随机性。本书数值结果中每个周期内的压力变化趋势与实验结果基本一致,并且压力峰值的模拟结果好于参考文献[94]的结果,与实验结果相差很小。

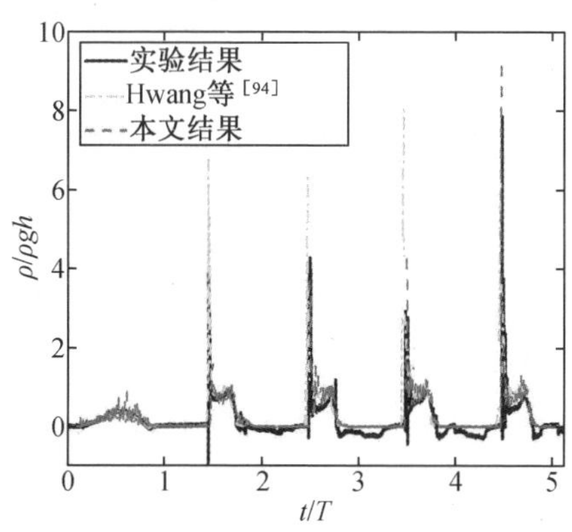

图 5－16　舱壁监测点砰击压力比

2. 带弹性板的液舱晃荡问题

如图 5－17 所示,计算模型为横摇舱中有一底端固定的弹性挡板,挡板位于舱室中心位置,详细实验设置可见参考文献[95],[96]中说明。实验中固体为电介质聚氨基甲酸乙酯树脂材料,密度 $\rho^{s}=1\ 100\ \mathrm{kg/m^3}$,杨氏模量 $E^{s}=6\times10^{6}\ \mathrm{Pa}$;流体为植物油,室温环境下密度 $\rho^{f}=917\ \mathrm{kg/m^3}$,运动黏性系数 $\upsilon^{f}=5\times10^{-5}\ \mathrm{m^2/s}$。挡板高度与液面平齐,横摇舱室在外力作用下绕着点 O 运动,其控制方程为

$$\theta(t)=\theta_0\sin(\omega t) \tag{5-32}$$

式中,$\theta(t)$ 表示舱室横摇角度;θ_0 表示横摇幅值;ω 表示角频率。实验时挡板尺寸分为两种情况:

(1)挡板为短梁,$d=0.057\ 4\ \mathrm{m}$,$\omega=3.832\ 7\ \mathrm{rad/s}$,$\theta_0=4°$;

(2)挡板为长梁,$d=0.114\ 8\ \mathrm{m}$,$\omega=5.215\ \mathrm{rad/s}$,$\theta_0=4°$。

实验结果给出了挡板顶端位移时间历程曲线及包含固体变形和自由液面形态的照片,可用来验证本书数值模拟结果的可靠性。

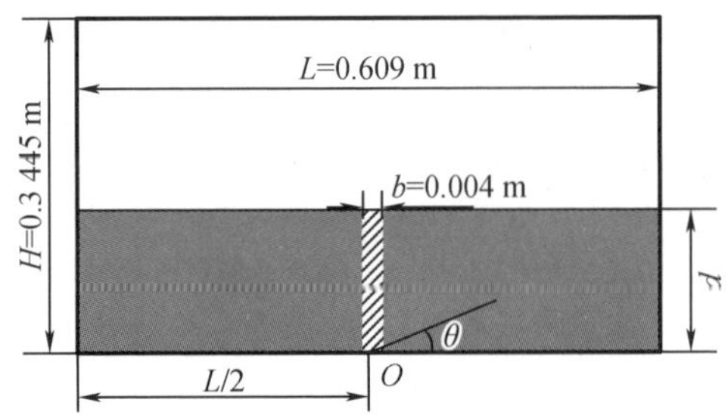

图 5-17 内置弹性挡板的舱室晃荡模型

(1)挡板为短梁

图 5-18 给出了挡板顶端水平位移时间历程曲线,计算时 $h^{f}=0.002$ m,$h^{s}=0.002$ m,时间步长 $\Delta t=10^{-5}$ s。并与参考文献[95]中实验结果和数值结果进行对比。在初始阶段,本书结果与实验结果趋势都与之后有所不同,这是因为刚开始实验输入并非完全简谐运动,实验中在初始阶段就使晃荡舱室实现完全的简谐运动需要非常大的角速度,实际上这是难以实现的。同时开始时与实验结果有所不同,可能是由于开始时系统还不稳定。之后位移曲线峰值与实验较为贴近,并且相位始终与实验结果保持高度的一致性。本书结果与参考文献[95]中 PFEM 的数值模拟结果均表现出一定的对称性,即位移正负交替幅值基本相同。

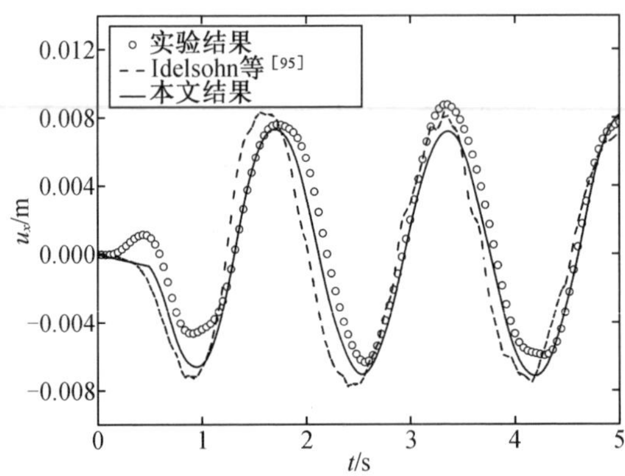

图 5-18 短梁顶端水平位移时间历程曲线比较

图 5-19 给出了挡板顶端水平位移的收敛性分析结果。从图中可以看出,随着粒子间距变小粒子数目增多,本书结果逐渐收敛于实验结果,并且变化趋势和相位与实验结果基本保持一致。

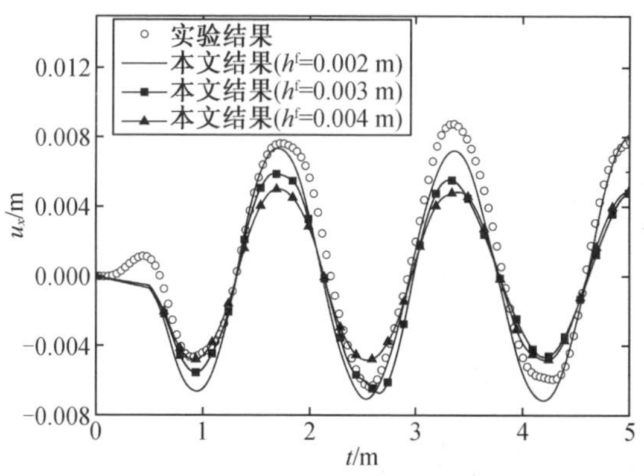

图5－19　短梁顶端水平位移收敛性分析

图5－20给出了$t=1.02$ s、$t=1.27$ s、$t=1.42$ s、$t=1.68$ s时刻的压力云图，自由液面形态及挡板位置，并与实验结果进行对比。从图中可以看出，当流体越过挡板时会在其顶端左侧形成气泡空腔，随着舱室向平衡位置移动气泡空腔会变小并渐渐消失，然后向另一侧运动时气泡空腔又重新生成。然而，实验中并没有这种现象发生，可能的原因是实验中为三维流体的真实流动过程，可提供足够的空间供空气逃逸，这在二维模拟中是难以实现的。同时，可以观察到挡板对流体的阻碍作用会使其周围形成较大的压力分布，减缓了自由液面的移动，避免其发生剧烈波动。

2. 挡板为长梁

图5－21给出了挡板顶端水平位移时间历程曲线，计算时$h^f=0.002$ m，$h^s=0.002$ m，时间步长$\Delta t=5\times10^{-6}$ s，并与实验结果进行了对比。从图中可以看出，整体上本书计算结果与实验结果具有较好的一致性，位移曲线变化趋势及相位与实验一致，位移幅值与实验结果有些偏差并好于文献[95] PFEM的数值模拟结果。并且，随着时间的增加位移幅值逐渐增大，实验结果具有相同趋势，但是增加较为缓慢。图5－22给出挡板顶端水平位移的收敛性分析结果。从图中可以看出，不同粒子间距下本书结果相差不大同时均与实验结果较为吻合。

图5－23给出了不同时刻的压力云图、自由液面形态及挡板变形，并与实验结果[95]比较。当挡板为长梁时，由于流体液面高度与挡板顶端高度保持一致，与短梁模型相比，此时具有更多流体流动且挡板变形较大，因而挡板运动过程中几乎都会浸没在流体中。挡板的变形位置及自由液面升高与实验结果基本相符，但是本书结果中自由液面较实验粗糙。经分析可能的原因主要有以下三个方面：

（1）本书为二维计算模型，并未考虑三维效应；

（2）计算时忽略了表面张力的影响；

(3)数值模拟中流体与固体均为简化的理想模型,与实验中真实流体和固体特性存在差异。

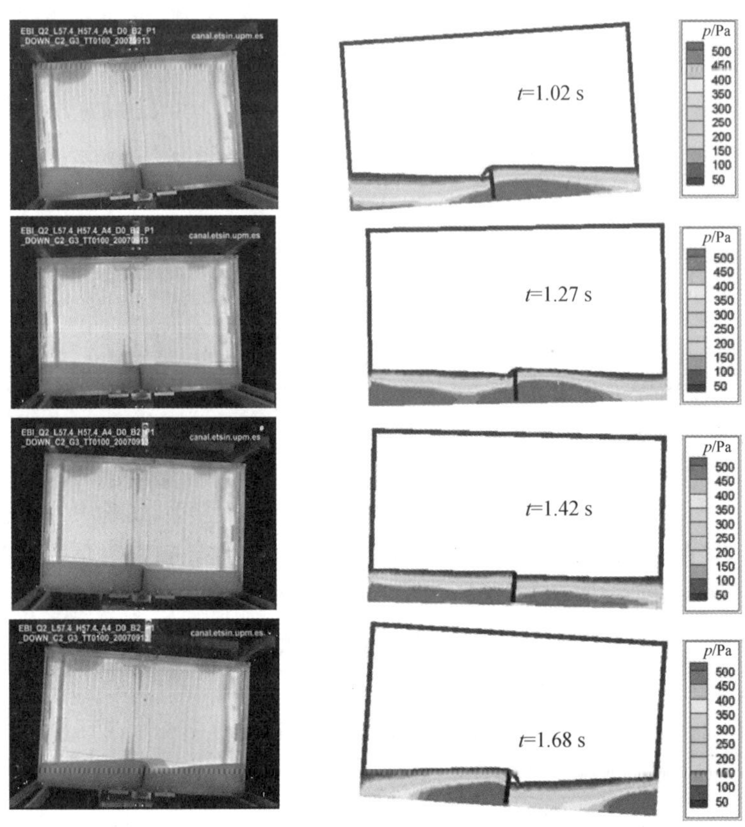

图 5-20 短梁时本书结果与实验结果对比

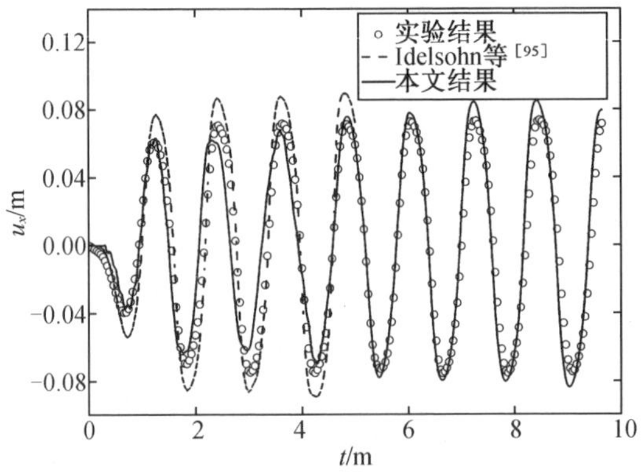

图 5-21 长梁顶端水平位移时间历程曲线比较

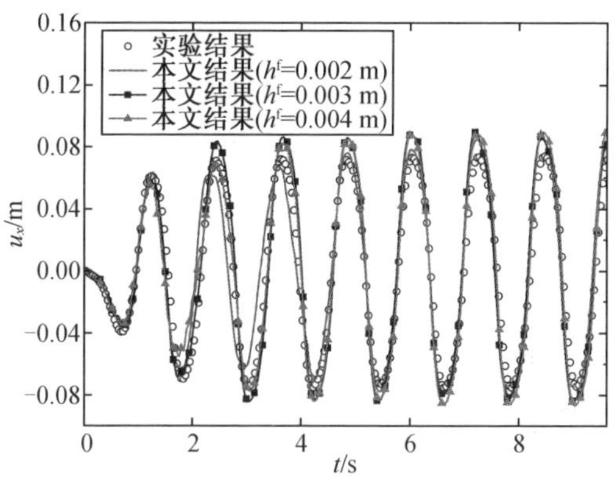

图5－22　长梁顶端水平位移收敛性分析

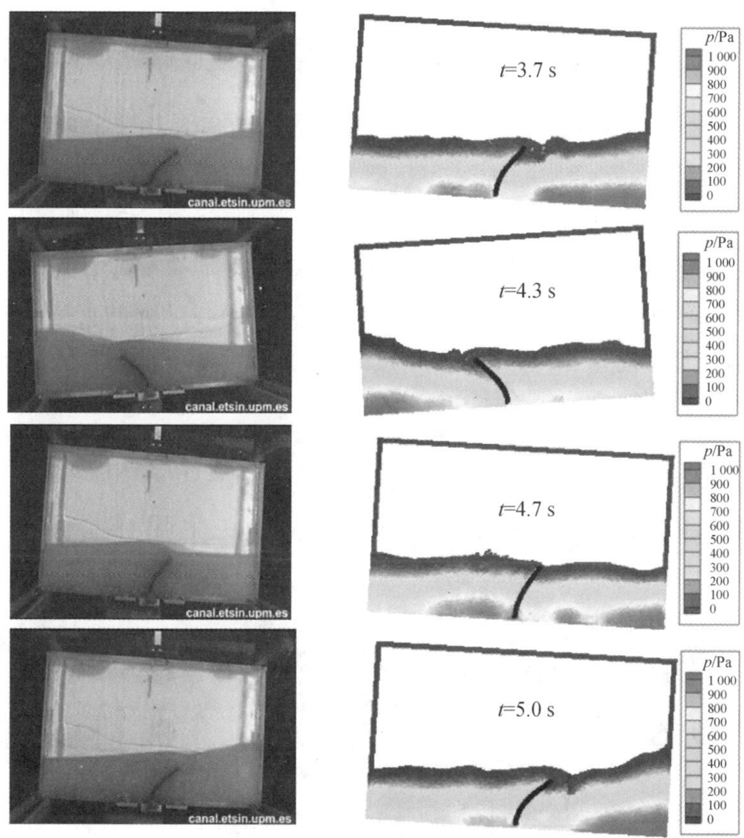

图5－23　长梁时本书结果与实验结果对比

5.5 算法改进

在 SPH 动量方程(5-16)中,通常引入人工黏性,即式(5-20),以稳定压力项的求解。但是研究表明,在水动力问题中仅采用人工黏性并不能完全有效地抑制压力场的高频数值噪声,继而在连续性方程中增加一项扩散项能克服这类问题给出更可靠的结果。因而,本书在连续性方程中引入密度扩散项,有

$$\frac{\mathrm{d}\boldsymbol{\rho}_a^{\mathrm{f}}}{\mathrm{d}t} = \sum_b m_b \boldsymbol{v}_{ab}^{\mathrm{f}} \cdot \nabla W(\boldsymbol{r}_{ab}, h) + 2\delta c_{\mathrm{s}} h \sum_b \psi_{ba} \nabla W(\boldsymbol{r}_{ab}, h) \frac{m_b}{\boldsymbol{\rho}_b^{\mathrm{f}}} \tag{5-33}$$

$$\psi_{ba} = (\rho_b - \rho_a) \frac{\boldsymbol{r}_{ba}}{|\boldsymbol{r}_{ba}|^2 + 0.01h^2} \tag{5-34}$$

式中,δ 为控制扩散大小的可调参数,并将引入 δ 项的 SPH 称为 δSPH。

同时,借鉴 Fourey 等[27]的思想,在耦合算法中提出了一种新的流固耦合力计算方法。先前计算时根据固体节点周围的流体粒子插值流固耦合力,同时将虚粒子也计入在内。此时,不再考虑虚粒子,并以固体单元边中点作为被插值点,如图 5-24 所示。M 为边 AB 的中点,以 M 点为圆心,2 倍的支持域长度为半径作半圆,直径方向与 AB 边重合。M 点的压力 p_M^{s} 可以根据半圆内真实流体粒子的压力进行计算为

$$p_M^{\mathrm{s}} = \sum_{i=1}^{n} \frac{p_i^{\mathrm{f}}}{n} \tag{5-35}$$

式中,n 表示半圆内真实流体粒子的个数。

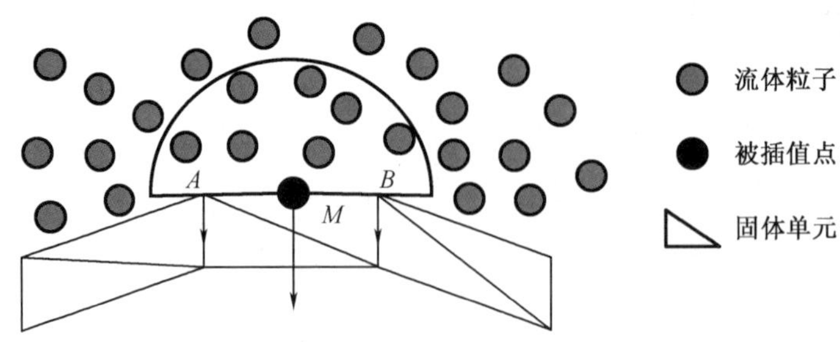

图 5-24 流固耦合力计算方法示意图

作用于固体单元边 AB 的耦合力可以通过下式计算得到：

$$f_{AB}^{s} = p_{M}^{s} \times d_{AB}^{s} \tag{5-36}$$

式中，d_{AB} 表示 AB 间的欧式距离，随着固体发生变形其值也会随之变化。

进一步地，将作用于 AB 的耦合力平均分布于两端点，即可得到节点 A 与 B 所受的耦合力为

$$f_{A}^{s,\mathrm{FSI}} = f_{B}^{s,\mathrm{FSI}} = \frac{f_{AB}^{s}}{2} \tag{5-37}$$

5.5.1　矩形舱中静水问题

在矩形舱中静水问题验证 δSPH 的有效性，计算模型如图 5 - 25(a)所示。舱室长度 L 及高度 H 均为 1 m，水面高度 d 为 0.3 m，并在左侧距离舱底 h = 0.2 m 处设置压力监测点 P。P 点处静水压力的解析解为 $\rho g(d-h)=981$ Pa。为考虑 δ 项的影响，模拟时考虑四种情况：(1) $\alpha=0$，$\delta=0$；(2) $\alpha=0$，$\delta=0.1$；(3) $\alpha=0.01$，$\delta=0$；(4) $\alpha=0.01$，$\delta=0.1$。初始粒子间距设置为 0.01 m，包括虚粒子在内粒子数总计 4 194，数值声速 $c_s=20\sqrt{gH}=34.3$ m/s。数值模拟物理时间为 20 s，并提取不同情况下监测点 P 处压力变化时间历程曲线，如图 5 - 26 所示。从图中可以看出，未加 δ 项时压力振荡较为明显，而在 δSPH 方法中压力稳定平缓且与解析解接近，同时由于数值耗散结果伴有一定的下降趋势。图 5 - 27 给出了四种情况下系统动能变化曲线，可知采用 δSPH 时动能衰减较快且与 0 值非常接近，即模拟时系统能很快达到平衡状态。最后在图 5 - 25(b)给出了 δSPH ($\alpha=0.01$，$\delta=0.1$)计算得到的稳定状态时的静水压力云图。

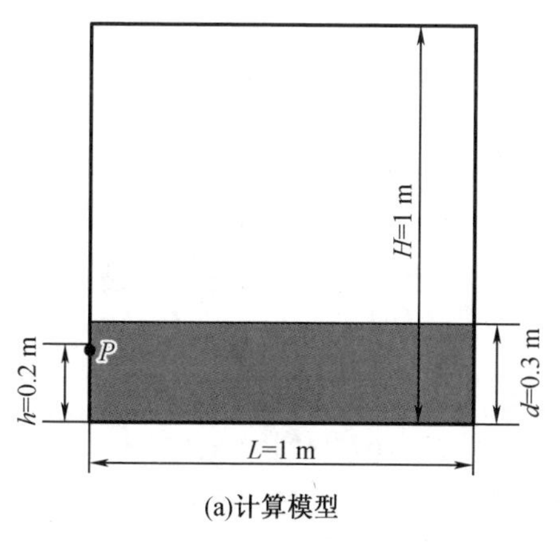

(a)计算模型

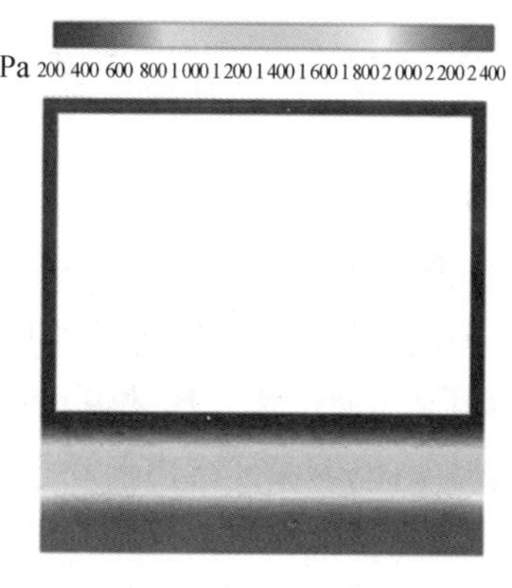

(b)压力云图(α=0.01,δ=0.1)

图 5 - 25　矩形舱中静水问题

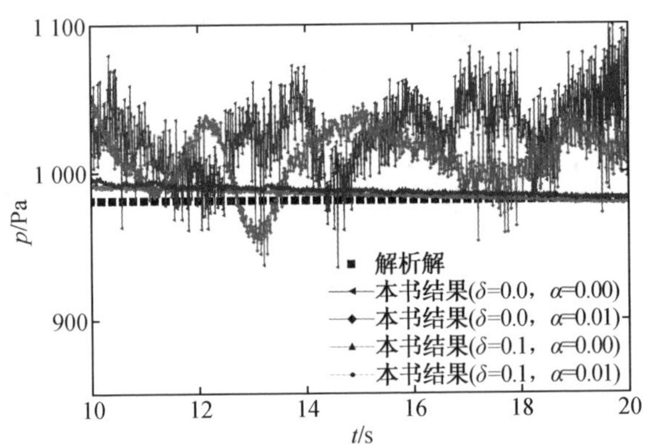

图 5-26　四种情况下监测点 P 处压力变化曲线

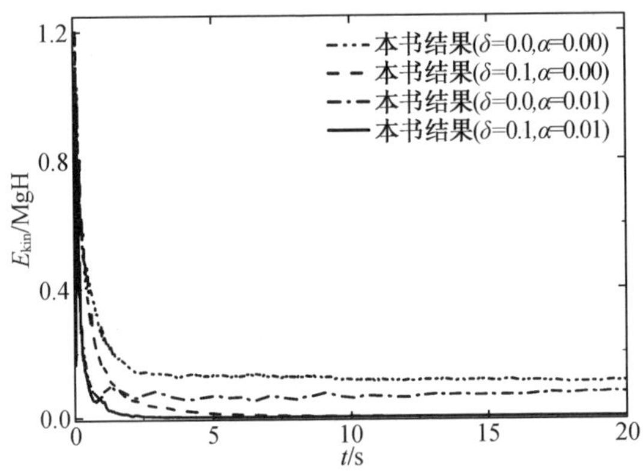

图 5-27　四种情况下动能变化曲线

5.5.2　高速入水砰击问题

为进一步验证耦合算法的可靠性，接下来模拟弹性结构高速入水砰击问题，针对该问题 Scolan[97] 结合水动力学 Wagner 理论和结构弹性模型求得了解析解。计算模型如图 5-28 所示，结构物以 30 m/s 的恒定垂向速度砰击自由液面，与解析解边界条件设置一致，结构两端顶点处不发生旋转和变形。流域尺寸远大于结构尺寸，能够保证结构运动过程中不会有压力波反弹影响模拟结果。弹性结构为铝制材料，密度 $\rho^s=2\ 700\ \text{kg/m}^3$，杨氏模量 $E^s=67.5$ GPa，泊松比 $\nu^s=0.34$；流体密度 $\rho^f=1\ 000\ \text{kg/m}^3$，数值声速 $c_s=1\ 500$ m/s。结构倾斜角度 $\beta=10°$，厚度为 0.04 m，设置右端中点 B 为监测点，计算时 $h^f=0.005$ m，$h^s=0.005$ m，时间步

长 $\Delta t = 2\times10^{-7}$ s，$\alpha = 0.1$，$\delta = 0.03$，然后比较 B 点的变形可对算法进行验证。

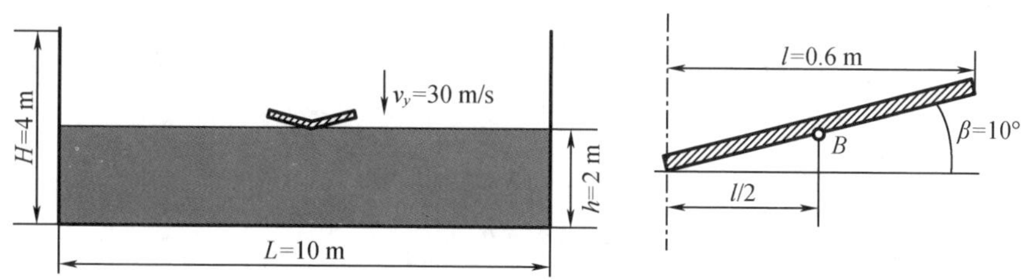

图 5－28　高速入水砰击问题计算模型

图 5－29 给出了弹性结构 B 点变形曲线并与半解析解[97]和参考文献[98]，[99]数值结果比较。从图中可以看出，在结构入水砰击液面过程中，监测点 B 在 5×10^{-4} s 后开始有明显变形，在 1.5×10^{-3} s 之前变形迅速增大，之后增加较为缓慢。整体上本书结果与解析解较为吻合（图 5－29（a））；在局部放大图中可以看出，本书结果要优于文献[98]，[99]数值模拟结果（图 5－29(b)至图 5－29(d)）。

图 5－30 给出了弹性结构入水砰击过程中不同时刻的压力云图分布。从图中可以看出，当结构高速入水砰击自由液面时其下表面会受到较大的砰击压力（图 5－30（a））；随着下表面与自由液面接触面积不断增大砰击压力也在逐渐增大，同时压力峰值区域会向右侧移动（图 5－30（b）、图 5－30（c））；结构下表面与自由液面充分接触后，两端自由液面涌起耦合系统压力势能向动能转化使结构所受砰击压力减小。

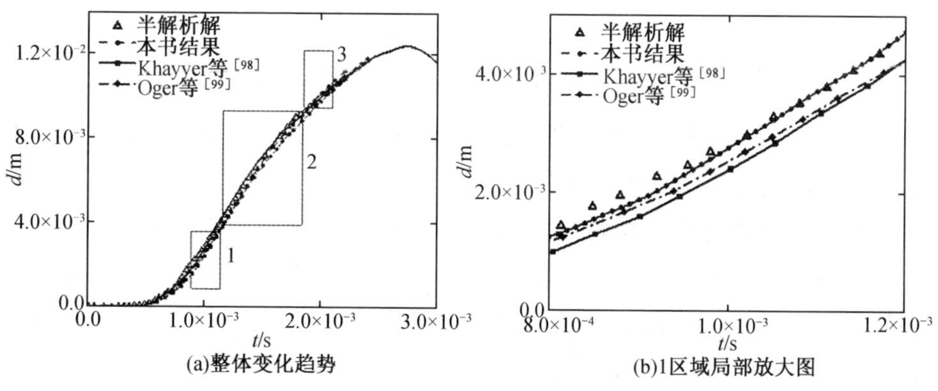

(a)整体变化趋势　(b)1区域局部放大图

图 5－29　弹性结构 B 点变形比较

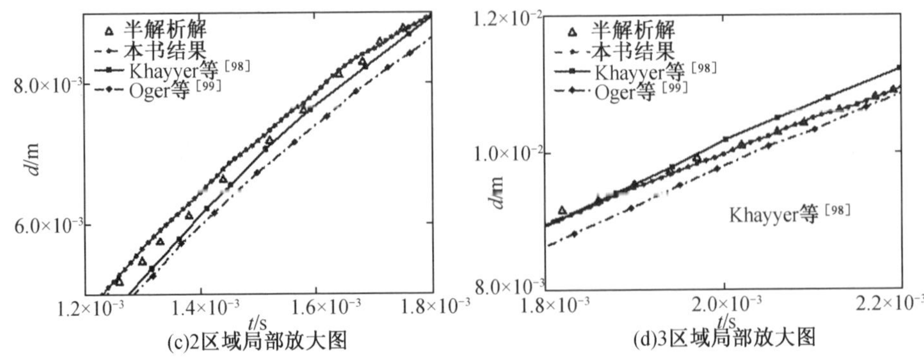

图 5-29(续)

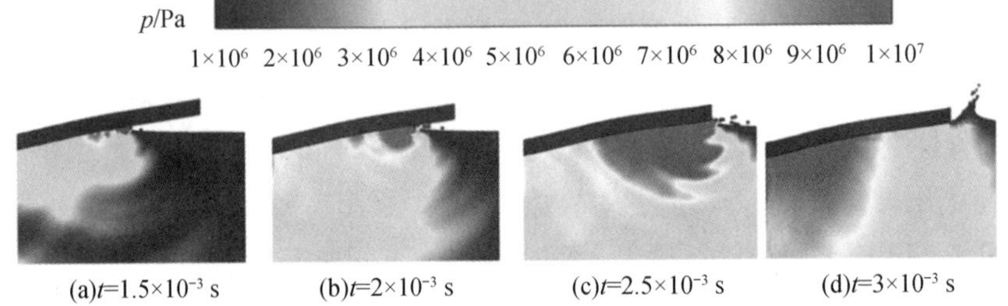

图 5-30 弹性结构入水砰击过程中不同时刻的压力云图

5.6 本章小结

为模拟强非线性自由液面运动的流固耦合问题，本章中利用 SPH 法作为流体求解器，提出 SPH 与 S-PIM 耦合算法，并通过模拟溃坝、晃荡和高速入水砰击问题进行数值验证。本章结论如下：

(1)在固体域内引入虚粒子，与固体节点运动保持一致，便于施加流固耦合速度条件；流域固壁采用改进的耦合动力学边界条件，既能有效避免高速砰击时的粒子穿透现象，又能保证固壁附近流体粒子支持域的完整性；通过密度正则化修正流体密度，提高压力场的稳定性。

(2)在经典算例溃坝作用于弹性板的流固耦合问题中，在 S-PIM 中使用超弹性材料 Mooney-Rivlin 模型能够建立更为真实有效的本构关系，相比于一般

弹性模型计算结果与实验结果更为接近。

(3)拉格朗日型算法 SPH 在处理自由液面大变形时具有天然优势，基于梯度光滑技术的 S - PIM 能够软化模型刚度，在固体大变形问题中表现优异。本书结合两者优势提出的 SPH 与 S - PIM 耦合算法，能够应用于模拟剧烈自由液面运动和大变形固体相互作用的流固耦合问题。

(4)引入 δSPH 能进一步减缓压力振荡，同时采用改进的流固耦合力计算方法，以固体单元边中点作为被插值点，可不必考虑流体粒子间距与固体网格尺寸的匹配性问题，适用性更强。

第6章
总　　结

流体与结构相互作用问题是多分支学科的交叉融合，是船舶与海洋工程中最典型的力学问题之一。在新型船舶与海洋工程装备开发过程中，会涉及各种各样复杂的流固耦合问题，如水下立管的涡激振动问题、液舱晃荡问题及结构物高速入水砰击问题等，这些问题都对计算技术和计算方法提出了更高的要求。本书介绍了三种新提出的流固耦合数值算法，通过数值算例验证及初步工程应用得出以下结论：

(1)基于浸没方法框架下，将 CBS 算法和 S－PIM 耦合提出了 IS－PIM。该方法处理流固耦合移动界面时无须调整流域网格，同时发挥了 S－PIM 模拟固体大变形的优势，流固均基于非结构化网格的离散方式，简化了前处理过程。通过将从流体域和固体域计算的耦合力与理论值比较，验证了 IS－PIM 流固间耦合力传递的可靠性与有效性。采用高效选点方案构造高阶插值格式用以流固之间信息交换，结果显示网格稀疏时采用高阶插值结果比线性插值结果更为准确。

(2)将 IS－PIM 用于模拟带分流板的圆柱尾流控制问题，计算了分流板放置于圆柱下游不同位置时的平均阻力系数 C_d 和斯塔哈尔数 St 变化趋势。首先计算了刚性分流板的 C_d 与 St 曲线并对比参考结果进行验证，分析涡量云图可知刚性分流板可以抑制尾涡的生成。其次计算柔性分流板的 C_d 与 St 曲线，发现其与刚性结果趋势相似拐点位置前移，并且整体上 C_d 与 St 结果大于刚性结果，分析涡量云图可知柔性分流板可以削弱尾涡强度。再次根据双体刚性和柔性分流板计算结果，发现其尾流控制效果显著。最后通过计算减阻百分数得出不同形式分流板的控制效果和变化规律。

(3)在 IS－PIM 基础上，采用 NPS－PIM 改进固体求解器，提出浸没点基局部光滑点插值法。NPS－PIM 将模型刚度软化程度较高的 NS－PIM 和模型刚度偏硬的 FEM 相结合，采用点基局部梯度光滑技术构造的固体模型刚度非常接近精确解刚度。数值结果显示，流固耦合模型中采用 NPS－PIM 的结果比以 FEM 及 NS－PIM 作为固体求解器的结果具有更高的准确性，并且计算时间均处于同一计算水平。同时浸没点基局部光滑点插值法在模拟固体扭曲变形严重的流固

耦合问题时仍能与参考解吻合较好。

(4)针对有限元离散的 CBS 算法需要求解压力泊松方程存在计算时间长、占用大量计算资源等问题,采用 LBM 作为流体求解器,提出 LBM 与 S – PIM 耦合算法。在模拟不可压缩黏性流时,相同条件下虽然 LBM 收敛速度稍慢于 CBS,但是大幅度缩短了计算时间,并且 LBM 结果准确性也高于 CBS。在流固耦合数值模拟中发现,本书提出的 LBM 与 S – PIM 耦合算法能够有效处理复杂移动边界,计算简单,效率高,比以 FEM 作为固体求解器的流固耦合模型精度高,并且在较大的流固网格比范围内仍能保持数值稳定性,具有较强的网格适用性。

(5)为模拟强非线性自由液面运动的流固耦合问题,利用 SPH 法作为流体求解器,提出了 SPH 与 S – PIM 耦合算法。与 IS – PIM 引入虚拟流体相似,固体域内引入虚粒子与固体运动一致且具有流体粒子特性,实现了速度耦合条件的自动施加,固壁处理采用改进的耦合动力学边界条件,引入密度正则化改进压力场的求解,提高了压力场的稳定性。通过溃坝、晃荡和高速入水砰击问题验证了 SPH 与 S – PIM 耦合算法在模拟强非线流固耦合问题的可靠性。

(6)在提出 IS – PIM 后,在其基础上开发出可应用于不同流固耦合问题的耦合算法,如表 6 – 1 中算法说明。浸没点基局部光滑点插值法可以有效处理固体变形受模型刚度影响大,并且可能出现严重扭曲变形的流固耦合问题,如细长柔性结构的大变形问题;LBM 与 S – PIM 耦合算法具备大规模计算的潜力,可以充分挖掘 LBM 的并行计算能力,用以处理实际大尺度流固耦合问题,如新型复合材料螺旋桨的振动问题和海上风机的气动弹性问题;SPH 与 S – PIM 耦合算法能够应用于自由液面流动剧烈运动与弹性结构相互作用问题,如晃荡、高速入水砰击等问题。

表 6 – 1　本书中作者开发的数值算法说明

理论框架	数值算法	特点	优势领域
浸没方法	IS – PIM	基础算法	模拟大变形流固耦合问题
	浸没点基局部光滑点插值法	改进固体求解器,提高计算精度	固体扭曲变形严重的流固耦合问题
	LBM 与 S – PIM 耦合算法	改进流体求解器,提高计算效率	工程中大尺度的流固耦合问题
	SPH 与 S – PIM 耦合算法	采用粒子法易于模拟自由液面	强非线性自由液面运动的流固耦合问题

附录 浸没光滑点插值法源代码

源代码基于 MATLAB 与 C 语言混合编程，其中主体框架基于 MATLAB 搭建，内部功能模块采用 C 语言编写，结合了 MATLAB 易于矩阵运算和 C 语言运行速度快的优势。下面对程序变量进行释义，如表 A－1 至表 A－6 所示。

表 A－1 程序中流体变量含义

流体	
变量	含义
fN	流体节点数
f_rho	流体密度
f_mu	流体动力黏性系数
f_node_coord	流体节点坐标
f_ele_NodeIndex	流体单元节点编号
f_ele_NodeIndex_int32	流体单元节点编号(整型)
f_nele	流体单元总数
f_nele_int32	流体单元总数编号(整型)
f_nnode	流体节点总数
f_nnode_int32	流体节点总数(整型)
f_ndof	流体自由度总数
f_ndof_int32	流体自由度总数(整型)
f_ele_vol	流体单元体积
f_gp_coord	流体单元高斯点坐标
f_gp_spnode	流体单元高斯点编号
f_gp_spnode_int32	流体单元高斯点编号(整型)
f_gp_spele	流体单元高斯点总数
f_gp_spele_int32	流体单元高斯点总数(整型)

表 A-1(续)

流体	
变量	含义
f_gp_weight	流体单元体积
f_gp_sf	流体单元高斯点形函数
f_gp_sfdx	流体单元高斯点 x 方向形函数导数
f_gp_sfdy	流体单元高斯点 y 方向形函数导数
f_ele_cen	流体单元中心点坐标
f_mass	流体单元质量
f_mass_inv	流体单元质量逆矩阵
f_H	流体泊松方程压力刚度阵
f_h_node	流体节点间距离

表 A-2　程序中固体变量含义

固体	
变量	含义
sN	固体节点数
s_mat_para{1}(1)	固体质量
s_mat_para{1}(2)	固体材料杨氏模量
s_mat_para{1}(3)	固体材料泊松比
s_node_coord	固体节点坐标
s_ele_NodeIndex{is}	固体单元节点编号
s_ele_NodeIndex_int32{is}	固体单元节点编号(整型)
nsolid	固体个数(整型)
s_nele{is}	固体单元总数
s_nele_int32{is}	固体单元总数(整型)
s_nnode{is}	固体节点总数
s_nnode_int32{is}	固体节点总数(整型)
s_ndof{is}	固体自由度总数
s_ndof_int32{is}	固体自由度总数(整型)
s_ele_vol{is}	固体单元体积

表 A-2(续 1)

固体	
变量	含义
s_gp_coord{is}	固体单元高斯点坐标
s_gp_spnode{is}	固体单元高斯点编号
s_gp_spele{is}	固体单元高斯点总数
s_gp_weight{is}	固体单元体积
s_gp_spnode_int32{is}	固体单元高斯点编号(整型)
s_gp_spele_int32{is}	固体单元高斯点总数(整型)
s_gp_sf{is}	固体单元高斯点形函数
s_gp_sfdx{is}	固体单元高斯点 x 方向形函数导数
s_gp_sfdy{is}	固体单元高斯点 y 方向形函数导数
s_ele_cen{is}	固体单元中心点坐标
s_mass{is}	固体单元质量
s_mass_inv{is}	固体单元质量逆矩阵
s_h_node{is}	固体节点间距离
s_gp_BML{is}	固体初始应变矩阵
xmax	固体节点 x 坐标最大值
ymax	固体节点 y 坐标最大值
s_u_n_one{is}	固体节点位移
s_v_n_one{is}	固体节点速度
s_a_n_one{is}	固体节点加速度
s_node_coord_n_one{is}	固体节点坐标
t_n_one	$n+1$ 时刻
s_F_FSI_n{is}	流固耦合力
flag. solid_ele_distort	固体求解终止函数
dt	时间步长
t_n	n 时刻
gravity	重力
s_vbc_dof_n{is}	固体速度边界点自由度编号
s_vbc_val_n{is}	固体速度边界值
s_ndof{is}	固体节点自由度总数

表 A-2(续 2)

固体	
变量	含义
s_nnode{is}	固体节点总数
s_nnode_int32{is}	固体节点总数(整型)
s_ndof_int32{is}	固体节点自由度总数
s_v_n_half{is}	固体节点中间时刻速度
t_n_half	中间时刻
dt_n_half	中间时刻时间步长
s_node_rst_u{is}	固体位移
F_int{is}	固体内力
F_grav{is}	固体重力
F_ext{is}	固体外力
f_n_one{is}	固体合力
gp_BMNL	固体变形增量矩阵
gp_BML	固体初始应变矩阵
gp_B	固体总应变矩阵
gp_E	固体格林应变矩阵
gp_F	固体变形梯度矩阵
gp_RST_S	固体皮奥拉基尔霍夫第二应力矩阵

表 A-3 程序中虚拟流体变量含义

虚拟流体	
变量	含义
vf_rho	虚拟流体密度
vf_node_coord	虚拟流体节点坐标
vf_ele_NodeIndex	虚拟流体单元节点编号
vf_ele_NodeIndex_int32{is}	虚拟流体单元节点编号(整型)
vf_nele{is}	虚拟流体单元总数
vf_nele_int32{is}	虚拟流体单元总数(整型)
vf_nnode{is}	虚拟流体节点总数

表 A-3(续)

虚拟流体	
变量	含义
vf_nnode_int32{is}	虚拟流体节点总数(整型)
vf_ndof{is}	虚拟流体自由度总数
vf_ndovf_int32{is}	虚拟流体自由度总数(整型)
vf_ele_vol{is}	虚拟流体单元体积
vf_ele_cen{is}	虚拟流体单元中心坐标
vf_gp_spnode{is}	虚拟流体单元高斯点编号
vf_gp_spele{is}	虚拟流体高斯点总数
vf_gp_weight{is}	虚拟流体单元体积
vf_gp_spnode_int32{is}	虚拟流体单元高斯点编号(整型)
vf_gp_spele_int32{is}	虚拟流体高斯点总数(整型)
vf_gp_sf{is}	虚拟流体高斯点形函数
vf_gp_sfdx{is}	虚拟流体高斯点 x 方向形函数导数
vf_gp_sfdy{is}	虚拟流体高斯点 y 方向形函数导数
vf_mass{is}	虚拟流体质量
vf_mass_inv{is}	虚拟流体质量逆矩阵
vf_h_node{is}	虚拟流体节点间距离

表 A-4　程序中流固耦合变量含义

流固耦合	
变量	含义
s_node_coord_n_one{is}	固体节点坐标
vf_node_coord_n_one{is}	虚拟流体节点坐标
vf_ele_NodeIndex_int32{is}	虚拟流体单元节点编号(整型)
vf_ele_vol_n_one{is}	虚拟流体单元体积
vf_ele_center_n_one{is}	虚拟流体单元中点坐标
s_v_n_one{is}	固体节点速度
vf_v_n_one{is}	虚拟流体节点速度
max(vf_h_node{is})	虚拟流体节点间最大距离

表 A-4(续)

流固耦合	
变量	含义
FSI_s2f_sf{is}	流体节点在固体单元插值形函数
FSI_s2f_int32{is}	流体节点在固体单元插值形函数(整型)
FSI_s2f{is}	流体节点所在固体单元节点编号
FSI_f2s_int32{is}	固体节点所在流体单元节点编号(整型)
FSI_f2s_sf{is}	固体节点在流体单元插值形函数
max_f_h	流体节点间最大距离
FSI_f2s{is}	固体节点所在流体单元节点编号
f_vbc_dof_n	流体速度边界点自由度编号
f_FSI_vbc_dof	流固耦合流体速度边界点自由度编号
f_FSI_vbc_val	流固耦合流体速度边界值
f_vbc_dof_n	流体速度边界点自由度编号
f_vbc_val_n	流体速度边界值
f_pbc_dof_n	流体压力边界自由度编号
f_pbc_val_n	流体压力边界值
f_v_n_one	流体速度
f_p_n_one	流体压力
flag. fluid_fail	流体求解终止函数
flag. lessol	流体压力求解函数
f_HL	流体压力刚度 $\boldsymbol{L}$ 阵
f_HU	流体压力刚度 $\boldsymbol{H}$ 阵
vf_gp_coord_n_one{is}	虚拟流体单元高斯点坐标
vf_gp_sf{is}	虚拟流体单元高斯点形函数
vf_gp_sfdx{is}	虚拟流体单元高斯点 x 方向形函数导数
vf_gp_sfdy{is}	虚拟流体单元高斯点 y 方向形函数导数
vf_gp_weight_n_one{is}	虚拟流体单元体积
vf_p_n{is}	虚拟流体压力
s_F_FSI_n{is}	流固耦合力

表 A-5 MATLAB 子程序功能释义

MATLAB 子程序(按出现顺序排列)		
序号	子程序	功能释义
1	main_prep_fluid_fem_T3_2D	流体前处理,计算流体插值形函数及其偏导数,质量阵等
2	main_prep_multisolid_SPIM_T3_2D	固体前处理,计算固体插值形函数及其偏导数,质量阵等
3	main_prep_virtual_fluid_fem_T3_2D	虚拟流体前处理,计算虚拟流体插值形函数及其偏导数,质量阵等
4	sol_CBS_SE_impose_pbc_H_sparse	计算流体单元刚度阵 ***H*** 的稀疏矩阵形式
5	sol_pcg_precond(f_H,flag);	对流体单元刚度阵 ***H*** 进行 LU 分解
6	sol_xdyna_SPIM_T3_2D	求解固体运动方程
7	sol_xdyna_apply_vbc	施加固体速度边界条件
8	sol_xdyna_internal_force_StVenant_2D	计算固体内力
9	sol_xdyna_apply_vbc	施加固体速度边界条件
10	sol_CBS_FSI_force_solid_2D	计算流固耦合力
11	sol_CBS_SE_2D	求解流体运动方程
12	sol_CBS_impose_vbc_2D	施加流体速度边界条件
13	sol_CBS_Step2_2D	求解流体压力泊松方程
14	sol_CBS_impose_pbc_rhs	施加流体压力边界条件

表 A-6 C 语言子程序功能释义

C 语言子程序(按出现顺序排列)		
序号	子程序	功能释义
1	c_prep_ele_vol_T3	计算单元体积
2	c_sol_ele_sf_T3	计算单元形函数
3	c_sol_ele_sfd_T3	计算单元形函数导数
4	c_prep_ele_center_T3_2D	计算单元中心点坐标
5	c_prep_lumped_mass_vector_T3	计算单元质量
6	c_sol_CBS_pressure_stiffness_2D	计算流体单元压力刚度阵
7	c_prep_nodal_local_element_size_T3	计算单元的高

表 A－6（续）

C 语言子程序（按出现顺序排列）		
序号	子程序	功能释义
8	c_prep_smoothing_domain_ESPIMT3	构造光滑域并计算相关参数
9	c_sol_smoothed_std_T3	计算形函数的光滑导数
10	c_sol_assemble_BML_2D	计算单元初始应变矩阵 ***B***
11	c_sol_self_weight_T3	计算单元重力
12	c_sol_deform_grad_2D	计算单元变形梯度
13	c_sol_assemble_BMNL_2D	计算因变形引起的应变矩阵 ***B***
14	c_sol_Green_strain_2D	计算单元格林应变
15	c_sol_PK2_stress_2D_StVenant	计算单元 PK2 应力
16	c_sol_FINT_2D	计算内力
17	c_sol_FSI_interp_solid2fluid_T3_2D	计算流体节点与当前时刻固体单元的插值关系
18	c_sol_FSI_interp_fluid2solid_T3_2D.	计算固体节点与当前时刻流体单元的关系
19	c_sol_transfer_velocity_solid2fluid_interp_2D	施加流固耦合速度条件
20	c_sol_transfer_pressure_fluid2solid_interp_2D	通过流体节点压力插值得到虚拟流体节点压力
21	c_sol_gp_velocity_2D	计算单元高斯点速度
22	c_sol_gp_velocity_gradient_2D	计算单元高斯点速度梯度
23	c_sol_gp_pressure_gradient_2D	计算单元高斯点压力梯度
24	c_sol_CBS_FSI_Force_Fluid_RHS_2D	计算单元节点上的流固耦合力
25	c_sol_CBS_SE_Step1_2D	流体求解器 CBS 第一步
26	c_sol_CBS_SE_Step2_RHS_2D	流体求解器 CBS 第二步
27	c_sol_CBS_SE_Step3_2D	流体求解器 CBS 第三步

A.1　前处理模块

A.1.1　流体前处理

main_prep_fluid_fem_T3_2D

(f_rho,f_mu,f_node_coord,f_ele_NodeIndex,f_model_file)

```
function main_prep_fluid_fem_T3_2D...
(f_rho,f_mu,f_node_coord,f_ele_NodeIndex,f_model_file)

f_ele_NodeIndex_int32 = int32(f_ele_NodeIndex);
f_nele = size(f_ele_NodeIndex,1);
f_nele_int32 = int32(f_nele);
f_nnode = size(f_node_coord,1);
f_nnode_int32 = int32(f_nnode);
f_ndof = 2 * f_nnode;
f_ndof_int32 = int32(f_ndof);

[f_ele_vol] = c_prep_ele_vol_T3(f_ele_NodeIndex_int32,f_node_
coord);

f_gp_coord = zeros(f_nele,2);
for iele = 1:f_nele
idx = f_ele_NodeIndex(iele,:);
f_gp_coord(iele,1) = mean(f_node_coord(idx,1));
f_gp_coord(iele,2) = mean(f_node_coord(idx,2));
end
f_gp_spnode = f_ele_NodeIndex;
f_gp_spele = [1:f_nele]';
f_gp_weight = f_ele_vol;
f_gp_spnode_int32 = int32(f_gp_spnode);
f_gp_spele_int32 = int32(f_gp_spele);
```

```
[f_gp_sf] = c_sol_ele_sf_T3...
(f_gp_coord(:,1),f_gp_coord(:,2),f_gp_spele_int32,f_node_coord(:,
1),f_node_coord(:,2),...
f_ele_NodeIndex_int32,f_ele_vol);

[f_gp_sfdx,f_gp_sfdy] = c_sol_ele_sfd_T3...
(f_gp_spele_int32,f_node_coord,f_ele_NodeIndex_int32,f_ele_vol);

[f_ele_cen] = c_prep_ele_center_T3_2D(f_node_coord,f_ele_NodeIndex_
int32);

[f_mass] = c_prep_lumped_mass_vector_T3(f_nnode_int32,f_ele_
NodeIndex_int32,f_ele_vol,f_rho);

f_mass_inv = 1./f_mass;

[f_H_ir, f_H_jc, f_H_val] = c_sol_CBS_pressure_stiffness_2D...
(f_gp_sfdx,f_gp_sfdy,f_gp_spnode_int32,f_gp_weight,f_nnode_int32);

f_H = sparse(double(f_H_ir), double(f_H_jc), f_H_val,f_nnode, f_
nnode);
clearir jc val

[f_h_node] = c_prep_nodal_local_element_size_T3(f_node_coord,f_ele_
NodeIndex_int32,f_ele_vol);

save(f_model_file)
```

A.1.2 固体前处理

```
main_prep_multisolid_SPIM_T3_2D...
(s_mat_para,s_node_coord,s_ele_NodeIndex,s_model_file,nsolid)
for is = 1:nsolid
s_ele_NodeIndex_int32{is} = int32(s_ele_NodeIndex{is});
s_nele{is} = size(s_ele_NodeIndex{is},1);
s_nele_int32{is} = int32(s_nele{is});
s_nnode{is} = size(s_node_coord{is},1);
```

```
    s_nnode_int32{is} = int32(s_nnode{is});
    s_ndof{is} = 2*s_nnode{is};
    s_ndos_int32{is} = int32(s_ndof{is});

    [s_ele_vol{is}] = c_prep_ele_vol_T3(s_ele_NodeIndex_int32{is},s_
node_coord{is});

    [s_sd_edge_normal(:,1),s_sd_edge_normal(:,2),s_sd_edge_center(:,1),
s_sd_edge_center(:,2),...
    s_sd_edge_length,s_sd_edge_sdidx_int32,s_sd_edge_spele_int32,...
    s_sd_spnode_num_int32{is},s_sd_spnode_int32{is},s_sd_vol{is}]
 = ...
    c_prep_smoothing_domain_ESPIMT3 (s_node_coord{is},s_ele_NodeIndex_
int32{is},s_ele_vol{is});
    nsd = size(s_sd_vol{is},1);

    [s_sd_edge_center_sf] = c_sol_ele_sf_T3(s_sd_edge_center(:,1),s_sd_
edge_center(:,2),...
    s_sd_edge_spele_int32,s_node_coord{is}(:,1),s_node_coord{is}(:,
2),...
    s_ele_NodeIndex_int32{is},s_ele_vol{is});

    [s_sd_sfdx{is},s_sd_sfdy{is}] = c_sol_smoothed_sfd_T3...
    (s_sd_edge_center_sf,s_sd_edge_normal,s_sd_edge_sdidx_int32,...
    s_sd_edge_spele_int32,s_sd_edge_length,s_sd_spnode_int32{is},s_sd_
vol{is},...
    s_ele_NodeIndex_int32{is});

    [s_sd_BML{is}] = c_sol_assemble_BML_2D (s_sd_sfdx{is},s_sd_sfdy
{is});

    [s_mass{is}] = c_prep_lumped_mass_vector_T3...
    (s_nnode_int32{is},s_ele_NodeIndex_int32{is},s_ele_vol{is},s_mat_
para{is}(1));

    s_mass_inv{is} = 1./s_mass{is};
```

```
[s_h_node{is}] = c_prep_nodal_local_element_size_T3...
(s_nodc_coord{is},s_ele_NodeIndex_int32{is},s_ele_vol{is});

clearmass idx;
clears_sd_edge_length s_sd_edge_center s_sd_edge_center_sf s_sd_edge
_normal
clears_sd_edge_sdidx_int32 s_sd_edge_spele_int32

end
save (s_model_file)
```

A.1.3 虚拟流体前处理

```
            main_prep_virtual_fluid_fem_T3_2D...
   (f_rho,s_node_coord,s_ele_NodeIndex,vf_model_file,nsolid)
function main_prep_virtual_fluid_fem_T3_2D...
(vf_rho,vf_node_coord,vf_ele_NodeIndex,vf_model_file,nsolid)

for is = 1:nsolid
vf_ele_NodeIndex_int32{is} = int32(vf_ele_NodeIndex{is});
vf_nele{is} = size(vf_ele_NodeIndex{is},1);
vf_nele_int32{is} = int32(vf_nele{is});
vf_nnode{is} = size(vf_node_coord{is},1);
vf_nnode_int32{is} = int32(vf_nnode{is});
vf_ndof{is} = 2*vf_nnode{is};
vf_ndovf_int32{is} = int32(vf_ndof{is});

[vf_ele_vol{is}] = c_prep_ele_vol_T3(vf_ele_NodeIndex_int32{is},vf
_node_coord{is});

[vf_ele_cen{is}] = c_prep_ele_center_T3_2D(vf_node_coord{is},vf_
ele_NodeIndex_int32{is});

vf_gp_coord{is} = vf_ele_cen{is};
vf_gp_spnode{is} = vf_ele_NodeIndex{is};
vf_gp_spele{is} = [1:vf_nele{is}]';
```

```
vf_gp_weight{is} = vf_ele_vol{is};
vf_gp_spnode_int32{is} = int32(vf_gp_spnode{is});
vf_gp_spele_int32{is} = int32(vf_gp_spele{is});
vf_gp_sf{is} = 1/3*ones(size(vf_gp_coord{is},1),3);

[vf_gp_sfdx{is},vf_gp_sfdy{is}] = c_sol_ele_sfd_T3...
(vf_gp_spele_int32{is},vf_node_coord{is},vf_ele_NodeIndex_int32
{is},vf_ele_vol{is});

[vf_mass{is}] = c_prep_lumped_mass_vector_T3...
(vf_nnode_int32{is},vf_ele_NodeIndex_int32{is},vf_ele_vol{is},vf_
rho);
vf_mass_inv{is} = 1./vf_mass{is};

[vf_h_node{is}] = c_prep_nodal_local_element_size_T3...
(vf_node_coord{is},vf_ele_NodeIndex_int32{is},vf_ele_vol{is});
end
save(vf_model_file)

[f_H] = sol_CBS_SE_impose_pbc_H_sparse(f_H_ir,f_H_jc,f_H_val,f_pbc_
dof,f_nnode);

function [H] = sol_CBS_SE_impose_pbc_H_sparse(H_ir,H_jc,H_val,pbc_
dof, nnode)

for i = 1:numel(pbc_dof)
I = pbc_dof(i);
idx = H_ir == I;
H_val(idx) = 0;
idx = H_jc == I;
H_val(idx) = 0;
idx = H_ir == I & H_jc == I;
H_val(idx) = 1;
end

H = sparse(double(H_ir), double(H_jc), H_val,nnode, nnode);
```

```
[f_HU,f_HL] = sol_pcg_precond(f_H,flag);

function [f_HU,f_HL] = sol_pcg_precond(f_H,flag)
if flag.lessol == 1
[f_HL,f_HU] = ilu(f_H,struct('type','nofill'));
else
f_HL = [];
f_HU = [];
end
```

A.2 固体模块

```
[s_u_n_one,s_v_n_one,s_a_n_one,s_node_coord_n_one,t_n_one,...
flag.solid_ele_distort] = sol_xdyna_SPIM_T3_2D...
(nsolid,t_n,dt,gravity,s_mass,s_mat_para,...
s_node_coord,s_u_n,s_v_n,s_a_n,...
s_vbc_dof_n,s_vbc_val_n,...
s_sd_sfdx,s_sd_sfdy,...
s_sd_spnode_int32,s_sd_vol,...
s_ele_NodeIndex_int32,s_ele_vol,s_F_FSI_n,s_sd_BML);

function [s_u_n_one,s_v_n_one,s_a_n_one,s_node_coord_n_one,...
t_n_one,flag_ele_distort] = ...
sol_xdyna_fem_T3_2D...
(nsolid,t_n,dt,gravity,s_mass,s_mat_para,...
s_node_coord,s_u_n,s_v_n,s_a_n,...
s_vbc_dof_n,s_vbc_val_n,...
s_gp_sfdx,s_gp_sfdy,...
s_gp_spnode_int32,s_sd_vol,...
s_ele_NodeIndex_int32,s_ele_vol,s_F_FSI_n,s_gp_BML)

dt_n_half = dt;
```

```
t_n_one = t_n + dt_n_half;
t_n_half = 1/2*(t_n + t_n_one);
for is = 1:nsolid
s_ndof{is} = size(s_u_n{is},1);
s_nnode{is} = s_ndof{is}/2;
s_nnode_int32{is} = int32(s_nnode{is});
s_ndof_int32{is} = int32(s_ndof{is});
s_v_n_half{is} = s_v_n{is} + (t_n_half - t_n)*s_a_n{is};

[s_v_n_half{is}] = sol_xdyna_apply_vbc(s_v_n_half{is},s_vbc_dof_n
{is},s_vbc_val_n{is});

s_u_n_one{is} = s_u_n{is} + dt_n_half*s_v_n_half{is};
s_node_rst_u{is}(:,1) = s_u_n_one{is}(1:2:s_ndof{is});
s_node_rst_u{is}(:,2) = s_u_n_one{is}(2:2:s_ndof{is});
s_node_coord_n_one{is} = s_node_coord{is} + s_node_rst_u{is};
end

for is = 1: nsolid
[F_int{is}, flag_ele_distort] = sol_xdyna_internal_force_StVenant_2D...
(s_node_rst_u{is},s_sd_sfdx{is},s_sd_sfdy{is},...
s_sd_spnode_int32{is},s_sd_weight{is},s_sd_BML{is},s_mat_para{is},
s_ndof{is});

if flag_ele_distort = = 1
break
end
end

if flag_ele_distort = = 1
for is = 1: nsolid
s_u_n_one{is} = [];
s_v_n_one{is} = [];
s_a_n_one{is} = [];
end
return
```

```
end
for is = 1:nsolid
F_grav{is} = zeros(s_ndof{is},1);
if gravity(1) = =0 && gravity(2) = =0
else
F_grav{is} =c_sol_self_weight_T3...
(s_nnode_int32{is},s_ele_NodeIndex_int32{is},...
s_ele_vol{is},s_mat_para{is}(1),gravity);
end
end

for is = 1 : nsolid
F_ext{is} = F_grav{is} + s_F_FSI_n{is};
f_n_one{is} = F_ext{is} -F_int{is};
s_a_n_one{is} = s_mass{is}\f_n_one{is};
s_v_n_one{is} = s_v_n_half{is} + (t_n_one - t_n_half)*s_a_n_one
{is};

[s_v_n_one{is}] = sol_xdyna_apply_vbc...
(s_v_n_one{is},s_vbc_dof_n{is},s_vbc_val_n{is});
End

function [v] =sol_xdyna_apply_vbc(v,vbc_dof,vbc_val)
idx = vbc_dof;
v(idx) = vbc_val;

function [F_int, flag_element_distorted] = ...
sol_xdyna_internal_force_StVenant_2D...
(node_rst_u, sd_sfdx, sd_sfdy, sd_spode_int32,...
sd_weight, sd_BML,mat_para, ndof)

flag_element_distorted = 0;

[sd_F,flag_element_distorted] = c_sol_deform_grad_2D...
(sd_spode_int32,sd_sfdx,sd_sfdy,node_rst_u);
```

```
if flag_element_distorted = = 1
F_int = [];
savetest;
return
end

[sd_BMNL] = c_sol_assemble_BMNL_2D (sd_spode_int32, sd_sfdx, sd_sfdy, node_rst_u);

sd_B = sd_BML + sd_BMNL;

[sd_E] = c_sol_Green_strain_2D(sd_F);

[sd_RST_S] = c_sol_PK2_stress_2D_StVenant(mat_para,sd_E,sd_F);

[F_int] = c_sol_FINT_2D(sd_B,sd_weight,sd_spode_int32,sd_RST_S, int32(ndof));
```

A.3　耦合模块

A.3.1　FSI 速度条件

```
for is = 1:nsolid

vf_node_coord_n_one{is} = s_node_coord_n_one{is};

[vf_ele_vol_n_one{is}] = c_prep_ele_vol_T3...
(vf_ele_NodeIndex_int32{is},vf_node_coord_n_one{is});

[vf_ele_center_n_one{is}] = c_prep_ele_center_T3_2D...
(vf_node_coord_n_one{is},vf_ele_NodeIndex_int32{is});

vf_v_n_one{is} = s_v_n_one{is};
```

```
[FSI_s2f_int32{is}, FSI_s2f_sf{is}] = c_sol_FSI_interp_solid2fluid
_T3_2D...
    (f_node_coord,vf_node_coord_n_one{is},vf_ele_NodeIndex_int32
{io},...
    vf_ele_vol_n_one{is}, vf_ele_center_n_one{is},2 * max(vf_h_node
{is}));

    FSI_s2f{is} = double(FSI_s2f_int32{is});

    [FSI_f2s_int32{is}, FSI_f2s_sf{is}] = c_sol_FSI_interp_fluid2solid
_T3_2D...
    (vf_node_coord_n_one{is},f_node_coord,f_ele_NodeIndex_int32,...
    f_ele_vol,f_ele_cen,max_f_h);

    FSI_f2s{is} = double(FSI_f2s_int32{is});
    end

    f_vbc_dof_n = f_vbc_dof;
    for is = 1:nsolid
    [f_FSI_vbc_dof, f_FSI_vbc_val] = c_sol_transfer_velocity_
solid2fluid_interp_2D...
    (vf_v_n_one{is},FSI_s2f_int32{is},FSI_s2f_sf{is});

    f_vbc_dof_n = [f_vbc_dof_n; f_FSI_vbc_dof];
    f_vbc_val_n = [f_vbc_val_n; f_FSI_vbc_val];
    f_pbc_dof_n = f_pbc_dof;
    f_pbc_val_n = f_pbc_val;
    end
```

A.3.2 FSI 力条件

```
    for is = 1:nsolid
    vf_gp_coord_n_one{is} = vf_ele_center_n_one{is};
    vf_gp_sf{is} = 1/3 * ones(size(vf_gp_coord{is},1),3);

    [vf_gp_sfdx{is},vf_gp_sfdy{is}] = c_sol_ele_sfd_T3…
```

```
(vf_gp_spele_int32{is},vf_node_coord{is},vf_ele_NodeIndex_int32
{is},vf_ele_vol{is});

vf_gp_weight_n_one{is} = vf_ele_vol_n_one{is};
vf_p_n{is} = zeros(s_nnode{is},1);
[vf_p_n{is}] = c_sol_transfer_pressure_fluid2solid_interp_2D...
(f_p_n,FSI_f2s_int32{is},FSI_f2s_sf{is});

vf_v_n{is} = s_v_n{is};
vf_v_n_one{is} = s_v_n_one{is};
[s_F_FSI_n{is}] = sol_CBS_FSI_force_solid_2D...
(dt,f_mu,f_rho,vf_p_n{is},vf_v_n{is},vf_v_n_one{is},...
vf_gp_sf{is},vf_gp_sfdx{is},vf_gp_sfdy{is},...
vf_gp_spnode_int32{is},vf_gp_weight_n_one{is},vf_mass{is});
function [s_F_FSI] = sol_CBS_FSI_force_solid_2D...
(dt,mu,rho,p_n,v_n,v_n_one,gp_sf,gp_sfdx,gp_sfdy,...
gp_spnode_int32,gp_weight,mass,mass_inv,gravity)

[gp_v] = c_sol_gp_velocity_2D(v_n,gp_sf,gp_spnode_int32);

[gp_gradv] = c_sol_gp_velocity_gradient_2D(v_n,gp_sfdx,gp_sfdy,gp_
spnode_int32);

[gp_gradp] = c_sol_gp_pressure_gradient_2D(p_n,gp_sfdx,gp_sfdy,gp_
spnode_int32);

[rhs] = c_sol_CBS_FSI_Force_Fluid_RHS_2D...
(dt,rho,mu,v_n,gp_v,gp_gradv,gp_gradp,gp_sf,gp_sfdx,gp_sfdy,gp_
spnode_int32,gp_weight);

s_F_FSI = - mass.*(v_n_one - v_n)/dt + rhs;
end
```

A.4 流体模块

```
[f_v_n_one,f_p_n_one,flag.fluid_fail,f_tao] = sol_CBS_SE_2D...
(dt,f_rho,f_mu,f_p_n,f_v_n,...
f_vbc_dof_n,f_vbc_val_n,f_pbc_dof_n,f_pbc_val_n,...
f_gp_sf,f_gp_sfdx,f_gp_sfdy,f_gp_spnode_int32,f_gp_weight,...
f_mass,f_mass_inv,f_H,flag.lessol,gravity,f_HL,f_HU);

function [v_n_one,p_n_one,flag_fluid_fail,tao] = sol_CBS_SE_2D...
(dt,rho,mu,p_n,v_n,vbc_dof,vbc_val,pbc_dof,pbc_val,...
gp_sf,gp_sfdx,gp_sfdy,gp_spnode_int32,gp_weight,...
mass,mass_inv,H,flag_LES_Solver,gravity,HL,HU)

[gp_v_n] = c_sol_gp_velocity_2D(v_n,gp_sf,gp_spnode_int32);

[gp_gradv_n] = c_sol_gp_velocity_gradient_2D...
(v_n,gp_sfdx,gp_sfdy,gp_spnode_int32);

[dv_m] = c_sol_CBS_SE_Step1_2D...
(dt,rho,mu,gravity,mass_inv,v_n,gp_v_n,gp_gradv_n,gp_sf,gp_sfdx,gp_
sfdy,...
gp_spnode_int32,gp_weight);

v_m = v_n + dv_m;

[v_m] = sol_CBS_impose_vbc_2D(v_m,vbc_dof,vbc_val);

[p_n_one] = sol_CBS_Step2_2D(rho,H,v_m,dt,...
gp_sf,gp_sfdx,gp_sfdy,gp_spnode_int32,gp_weight,...
pbc_dof,pbc_val,flag_LES_Solver,HL,HU);

[v_n_one, rhs_n_one] = c_sol_CBS_SE_Step3_2D...
```

```
(dt,rho,mass_inv,dv_m,v_n,(p_n+p_n_one)/2,...
gp_sf,gp_sfdx,gp_sfdy,gp_spnode_int32,gp_weight,...
gp_v_n,gp_gradv_n);

[v_n_one] = sol_CBS_impose_vbc_2D(v_n_one,vbc_dof,vbc_val);

flag_fluid_fail = 0;
idx = isnan(v_n_one);
if numel(find(idx == 1, 1)) ~=0
flag_fluid_fail = 1;
end

function [v] = sol_CBS_impose_vbc_2D(v,vbc_dof,vbc_val)
v(vbc_dof) = vbc_val;

function [p_n_one] = sol_CBS_Step2_2D(rho,H,v_m,dt,...
gp_sf,gp_sfdx,gp_sfdy,gp_spnode_int32,gp_weight,...
pbc_dof,pbc_val,flag_LES_Solver,HL,HU)

[rhs] = c_sol_CBS_SE_Step2_RHS_2D(rho,dt,v_m,...
gp_sf,gp_sfdx,gp_sfdy,gp_spnode_int32,gp_weight);

if isempty(pbc_dof) == 0
[rhs] = sol_CBS_impose_pbc_rhs(rhs,pbc_dof,pbc_val);
end

if flag_LES_Solver == 0
p_n_one = H\rhs;
elseif flag_LES_Solver == 1
[p_n_one,flag,relres,iter] = pcg(H,rhs,1e-5,100,HL,HU);
if flag == 4
disp('MSG:: PCG failed, switch to direct solver at this step');
p_n_one = H\rhs;
end
end
```

```
function [rhs] = sol_CBS_impose_pbc_rhs(rhs,pbc_dof,pbc_val)
rhs(pbc_dof) = pbc_val;
```

A.5 后处理模块

```
f_v_n = f_v_n_one;
f_p_n = f_p_n_one;
t_n = t_n_one;
s_u_n = s_u_n_one;
s_v_n = s_v_n_one;
s_a_n = s_a_n_one;
s_node_coord_n = s_node_coord_n_one;
if mod(n,flag.stepinc) = = 1
filename =['.\result\rst_fN',num2str(f_nnode),'_sN',num2str(s_nnode
{is}),...
'_frho',num2str(f_rho),'_fmu',num2str(f_mu),'_srho',num2str(s_mat_
para{is}(1)),...
'_sE',num2str(s_mat_para{is}(2)),'_n',num2str(n,'% 10.6d'),'.mat'];

save(filename,'s_a_n','s_v_n','s_u_n','f_v_n','f_p_n','t_n','f_rho','f
_mu',...
's_mat_para','n')
end
for n = 1:stepinc:tot_step;
filename =['.\result\rst_fN',num2str(f_nnode),...
'_sN',num2str(s_nnode{is}),'_frho',num2str(f_rho),'_fmu',num2str(f_
mu),...
'_srho',num2str(s_mat_para{is}(1)),'_sE',num2str(s_mat_para{is}
(2)),...
'_n',num2str(n,'% 10.6d'),'.mat'];
load(filename,'s_a_n','s_v_n','s_u_n',...
'f_v_n','f_p_n','t_n','f_rho','f_mu','s_mat_para','n')
```

```
f_v = sqrt(f_v_n(1:2:f_ndof).^2 + f_v_n(2:2:f_ndof).^2  );
f_p = f_p_n;
for is = 1:nsolid
s_node_coord_n{is}(:,1) = s_node_coord{is}(:,1) + s_u_n{is}(1:2:s_ndof{is});
s_node_coord_n{is}(:,2) = s_node_coord{is}(:,2) + s_u_n{is}(2:2:s_ndof{is});
s_v{is} = sqrt(s_v_n{is}(1:2:s_ndof{is}).^2 + s_v_n{is}(2:2:s_ndof{is}).^2  );
s_a{is} = sqrt(s_a_n{is}(1:2:s_ndof{is}).^2 + s_a_n{is}(2:2:s_ndof{is}).^2  );
end
if count == 1
zonetitle =['ZONE T = "Fluid STP:',num2str(count),...
'", STRANDID = 1, SOLUTIONTIME =',num2str(t_n),...
' N =',num2str(f_nnode),', E =',num2str(f_nele),...
', DATAPACKING = POINT, ZONETYPE = FETRIANGLE \n'];
fprintf(f_fid,zonetitle);
A =[f_node_coord(:,1),f_node_coord(:,2),...
f_v_n(1:2:f_ndof),f_v_n(2:2:f_ndof),f_v,f_p];
fprintf(f_fid,'% 6.4E\t% 6.4E\t% 6.4E\t% 6.4E\t% 6.4E\t% 6.4E\n',A');
fprintf(f_fid,'% d\t% d\t% d\n',f_ele_NodeIndex');
else
zonetitle =['ZONE T = "Fluid STP:',num2str(count),...
'", STRANDID = 1, SOLUTIONTIME =',num2str(t_n),...
' N =',num2str(f_nnode),', E =',num2str(f_nele),...
', DATAPACKING = POINT, VARSHARELIST = ([1, 2,] =1)',...
' ZONETYPE = FETRIANGLE, CONNECTIVITYSHAREZONE = 1 \n'];
fprintf(f_fid,zonetitle);
A = [f_v_n(1:2:f_ndof),f_v_n(2:2:f_ndof),f_v,f_p];
fprintf(f_fid,'% 6.4E\t% 6.4E\t% 6.4E\t% 6.4E\n',A');
end
fprintf(f_fid,'\n');
for is = 1:nsolid
zonetitle =['ZONE T = "Solid ',num2str(is),' STP:',num2str(count),...
'", STRANDID = 1, SOLUTIONTIME =',num2str(t_n),...
```

```
'N =',num2str(s_nnode{is}),', E =',num2str(s_nele{is}),...
', DATAPACKING = POINT, ZONETYPE = FETRIANGLE \n'];
fprintf(s_fid{is},zonetitle);
A = [s_node_coord_n{is}(:,1),s_node_coord_n{is}(:,2),...
s_v_n{is}(1:2:s_ndof{is}),s_v_n{is}(2:2:s_ndof{is}),s_u_n{is}(1:2:
s_ndof{is}),s_u_n{is}(2:2:s_ndof{is})];
fprintf(s_fid{is},'% 6.4E \t% 6.4E \t% 6.4E \t% 6.4E \t% 6.4E \t% 6.4E \t%
6.4E \t% 6.4E \t% 6.4E \n',A');
fprintf(s_fid{is},'% d \t% d \t% d \n',s_ele_NodeIndex{is}');
fprintf(s_fid{is},'\n');
end
end
fclose(f_fid);fclose(s_fid{1});
beep
closeall
msgbox('done')
```

A.6　MATLAB 与 C 语言子程序

为便于程序阅读,MATLAB 子程序在各模块中直接给出,C 语言子程序按照在程序中出现的顺序罗列如下。

(1) c_prep_ele_vol_T3. c

```
#include "mex.h"
#include "math.h"
#include "matrix.h"
void mexFunction( int nlhs, mxArray *plhs[ ], int nrhs, const mxArray
*prhs[ ])
{
int *ele_NodeIndex;
double *node_Coord;
double *ele_vol;
int iele, nele;
int i;
```

```
double x[3];
double y[3];
int nnode;
int I;
double m[2][2];
double detm;
ele_NodeIndex = mxGetPr(prhs[0]);
nele = mxGetM(prhs[0]);
node_Coord = mxGetPr(prhs[1]);
nnode = mxGetM(prhs[1]);
plhs[0] = mxCreateDoubleMatrix(nele, 1, mxREAL);
ele_vol =  mxGetPr(plhs[0]);
for ( iele = 0 ; iele < nele ; iele + + )
{
for ( i = 0 ; i < 3 ; i + + )
{
I = ele_NodeIndex[iele + i * nele] - 1;
x[i] = node_Coord[I];
y[i] = node_Coord[I + nnode];
}
m[0][0] = x[0] - x[2];
m[0][1] = y[0] - y[2];
m[1][0] = x[1] - x[2];
m[1][1] = y[1] - y[2];
detm = m[0][0] * m[1][1] - m[1][0] * m[0][1];
ele_vol[iele] = fabs(detm) /2.0; // solve the area
}
}
```

(2) c_sol_ele_sf_T3. c

```
#include "mex.h"
#include "math.h"
void mexFunction( int nlhs, mxArray * plhs[ ], int nrhs, const mxArray
* prhs[ ])
{
double * gp_x;
double * gp_y;
```

```
int *gp_spele;
double *node_x;
double *node y;
int *ele_NodeIndex;
double *ele_vol;
double i_ele_vol;
int i_ele;
int n_ele;
double *gp_SF;
int ngp;
int igp;
int i;
int I, I1, I2, I3;
double x[4];
double y[4];
double m[3][3];
double vol;
gp_x = mxGetPr(prhs[0]);
gp_y = mxGetPr(prhs[1]);
gp_spele = mxGetPr(prhs[2]);
node_x = mxGetPr(prhs[3]);
node_y = mxGetPr(prhs[4]);
ele_NodeIndex = mxGetPr(prhs[5]);
ele_vol = mxGetPr(prhs[6]);
ngp = mxGetM(prhs[0]);
n_ele = mxGetM(prhs[5]);
plhs[0] = mxCreateDoubleMatrix(ngp, 3, mxREAL);
gp_SF = mxGetPr(plhs[0]);
for ( igp = 0 ; igp < ngp ; igp + + )
{
i_ele = gp_spele[igp] - 1;
i_ele_vol = ele_vol[i_ele];
x[0] = gp_x[igp];
y[0] = gp_y[igp];
for ( i = 0 ; i < 3 ; i + + )
{
```

```
if (i == 0)
{
I1 = ele_NodeIndex[i_ele + n_ele] - 1;
I2 = ele_NodeIndex[i_ele + 2 * n_ele] - 1;
}
else if ( i == 1)
{
I1 = ele_NodeIndex[i_ele] - 1;
I2 = ele_NodeIndex[i_ele + 2 * n_ele] - 1;
}
else if ( i == 2)
{
I1 = ele_NodeIndex[i_ele] - 1;
I2 = ele_NodeIndex[i_ele + 1 * n_ele] - 1;
}
x[1] = node_x[I1];
x[2] = node_x[I2];
y[1] = node_y[I1];
y[2] = node_y[I2];
m[0][0] = x[0] - x[2];
m[0][1] = y[0] - y[2];
m[1][0] = x[1] - x[2];
m[1][1] = y[1] - y[2];
vol = m[0][0] * m[1][1] - m[1][0] * m[0][1];
gp_SF[igp + i * ngp] =  fabs(vol) /2.0 /i_ele_vol;
}
}
}
```

(3) c_sol_ele_sfd_T3.c

```
#include "mex.h"
#include "math.h"
void mexFunction( int nlhs, mxArray *plhs[], int nrhs, const mxArray
*prhs[])
{
double *gp_coord;
int *gp_spele;
```

```
double *node_coord;
int *ele_NodeIndex;
double *ele_vol;
double iele_vol;
int iele;
int nele;
double *gp_SFDx;
double *gp_SFDy;
int ngp;
int igp;
int i;
int I, I1, I2, I3, I4;
int nnode;
double xi, yi;
double xj, yj;
double xm, ym;
double xp, yp;
double m1[3][3];
double m2[3][3];
double m3[3][3];
double detm1, detm2, detm3;
double c1, c2, c3;
double vol;
gp_spele = mxGetPr(prhs[0]);
node_coord = mxGetPr(prhs[1]);
ele_NodeIndex = mxGetPr(prhs[2]);
ele_vol = mxGetPr(prhs[3]);
ngp = mxGetM(prhs[0]);
nnode = mxGetM(prhs[1]);
nele = mxGetM(prhs[3]);
plhs[0] = mxCreateDoubleMatrix(ngp, 3, mxREAL);
gp_SFDx = mxGetPr(plhs[0]);
plhs[1] = mxCreateDoubleMatrix(ngp, 3, mxREAL);
gp_SFDy = mxGetPr(plhs[1]);
for ( igp = 0 ; igp < ngp ; igp + + )
{
```

```
iele = gp_spele[igp] - 1;
iele_vol = ele_vol[iele];
I1 = ele_NodeIndex[iele] - 1;
I2 = ele_NodeIndex[iele + 1 * nele] - 1;
I3 = ele_NodeIndex[iele + 2 * nele] - 1;
xi = node_coord[I1];
yi = node_coord[I1 + nnode];
xj = node_coord[I2];
yj = node_coord[I2 + nnode];
xm = node_coord[I3];
ym = node_coord[I3 + nnode];
for ( i = 0 ; i < 3 ; i + + )
{
if (i = = 0)
{
c1 = -1.0;
c2 = -1.0;
m1[0][0] = 1.0;
m1[0][1] = yj;
m1[1][0] = 1.0;
m1[1][1] = ym;
m2[0][0] = xj;
m2[0][1] = 1.0;
m2[1][0] = xm;
m2[1][1] = 1.0;
}
else if ( i = = 1)
{
c1 = 1.0;
c2 = 1.0;
m1[0][0] = 1.0;
m1[0][1] = yi;
m1[1][0] = 1.0;
m1[1][1] = ym;
m2[0][0] = xi;
m2[0][1] = 1.0;
```

```
m2[1][0] = xm;
m2[1][1] = 1.0;
}
else if ( i == 2)
{
c1 = -1.0;
c2 = -1.0;
m1[0][0] = 1.0;
m1[0][1] = yi;
m1[1][0] = 1.0;
m1[1][1] = yj;
m2[0][0] = xi;
m2[0][1] = 1.0;
m2[1][0] = xj;
m2[1][1] = 1.0;
}
detm1 = m1[0][0]*m1[1][1]-m1[1][0]*m1[0][1];
detm2 = m2[0][0]*m2[1][1]-m2[1][0]*m2[0][1];
detm3 = m3[0][0]*m3[1][1]-m3[1][0]*m3[0][1];
gp_SFDx[igp+i*ngp] = c1*detm1/2.0/iele_vol;
gp_SFDy[igp+i*ngp] = c2*detm2/2.0/iele_vol;
}
}
}
```

(4) c_prep_ele_center_T3_2D.c

```
#include "mex.h"
#include "math.h"
void mexFunction( int nlhs, mxArray *plhs[], int nrhs, const mxArray
*prhs[])
{
double *node_Coord;
int *ele_NodeIndex;
double *ele_cen;
int iele, I;
int nnode;
int nele;
```

```
int i;
node_Coord = mxGetPr(prhs[0]);
nnode = mxGetM(prhs[0]);
ele_NodeIndex = mxGetPr(prhs[1]);
nele = mxGetM(prhs[1]);
plhs[0] = mxCreateDoubleMatrix(nele, 2, mxREAL);
ele_cen = mxGetPr(plhs[0]);
for ( iele = 0 ; iele < nele ; iele++ )
{
ele_cen[iele] = 0.0;
ele_cen[iele + nele] = 0.0;
for ( i = 0 ; i < 3  ; i++)
{
I = ele_NodeIndex[iele + i*nele] -1;
ele_cen[iele] = ele_cen[iele] + node_Coord[I]/3.0;
ele_cen[iele + nele] = ele_cen[iele + nele] + node_Coord[I + nnode]/3.0;
}
}
}
```

(5) c_prep_lumped_mass_vector_T3.c

```
#include "mex.h"
#include "math.h"
#include "matrix.h"
void mexFunction( int nlhs, mxArray *plhs[], int nrhs, const mxArray *prhs[])
{
int nnode;
int *ele_NodeIndex;
double *ele_vol;
double den;
double *M;
int iele;
int nele;
int ndof;
int I, i;
```

```
nnode = mxGetScalar(prhs[0]);
ele_NodeIndex = mxGetPr(prhs[1]);
ele_vol = mxGetPr(prhs[2]);
den = mxGetScalar(prhs[3]);
nele = mxGetM(prhs[1]);
plhs[0] = mxCreateDoubleMatrix(nnode*2, 1, mxREAL);
M = mxGetPr(plhs[0]);
for ( iele = 0 ; iele < nele ;  iele++)
{
for ( i = 0 ; i < 3 ; i++ )
{
I = ele_NodeIndex[iele+i*nele] - 1;

M[2*I] = M[2*I] + den*ele_vol[iele]/3.0;
M[2*I+1] = M[2*I+1] + den*ele_vol[iele]/3.0;
}
}
}
```

(6) c_sol_CBS_pressure_stiffness_2D. c

```
#include "mex.h"
#include "math.h"
#include "stdlib.h"
void mexFunction( int nlhs, mxArray *plhs[], int nrhs, const mxArray
*prhs[])
{
int *ir;
int *jc;
double *val;
double *gp_sfdx;
double *gp_sfdy;
int *gp_spnode;
double *gp_weight;
int nnode;
int ngp;
int max_nspnode;
int nspnode;
```

```
    int igp;
    double sfIdx, sfIdy;
    double sfJdx, sfJdy;
    double weight;
    double HIJ;
    int I, i, J, j;
    int max_num_nz_row_ini;
    int max_num_nz_row = 0;
    int tot_num_nz;
    double *H_tmp;
    int *H_col_idx;
    int *H_nz_row;
    int jcol;
    int inz;
    int dims[2];
    gp_sfdx = mxGetPr(prhs[0]);
    gp_sfdy = mxGetPr(prhs[1]);
    gp_spnode = mxGetPr(prhs[2]);
    gp_weight = mxGetPr(prhs[3]);
    nnode = mxGetScalar(prhs[4]);
    ngp = mxGetM(prhs[2]);
    max_nspnode = mxGetN(prhs[2]);
    max_num_nz_row_ini = 1000;
    H_col_idx = (int *) malloc (sizeof(int) * nnode * max_num_nz_row_
ini);
    memset(H_col_idx,0,sizeof(int)*nnode*max_num_nz_row_ini);
    H_nz_row = (int *) malloc (sizeof(int)*nnode);
    memset(H_nz_row,0,sizeof(int)*nnode);
    tot_num_nz = 0;
    for ( igp = 0 ; igp < ngp ; igp++ )
    {
    nspnode = max_nspnode;
    for ( i = 0 ; i < max_nspnode; i++)
    {
    I = gp_spnode[igp+i*ngp];
```

```
if (I = = 0)
{
nspnode = i;
}
}
for ( i = 0 ; i < nspnode ; i + +)
{
I = gp_spnode[igp+i*ngp] - 1;

for ( j = 0 ; j < nspnode ; j + +)
{
J = gp_spnode[igp+j*ngp] - 1;
for ( jcol = 0; jcol < max_num_nz_row_ini; jcol + +)
{
if ( H_col_idx[I + jcol*nnode] = = 0)
{
H_col_idx[I + jcol*nnode] = J + 1;
H_nz_row[I] = H_nz_row[I] + 1;
tot_num_nz = tot_num_nz + 1;
if (H_nz_row[I] > max_num_nz_row)
{
max_num_nz_row = H_nz_row[I];
}
break;
}
else
{
if ( H_col_idx[I + jcol*nnode] = = (J+1) )
{
break;
}
}
}
}
}
}
```

```
free(H_col_idx);
H_col_idx = (int * ) malloc (sizeof(int) * nnode * max_num_nz_row);
memset(H_col_idx,0,sizeof(int) * nnode * max_num_nz_row);
H_tmp = (double * ) malloc (sizeof(double) * nnode * max_num_nz_row);
memset(H_tmp,0.0,sizeof(double) * nnode * max_num_nz_row);
dims[0] = tot_num_nz;
dims[1] = 1;
for ( igp = 0 ; igp < ngp ; igp + + )
{
nspnode = max_nspnode;
for ( i = 0 ; i < max_nspnode; i + +)
{
I = gp_spnode[igp + i * ngp];
if (I = = 0)
{
nspnode = i;
}
}
weight = gp_weight[igp];
for ( i = 0 ; i < nspnode ; i + +)
{
I = gp_spnode[igp + i * ngp] - 1;
sfIdx = gp_sfdx[igp + i * ngp];
sfIdy = gp_sfdy[igp + i * ngp];
for ( j = 0 ; j < nspnode ; j + +)
{
J = gp_spnode[igp + j * ngp] - 1;
sfJdx = gp_sfdx[igp + j * ngp];
sfJdy = gp_sfdy[igp + j * ngp];
HIJ = (sfIdx * sfJdx + sfIdy * sfJdy ) * weight;
for ( jcol = 0; jcol < max_num_nz_row; jcol + +)
{
if ( H_col_idx[I + jcol * nnode] = = 0)
{
H_col_idx[I + jcol * nnode] = J + 1;
H_tmp[I + jcol * nnode] = HIJ;
```

```
break;
}
else
{
if ( H_col_idx[I + jcol * nnode] = = (J +1) )
{
H_tmp[I +jcol * nnode] = H_tmp[I +jcol * nnode] + HIJ;
break;
}
}
}
}
}
}
plhs[0] = mxCreateNumericArray(2,dims, mxINT32_CLASS, mxREAL);
ir = mxGetPr(plhs[0]);
plhs[1] = mxCreateNumericArray(2,dims, mxINT32_CLASS, mxREAL);
jc = mxGetPr(plhs[1]);
plhs[2] = mxCreateDoubleMatrix(tot_num_nz, 1, mxREAL);
val = mxGetPr(plhs[2]);
inz = 0;
for ( I = 0; I < nnode; I + +)
{
for (j = 0; j < H_nz_row[I]; j + + )
{
ir[inz] = I + 1;
jc[inz] = H_col_idx[I + j * nnode];
val[inz] = H_tmp[I + j * nnode];
inz + +;
}
}
free(H_tmp);
free(H_col_idx);
free(H_nz_row);
}
```

(7) c_prep_nodal_local_element_size_T3. c

```
#include "mex.h"
#include "math.h"
#include "matrix.h"
void mexFunction( int nlhs, mxArray *plhs[], int nrhs, const mxArray
*prhs[])
{
double *node_coord;
int *ele_NodeIndex;
double *ele_vol;
double *h_node;
int nnode;
int iele, nele;
int i;
int I, I1, I2, I3;
double x1, x2, x3;
double y1, y2, y3;
double l, l1, l2, l3;
double h;
double area;
node_coord = mxGetPr(prhs[0]);
nnode = mxGetM(prhs[0]);
ele_NodeIndex = mxGetPr(prhs[1]);
nele = mxGetM(prhs[1]);
ele_vol = mxGetPr(prhs[2]);
nele = mxGetM(prhs[2]);
plhs[0] = mxCreateDoubleMatrix(nnode, 1, mxREAL);
h_node =  mxGetPr(plhs[0]);
for (I = 0; I < nnode; I++)
{
h_node[I] = 1.0;
}
for(iele = 0; iele < nele; iele++)
{
for(i = 0 ; i <3; i++)
{
I = ele_NodeIndex[iele + i*nele] - 1;
```

```
if ( i = = 0)
{
I1 = ele_NodeIndex[iele + nele] - 1;
I2 = ele_NodeIndex[iele + 2 * nele] - 1;
}
else if ( i = = 1)
{
I1 = ele_NodeIndex[iele] - 1;
I2 = ele_NodeIndex[iele + 2 * nele] - 1;}
else if (i = = 2)
{
I1 = ele_NodeIndex[iele] - 1;
I2 = ele_NodeIndex[iele + nele] - 1;
}
x1 = node_coord[I1];
y1 = node_coord[I1 +nnode];
x2 = node_coord[I2];
y2 = node_coord[I2 +nnode];
l1 = sqrt((x1 -x2) * (x1 -x2) + (y1 -y2) * (y1 -y2) );
h = 2 * ele_vol[iele]/l1;
if ( h < h_node[I] )
{
h_node[I] = h;
}
}
}
}
```

(8)c_prep_smoothing_domain_ESPIMT3. c

```
#include "time.h"
#include "mex.h"
#include "math.h"
void mexFunction( int nlhs, mxArray *plhs[], int nrhs, const mxArray
*prhs[])
{
double *node_Coord_start;
int *ele_NodeIndex_start;
```

```
double *ele_vol;
int *ele_NodeIndex;
double *edge_xv;
double*edge_yv;

double *edge_normal_x;
double *edge_normal_y;

double *edge_length;
double *edge_center_x;
double*edge_center_y;

int*edge_spEle;
int *edge_sdidx;
int n_ele;
int n_node;
intnrows_edge_xyzv;
int ncols_edge_xyzv;

inti_ele;
int n_ele_node = 3;
int i_ele_node ;
int i_edge;
int n_edge_one_subsd = 3;

intcount_edge, count ;

doublexI, yI;
doublexJ0, yJ0;
doublexJ1, yJ1;
double xJ2, yJ2;
double xJ3, yJ3;
int J0, J1, J2;
double xm[3], ym[3], zm[3];

int idx;
```

```
int i, j, k;
intI, J, K;

double *node_x;
double *node_y;
double *node_z;

double xv[3][4];
double yv[3][4];

double normal[3][2];
double length[3];
double a1,a2,a3;
double b1,b2,b3;
double c1,c2,c3, cm;
double length1, length2, L1, L2, L3, P;

int isd;
int nsd;

int *loc;
int iloc, nloc, jloc;

int *dup_idx;
int n_dup;

int n_sd_edge;
int* sd_edge_sdidx;
int* sd_edge_spEle;
double *sd_edge_normal_x;
double *sd_edge_normal_y;
double *sd_edge_length;
double *sd_edge_center_x;
double *sd_edge_center_y;

double double_tmp;
```

```
int int_tmp, int_tmp1;

int *sd_spnode_number;
int *sd_spnode;
int max_n_spnode, isd_n_spnode;
int inimax_n_spnode = 4;
int *isd_spnode;
int *isd_spnode_number;

double *sd_vol;
double *i_ele_vol;

int *tmp_spnode;
int ndim;
int dims[2];

int *flag;

double *ele_edge_center_x;
double *ele_edge_center_y;

double *ele_center_x;
double *ele_center_y;
double i_ele_center_x;
double i_ele_center_y;

double i_sd_center_x[3];
double i_sd_center_y[3];

int *ele_edge_center_flag_1;
int *ele_edge_center_flag_2;

double *tmp_ele_edge_center_x;
double *tmp_ele_edge_center_y;
double *tmp_ele_edge_center_z;
```

```
int *tmp_ele_edge_center_flag_1;
int *tmp_ele_edge_center_flag_2;
n_node = mxGetM(prhs[0]);
n_ele = mxGetM(prhs[1]);

node_Coord_start = mxGetPr(prhs[0]);
ele_NodeIndex_start = mxGetPr(prhs[1]);
ele_vol =  mxGetPr(prhs[2]);

ele_NodeIndex = mxCalloc(n_ele*n_ele_node, sizeof(int));

for( idx = 0; idx < n_ele; idx++){
ele_NodeIndex[idx] = ele_NodeIndex_start[idx]-1;
ele_NodeIndex[idx+n_ele] = ele_NodeIndex_start[idx+n_ele]-1;
ele_NodeIndex[idx+2*n_ele] = ele_NodeIndex_start[idx+2*n_ele]-1;}

node_x = mxCalloc(n_node, sizeof(double));
node_y = mxCalloc(n_node, sizeof(double));

for( I = 0; I < n_node; I++){
node_x[I] = node_Coord_start[I];
node_y[I] = node_Coord_start[I+n_node];}

ele_edge_center_x = mxCalloc(n_ele*3, sizeof(double));
ele_edge_center_y = mxCalloc(n_ele*3, sizeof(double));
ele_edge_center_z = mxCalloc(n_ele*4, sizeof(double));
ele_edge_center_flag_1 = mxCalloc(n_ele*3,sizeof(int));
ele_edge_center_flag_2 = mxCalloc(n_ele*3,sizeof(int));

count = 0;
for( i_ele = 0; i_ele < n_ele ; i_ele++ )
{
for ( i = 0 ; i < 3 ; i++ )
{
if ( i == 0 )
```

```
{
J0 = ele_NodeIndex[i_ele + n_ele];
J1 = ele_NodeIndex[i_ele + 2*n_ele];
J2 = ele_NodeIndex[i_ele + 3*n_ele];}
else if ( i == 1 )
{
J0 = ele_NodeIndex[i_ele];
J1 = ele_NodeIndex[i_ele + 2*n_ele];}
else if ( i == 2 ){
J0 = ele_NodeIndex[i_ele];
J1 = ele_NodeIndex[i_ele + 1*n_ele];}
ele_edge_center_x[count] = (node_x[J0]+node_x[J1])/2.0;
ele_edge_center_y[count] = (node_y[J0]+node_y[J1])/2.0;
ele_edge_center_flag_1[count] = i_ele;
ele_edge_center_flag_2[count] = -1;

count++; }
}
n_dup = 0;
for ( i = 0 ; i < n_ele*3-1 ; i++ )
{
if (ele_edge_center_flag_1[i] != -1)
{
for( j = i+1 ; j < n_ele*3 ; j++ )
{
if (ele_edge_center_x[i]==ele_edge_center_x[j]&&ele_edge_center_y
[i]==ele_edge_center_y[j] )
{
ele_edge_center_flag_2[i] = ele_edge_center_flag_1[j];
ele_edge_center_flag_1[j] = -1;
n_dup++;
break;
}
}
}
}
```

```
    tmp_ele_edge_center_x = mxCalloc(n_ele*3, sizeof(double));
    memcpy(tmp_ele_edge_center_x,ele_edge_center_x,n_ele*3*sizeof
(double));
    mxFree(ele_edge_center_x);

    tmp_ele_edge_center_y = mxCalloc(n_ele*3, sizeof(double));
    memcpy(tmp_ele_edge_center_y,ele_edge_center_y,n_ele*3*sizeof
(double));
    mxFree(ele_edge_center_y);

    tmp_ele_edge_center_flag_1 = mxCalloc(n_ele*3, sizeof(int));
    memcpy(tmp_ele_edge_center_flag_1,ele_edge_center_flag_1,n_ele*3*
sizeof(int));
    mxFree(ele_edge_center_flag_1);

    tmp_ele_edge_center_flag_2 = mxCalloc(n_ele*3, sizeof(int));
    memcpy(tmp_ele_edge_center_flag_2,ele_edge_center_flag_2,n_ele*3*
sizeof(int));
    mxFree(ele_edge_center_flag_2);

    nsd = n_ele * 3 - n_dup;//every edge corresponding to every
smoothed domain
    ele_edge_center_x = mxCalloc(nsd, sizeof(double));
    ele_edge_center_y = mxCalloc(nsd, sizeof(double));
    ele_edge_center_z = mxCalloc(nsd, sizeof(double));
    ele_edge_center_flag_1 = mxCalloc(nsd, sizeof(int));
    ele_edge_center_flag_2 = mxCalloc(nsd, sizeof(int));

    count = 0;
    for ( i = 0 ; i < n_ele*3 ; i++ )
    {
    if( tmp_ele_edge_center_flag_1[i] != -1)
    {
    ele_edge_center_x[count] = tmp_ele_edge_center_x[i];
    ele_edge_center_y[count] = tmp_ele_edge_center_y[i];
```

```
ele_edge_center_flag_1[count] = tmp_ele_edge_center_flag_1[i];
ele_edge_center_flag_2[count] = tmp_ele_edge_center_flag_2[i];

count + +;
}
}

nrows_edge_xyzv = 9 * n_ele;
ncols_edge_xyzv = 3;

edge_normal_x = mxCalloc(nrows_edge_xyzv, sizeof(double));
edge_normal_y = mxCalloc(nrows_edge_xyzv, sizeof(double));
edge_center_x = mxCalloc(nrows_edge_xyzv, sizeof(double));
edge_center_y = mxCalloc(nrows_edge_xyzv, sizeof(double));
edge_length = mxCalloc(nrows_edge_xyzv, sizeof(double));

edge_spEle = mxCalloc(nrows_edge_xyzv,sizeof(int));
edge_sdidx = mxCalloc(nrows_edge_xyzv,sizeof(int));

count_edge = 0;
for(i_ele = 0; i_ele < n_ele; i_ele + +)
{
i_ele_center_x = 0.0;
i_ele_center_y = 0.0;

for ( i = 0 ; i < 3 ; i + + )
{
I = ele_NodeIndex[i_ele + i * n_ele];
i_ele_center_x = i_ele_center_x + node_x[I]/3.0;
i_ele_center_y = i_ele_center_y + node_y[I]/3.0;
}
for(i_ele_node = 0; i_ele_node < n_ele_node ; i_ele_node + +)
{
if (i_ele_node = = 0)
{
J1 = ele_NodeIndex[i_ele + 1 * n_ele];
```

```
J2 = ele_NodeIndex[i_ele + 2*n_ele];
}
else if (i_ele_node - - 1)
{
J1 = ele_NodeIndex[i_ele ];
J2 = ele_NodeIndex[i_ele + 2*n_ele];
}
else if(i_ele_node = = 2)
{
J1 = ele_NodeIndex[i_ele];
J2 = ele_NodeIndex[i_ele + 1*n_ele];
}

xJ1 = node_x[J1];
yJ1 = node_y[J1];
xJ2 = node_x[J2];
yJ2 = node_y[J2];
xv[0][0] = i_ele_center_x;
xv[0][1] = xJ2;
xv[0][2] = xJ1;
xv[0][3] =(i_ele_center_x + xJ2)/2.0;

xv[1][0] = i_ele_center_x;
xv[1][1] = xJ1;

xv[1][2] = xJ2;
xv[1][3] =(i_ele_center_x + xJ1)/2.0;
xv[2][0] = xJ1;
xv[2][1] = xJ2;

xv[2][2] = i_ele_center_x;
xv[2][3] =(xJ2 + xJ1)/2.0;

yv[0][0] = i_ele_center_y;
yv[0][1] = yJ2;
```

```
yv[0][2] = yJ1;
yv[0][3] =(i_ele_center_y + yJ2)/2.0;
yv[1][0] = i_ele_center_y;
yv[1][1] = yJ1;

yv[1][2] = yJ2;
yv[1][3] =(i_ele_center_y + yJ1)/2.0;//the middle of the edge

yv[2][0] = yJ1;
yv[2][1] = yJ2;

yv[2][2] = i_ele_center_y;
yv[2][3] =( yJ2 + yJ1)/2.0;
i_sd_center_x[i_ele_node] =(i_ele_center_x +xJ1 +xJ2)/3.0;
i_sd_center_y[i_ele_node] =(i_ele_center_y +yJ1 +yJ2)/3.0;
for(i_edge = 0; i_edge < 3; i_edge++)
{
a1 = xv[i_edge][1] -xv[i_edge][0];
a2 = yv[i_edge][1] -yv[i_edge][0];
b1 = xv[i_edge][3] -i_sd_center_x[i_ele_node];
b2 = yv[i_edge][3] -i_sd_center_y[i_ele_node];

cm = sqrt(a1*a1 + a2*a2);

normal[i_edge][0] = -a2/cm;
normal[i_edge][1] = a1/cm;
c1 = -a2/cm;
c2 =a1/cm;
c3 =c1*b1 +c2*b2;
if (c3 <0)
{
normal[i_edge][0] = -c1;
normal[i_edge][1] = -c2;
}

length[i_edge] =cm;
```

```
}
for (i_edge = 0; i_edge < 3 ; i_edge + + )
{
xm[i_edge] = 0.0;
ym[i_edge] = 0.0;
for ( i = 0 ; i < 2 ; i + +)
{
xm[i_edge] = xm[i_edge] + xv[i_edge][i];
ym[i_edge] = ym[i_edge] + yv[i_edge][i];
}
xm[i_edge] = xm[i_edge]/2.0;
ym[i_edge] = ym[i_edge]/2.0;
}

for ( i = 0 ; i < nsd ; i + + )
{
if ( xm[2] = = ele_edge_center_x[i] && ym[2] = = ele_edge_center_y
[i] )
{
isd = i;
break;
}
}

for (i_edge = 0; i_edge < 3 ; i_edge + + )
{
edge_normal_x [count_edge] = normal[i_edge][0];
edge_normal_y [count_edge] = normal[i_edge][1];
edge_center_x [count_edge] = xm[i_edge];
edge_center_y [count_edge] = ym[i_edge];
edge_length[count_edge] = length[i_edge];
edge_spEle[count_edge] = i_ele;
edge_sdidx[count_edge] = isd;
count_edge + +;
}
}
```

```
}
n_sd_edge = count_edge;
n_dup = 0;
loc = mxCalloc(6, sizeof(int));
for ( isd = 0; isd < nsd ; isd + +)
{
nloc = 0;
memset(loc, -1, sizeof(int) * 6);
for (i_edge = 0; i_edge < nrows_edge_xyzv; i_edge + +)
{
if ( edge_sdidx[i_edge] = = isd)
{
loc[nloc] = i_edge;
nloc + +;
if (ele_edge_center_flag_2[isd] ! = -1)
{
if (nloc = = 6)
break;
}
else
{
if (nloc = = 3)
break;
}
}
}

for (iloc = 0; iloc < nloc -1; iloc + + )
{
i = loc[iloc];
if (edge_sdidx[i] > =0)
{
for (jloc = iloc + 1 ; jloc < nloc; jloc + + )
{
j = loc[jloc];
if (edge_center_x[i] = =edge_center_x[j] && edge_center_y[i] = =edge
```

```
_center_y[j] )

    {
    edge_sdidx[i] = -1;
    n_dup++;
    edge_sdidx[j] = -1;
    n_dup++;
    break;
    }
    }
    }
    }
    }
    mxFree(loc);

    n_sd_edge = n_sd_edge - n_dup;
    plhs[0] = mxCreateDoubleMatrix(n_sd_edge, 1, mxREAL);
    plhs[1] = mxCreateDoubleMatrix(n_sd_edge, 1, mxREAL);
    plhs[2] = mxCreateDoubleMatrix(n_sd_edge, 1, mxREAL);
    plhs[3] = mxCreateDoubleMatrix(n_sd_edge, 1, mxREAL);
    plhs[4] = mxCreateDoubleMatrix(n_sd_edge, 1, mxREAL);
    plhs[5] = mxCreateNumericMatrix(n_sd_edge, 1, mxINT32_CLASS,0);
    plhs[6] = mxCreateNumericMatrix(n_sd_edge, 1, mxINT32_CLASS,0);


    sd_edge_normal_x = mxGetPr(plhs[0]);
    sd_edge_normal_y = mxGetPr(plhs[1]);
    sd_edge_center_x = mxGetPr(plhs[2]);
    sd_edge_center_y = mxGetPr(plhs[3]);
    sd_edge_length = mxGetPr(plhs[4]);
    sd_edge_sdidx = mxGetPr(plhs[5]);
    sd_edge_spEle = mxGetPr(plhs[6]);

    count = 0;
    for (i_edge = 0; i_edge < nrows_edge_xyzv; i_edge++)
    {
```

```
if ( edge_sdidx[i_edge] ! = -1)
{
*(sd_edge_normal_x + count) = edge_normal_x[i_edge];
*(sd_edge_normal_y + count) = edge_normal_y[i_edge];
*(sd_edge_center_x + count) = edge_center_x[i_edge];
*(sd_edge_center_y + count) = edge_center_y[i_edge];
*(sd_edge_length + count) = edge_length[i_edge];
*(sd_edge_sdidx + count) = edge_sdidx[i_edge] + 1;
*(sd_edge_spEle + count) = edge_spEle[i_edge] + 1;
count + +;
}
}

max_n_spnode = 4;
plhs[7] = mxCreateNumericMatrix(nsd, 1, mxINT32_CLASS,0);
sd_spnode_number = mxGetPr(plhs[7]);

plhs[8] = mxCreateNumericMatrix(nsd,max_n_spnode, mxINT32_CLASS,
0);
sd_spnode = mxGetPr(plhs[8]);

isd_spnode = mxCalloc(6,sizeof(int));
for ( isd = 0 ; isd < nsd ; isd + + )
{
memset(isd_spnode, -1, sizeof(int)*6);
i_ele = ele_edge_center_flag_1[isd];
for ( i = 0 ; i < 3 ; i + + )
{
isd_spnode[i] = ele_NodeIndex[i_ele + i*n_ele];
}

if ( ele_edge_center_flag_2[isd] ! = -1)
{
i_ele = ele_edge_center_flag_2[isd];
for ( i = 3 ; i < 6 ; i + + )
{
```

```
isd_spnode[i] = ele_NodeIndex[i_ele+(i-3)*n_ele];
}
}

for ( i = 0 ; i < 5 ; i++ )
{
if (isd_spnode[i] != -1)
{
for ( j = i+1 ; j < 6 ; j++ )
{
if (isd_spnode[i] == isd_spnode[j])
{
isd_spnode[j] = -1;
break;
}
}
}
}

count = 0;
for ( i = 0 ; i < 6 ; i++ )
{
if (isd_spnode[i] != -1)
{
sd_spnode[isd + count*nsd] = isd_spnode[i]+1;
count++;
}
}
sd_spnode_number[isd] = count;
}

plhs[9] = mxCreateDoubleMatrix(nsd,1, mxREAL);
sd_vol = mxGetPr(plhs[9]);

for ( isd = 0 ; isd < nsd ; isd++)
{
```

```
sd_vol[isd] = 0.0;
i_ele = ele_edge_center_flag_1[isd];
sd_vol[isd] = sd_vol[isd] + ele_vol[i_ele]/3.0;
if (ele_edge_center_flag_2[isd] ! = -1)
{
i_ele = ele_edge_center_flag_2[isd];
sd_vol[isd] = sd_vol[isd] + ele_vol[i_ele]/3.0;
}
}
mxFree(node_x);
mxFree(node_y);
mxFree(ele_NodeIndex);
mxFree(edge_normal_x);
mxFree(edge_normal_y);

mxFree(edge_length);

mxFree(edge_center_x);
mxFree(edge_center_y);

mxFree(edge_spEle);
mxFree(edge_sdidx);
}
```

(9) c_sol_smoothed_sfd_T3.c

```
#include "mex.h"
#include "math.h"
void mexFunction( int nlhs, mxArray *plhs[], int nrhs, const mxArray
*prhs[])
{
double *sd_face_SF;
double *sd_face_normal;

int *sd_face_sdidx;
int *sd_face_spele;

double *sd_face_area;
```

```
int *sd_spnode;

double *sd_vol;
int *ele_NodeIndex;

double *sd_SFDx;
double *sd_SFDy;

int nsd;
int n_ele;
int n_face;
int max_n_spnode;
int isd_spnode;

int i_face;
int i_ele;
int isd;
double isd_vol;

int i, j, k;
int I;
int loc;

double area;
double nx, ny;

sd_face_SF = mxGetPr(prhs[0]);
sd_face_normal = mxGetPr(prhs[1]);
sd_face_sdidx = mxGetPr(prhs[2]);
sd_face_spele = mxGetPr(prhs[3]);
sd_face_area = mxGetPr(prhs[4]);
sd_spnode = mxGetPr(prhs[5]);
sd_vol = mxGetPr(prhs[6]);
ele_NodeIndex = mxGetPr(prhs[7]);

nsd = mxGetM(prhs[5]);
```

```
n_ele = mxGetM(prhs[7]);
n_face = mxGetM(prhs[0]);
max_n_spnode = mxGetN(prhs[5]);
plhs[0] = mxCreateDoubleMatrix(nsd, max_n_spnode, mxREAL);
plhs[1] = mxCreateDoubleMatrix(nsd, max_n_spnode, mxREAL);
plhs[2] = mxCreateDoubleMatrix(nsd, max_n_spnode, mxREAL);

sd_SFDx = mxGetPr(plhs[0]);
sd_SFDy = mxGetPr(plhs[1]);

for( i_face = 0 ; i_face < n_face ; i_face + + )
{
isd = sd_face_sdidx[i_face] - 1;
isd_vol = sd_vol[isd];

area = sd_face_area[i_face];

nx = sd_face_normal[i_face];
ny = sd_face_normal[i_face + n_face];

i_ele = sd_face_spele[i_face] - 1;

for ( i = 0 ; i < 3 ; i + + )
{
I = ele_NodeIndex[i_ele + i * n_ele] - 1;
for ( j = 0 ; j < max_n_spnode ; j + + )
{
isd_spnode = sd_spnode[isd + j * nsd] - 1;
if ( isd_spnode = = I)
{
sd_SFDx[isd + j * nsd] = sd_SFDx[isd + j * nsd]
 + sd_face_SF[i_face + i * n_face] * area * nx /isd_vol;

sd_SFDy[isd + j * nsd] = sd_SFDy[isd + j * nsd]
 + sd_face_SF[i_face + i * n_face] * area * ny /isd_vol;
}
```

```
}
}

}
}
```

(10) c_sol_assemble_BML_2D. c

```
#include "mex.h"
#include "math.h"
void mexFunction( int nlhs, mxArray *plhs[], int nrhs, const mxArray
*prhs[])
{
int ngp;
int ncol;
double *gp_SFDx;
double *gp_SFDy;
double *gp_BML;
double b1I, b2I;
int igp;
int i;
gp_SFDx = mxGetPr(prhs[0]);
gp_SFDy = mxGetPr(prhs[1]);
ngp = mxGetM(prhs[0]);
ncol = mxGetN(prhs[0]);
plhs[0] = mxCreateDoubleMatrix(ngp*3, ncol*2, mxREAL);
gp_BML = mxGetPr(plhs[0]);
for ( igp = 0 ; igp < ngp ; igp++ )
{
for ( i = 0 ; i < ncol ; i++ )
{
b1I = gp_SFDx[igp+i*ngp];
b2I = gp_SFDy[igp+i*ngp];
gp_BML[(3*igp) + 2*i*3*ngp] = b1I;
gp_BML[(3*igp+2) + 2*i*3*ngp] = b2I;
gp_BML[(3*igp+1) + (2*i+1)*3*ngp] = b2I;
gp_BML[(3*igp+2) + (2*i+1)*3*ngp] = b1I;
}
```

```
}
}
```

(11) c_sol_self_weight_T3.c

```
#include "mex.h"
#include "math.h"
#include "matrix.h"
void mexFunction( int nlhs, mxArray *plhs[], int nrhs, const mxArray
*prhs[])
{
int nnode;
int *ele_NodeIndex;
double *ele_vol;
double den;
double *g;
double *f;
int iele;
int nele;
int I, i;
nnode = mxGetScalar(prhs[0]);
ele_NodeIndex = mxGetPr(prhs[1]);
ele_vol = mxGetPr(prhs[2]);
den = mxGetScalar(prhs[3]);
g = mxGetPr(prhs[4]);
nele = mxGetM(prhs[1]);
plhs[0] = mxCreateDoubleMatrix(2*nnode, 1, mxREAL);
f = mxGetPr(plhs[0]);
for ( iele = 0 ; iele < nele ;  iele++)
{
for ( i = 0 ; i < 3 ; i++ )
{
I = ele_NodeIndex[iele+i*nele] - 1;
f[2*I] = f[2*I] + den*ele_vol[iele]/3.0*g[0];
f[2*I+1] = f[2*I+1] + den*ele_vol[iele]/3.0*g[1];
}
}
}
```

(12) c_sol_deform_grad_2D. c

```
#include "mex.h"
#include "math.h"
void mexFunction( int nlhs, mxArray *plhs[], int nrhs, const mxArray
*prhs[])
{
int ngp;
int max_nspnode;
int *gp_spnode;
double *gp_SFDx;
double *gp_SFDy;
double *node_RST_U;
double *gp_F;
double bI1, bI2, bI3;
double u1, u2, u3;
double L11, L12, L13;
double L21, L22, L23;
double L31, L32, L33;
int igp;
int i,j;
int I;
double detF;
int nspnode;
int nnode;
double *flag_ele_distorted;
gp_spnode = mxGetPr(prhs[0]);
gp_SFDx = mxGetPr(prhs[1]);
gp_SFDy = mxGetPr(prhs[2]);
node_RST_U = mxGetPr(prhs[3]);
ngp = mxGetM(prhs[0]);
max_nspnode = mxGetN(prhs[0]);
nnode = mxGetM(prhs[3]);
plhs[0] = mxCreateDoubleMatrix(ngp, 4, mxREAL);
gp_F = mxGetPr(plhs[0]);
plhs[1] = mxCreateDoubleMatrix(1, 1, mxREAL);
flag_ele_distorted = mxGetPr(plhs[1]);
```

```
flag_ele_distorted[0] = 0.0;
for ( igp = 0 ; igp < ngp ; igp + + )
{
nspnode = max_nspnode;
for ( i = 0 ; i < max_nspnode; i + +)
{
I = gp_spnode[igp + i * ngp];
if (I = = 0)
{
nspnode = i;
}
}
L11 = 0.0;
L12 = 0.0;
L21 = 0.0;
L22 = 0.0;
for ( i = 0 ; i < nspnode ; i + +)
{
I = gp_spnode[igp + i * ngp] - 1;
bI1 = gp_SFDx[igp + i * ngp];
bI2 = gp_SFDy[igp + i * ngp];
u1 = node_RST_U[I];
u2 = node_RST_U[I + nnode];
L11 = L11 + bI1 * u1;
L12 = L12 + bI2 * u1;
L21 = L21 + bI1 * u2;
L22 = L22 + bI2 * u2;
}
L11 = L11 + 1.0;
L22 = L22 + 1.0;
gp_F[igp] = L11;
gp_F[igp + 1 * ngp] = L21;
gp_F[igp + 2 * ngp] = L12;
gp_F[igp + 3 * ngp] = L22;
detF = L11 * L22 - L12 * L21;
if ( detF < 0.0 )
```

```
{
flag_ele_distorted[0] = 1.0;
break;
}
}
}
```

(13) c_sol_assemble_BMNL_2D. c

```
#include "mex.h"
#include "math.h"
void mexFunction( int nlhs, mxArray *plhs[], int nrhs, const mxArray
*prhs[])
{
int ngp;
int max_nspnode;
int *gp_spnode;
double *gp_SFDx;
double *gp_SFDy;
double *node_RST_U;
double *gp_BMNL;
double bI1, bI2, bI3;
double u1, u2, u3;
double L11, L12, L13;
double L21, L22, L23;
double L31, L32, L33;
int igp;
int i,j,k;
int I;
int nspnode;
int irow;
int nrows_BMNL;
int nnode;
gp_spnode = mxGetPr(prhs[0]);
gp_SFDx = mxGetPr(prhs[1]);
gp_SFDy = mxGetPr(prhs[2]);
node_RST_U = mxGetPr(prhs[3]);
ngp = mxGetM(prhs[0]);
```

```
max_nspnode = mxGetN(prhs[0]);
nnode = mxGetM(prhs[3]);
nrows_BMNL = 3 * ngp;
plhs[0] = mxCreateDoubleMatrix(nrows_BMNL, max_nspnode * 2, mxREAL);
gp_BMNL = mxGetPr(plhs[0]);
for ( igp = 0 ; igp < ngp ; igp + + )
{
nspnode = max_nspnode;
for ( i = 0 ; i < max_nspnode; i + + )
{
I = gp_spnode[igp + i * ngp];
if (I = = 0)
{
nspnode = i;
}
}
L11 = 0.0;
L12 = 0.0;
L21 = 0.0;
L22 = 0.0;
for ( i = 0 ; i < nspnode ; i + + )
{
I = gp_spnode[igp + i * ngp] - 1;
bI1 = gp_SFDx[igp + i * ngp];
bI2 = gp_SFDy[igp + i * ngp];
u1 = node_RST_U[I];
u2 = node_RST_U[I + nnode];
L11 = L11 + bI1 * u1;
L12 = L12 +  bI2 * u1;
L21 = L21 + bI1 * u2;
L22 = L22 + bI2 * u2;
}
for ( i = 0 ; i < nspnode ; i + + )
{
bI1 = gp_SFDx[igp + i * ngp];
bI2 = gp_SFDy[igp + i * ngp];
```

```
irow = 3 * igp;
k = 2 * i;
gp_BMNL[(irow+0) + k*nrows_BMNL] = L11*bI1;
gp_BMNL[(irow+1) + k*nrows_BMNL] = L12*bI2;
gp_BMNL[(irow+2) + k*nrows_BMNL] = L11*bI2 + L12*bI1;
gp_BMNL[(irow+0) + (k+1)*nrows_BMNL] = L21*bI1;
gp_BMNL[(irow+1) + (k+1)*nrows_BMNL] = L22*bI2;
gp_BMNL[(irow+2) + (k+1)*nrows_BMNL] = L21*bI2 + L22*bI1;
}
}
}
```

(14) c_sol_Green_strain_2D. c

```
#include "mex.h"
#include "math.h"
void mexFunction( int nlhs, mxArray *plhs[], int nrhs, const mxArray *prhs[])
{
int ngp;
int igp;
double *gp_F;
double *gp_E;
double F[2][2];
double FT[2][2];
double C[2][2];
double E[2][2];
int i,j,k;
int a1[] = {0,1,0};
int a2[] = {0,1,1};
double Delta[2][2];
Delta[0][0] = 1.0;
Delta[0][1] = 0.0;
Delta[1][0] = 0.0;
Delta[1][1] = 1.0;
gp_F = mxGetPr(prhs[0]);
ngp = mxGetM(prhs[0]);
plhs[0] = mxCreateDoubleMatrix(ngp, 3, mxREAL);
```

```
gp_E = mxGetPr(plhs[0]);
for ( igp = 0 ; igp < ngp ; igp + + )
{
F[0][0] = gp_F[igp];
F[1][0] = gp_F[igp + 1 * ngp];
F[0][1] = gp_F[igp + 2 * ngp];
F[1][1] = gp_F[igp + 3 * ngp];
for ( i = 0; i < 2 ; i + + )
{
for ( j = 0 ; j < 2 ; j + + )
{
FT[j][i] = F[i][j];
}
}
for ( i = 0; i < 2 ; i + + )
{
for ( j = 0 ; j < 2 ; j + + )
{
C[i][j] = 0.0;
for ( k = 0 ; k < 2 ; k + +)
{
C[i][j] = C[i][j] + FT[i][k] * F[k][j] ;
}
E[i][j] = (C[i][j] - Delta[i][j])/2.0;
}
}
for ( k = 0 ; k < 3 ; k + + )
{
i = a1[k];
j = a2[k];
gp_E[igp + k * ngp] = E[i][j];
}
}
}
```

(15) c_sol_PK2_stress_2D_StVenant. c

```
#include "mex.h"
```

```
#include "math.h"
#include "matrix.h"
void mexFunction( int nlhs, mxArray *plhs[], int nrhs, const mxArray
*prhs[])
{
double *mat_para;
double *gp_E;
double *gp_F;
double *gp_S;
double *gp_sigma;
int ngp;
int igp;
double E;
double v;
double D[3][3];
double D0;
double FT[2][2];
double F[2][2];
double sigma[2][2];
double S[2][2];
double detF;
double GE[6];
int i, j, k;
int a1[] = {0,1,0};
int a2[] = {0,1,1};
mat_para = mxGetPr(prhs[0]);
gp_E = mxGetPr(prhs[1]);
mat_para = mxGetPr(prhs[0]);
gp_F = mxGetPr(prhs[2]);
ngp = mxGetM(prhs[1]);
plhs[0] = mxCreateDoubleMatrix(ngp, 3, mxREAL);
gp_S = mxGetPr(plhs[0]);
plhs[1] = mxCreateDoubleMatrix(ngp, 3, mxREAL);
gp_sigma = mxGetPr(plhs[1]);
E = mat_para[1];
v = mat_para[2];
```

```
for(i = 0 ; i < 3 ; i + +){
for(j = 0 ; j < 3 ; j + +){
D[i][j] = 0.0;
}
}
D0 = E/((1.0 +v) * (1.0 -2 * v));
D[0][0] = D0 * (1 -v);
D[0][1] = D0 * v;
D[1][0] = D[0][1];
D[1][1] = D0 * (1 -v);
D[2][2] = D0 * (1.0 -2 * v);
for ( igp = 0 ; igp < ngp ; igp + + )
{
for (i = 0 ; i < 3 ; i + +)
{
GE[i] = gp_E[igp + i * ngp];
}
for(i = 0 ; i < 3 ; i + +)
{
for(j = 0 ; j < 3 ; j + +)
{
gp_S[igp + i * ngp] = gp_S[igp + i * ngp] +
D[i][j] * GE[j];
}
}
}
for ( igp = 0 ; igp < ngp ; igp + + )
{
F[0][0] = gp_F[igp];
F[1][0] = gp_F[igp + 1 * ngp];
F[0][1] = gp_F[igp + 2 * ngp];
F[1][1] = gp_F[igp + 3 * ngp];
S[0][0] = gp_S[igp];
S[1][0] = gp_S[igp + 2 * ngp];
S[0][1] = gp_S[igp + 2 * ngp];
S[1][1] = gp_S[igp + 1 * ngp];
```

```
detF =F[0][0]*F[1][1] - F[1][0]*F[0][1];
for ( i = 0; i < 2 ; i++ )
{
for ( j = 0 ; j < 2 ; j++ )
{
FT[j][i] = F[i][j];
sigma[i][j] = F[i][j]*S[i][j]*FT[i][j]/detF;
}
}
for ( k = 0 ; k < 3 ; k++ )
{
i = a1[k];
j = a2[k];
gp_sigma[igp + k*ngp] = sigma[i][j];
}
}
}
```

(16) c_sol_FINT_2D.c

```
#include "mex.h"
#include "math.h"
#include "matrix.h"
void mexFunction( int nlhs, mxArray *plhs[], int nrhs, const mxArray
*prhs[])
{
int ngp;
int igp;

double *gp_B;
double *gp_weight;
int *gp_spnode;
double *gp_rst_S;
int ndof;
double *fint;
double B[6][3];
double S[6];
int i,j;
```

```
int I;

int max_nspnode;
int nspnode;
int irow;
int nrows_B;
int i_spnode;
double weight;
gp_B = mxGetPr(prhs[0]);
gp_weight = mxGetPr(prhs[1]);
gp_spnode = mxGetPr(prhs[2]);
gp_rst_S = mxGetPr(prhs[3]);
ndof = mxGetScalar(prhs[4]);
ngp = mxGetM(prhs[1]);
max_nspnode = mxGetN(prhs[2]);
nrows_B = 3 * ngp;
plhs[0] = mxCreateDoubleMatrix(ndof, 1, mxREAL);
fint = mxGetPr(plhs[0]);
for ( igp = 0 ; igp < ngp ; igp + + )
{
nspnode = max_nspnode;
for ( i = 0 ; i < max_nspnode; i + + )
{
I = gp_spnode[igp + i * ngp];
if (I = = 0)
{
nspnode = i;
}
}

for ( i = 0 ; i < 3 ; i + + )
{
S[i] = gp_rst_S[igp + i * ngp];
}
weight = gp_weight[igp];
irow = 3 * igp;
```

```
for ( i_spnode = 0 ; i_spnode < nspnode ; i_spnode + + )
{
B[0][0] = gp_B[irow + 2 * i_spnode * nrows_B];
B[1][0] = gp_B[irow +1 + 2 * i_spnode * nrows_B];
B[2][0] = gp_B[irow +2 + 2 * i_spnode * nrows_B];
B[0][1] = gp_B[irow + (2 * i_spnode +1) * nrows_B];
B[1][1] = gp_B[irow +1 + (2 * i_spnode +1) * nrows_B];
B[2][1] = gp_B[irow +2 + (2 * i_spnode +1) * nrows_B];
I = gp_spnode[igp + i_spnode * ngp] - 1;
for ( i = 0 ; i < 2 ; i + + )
{
for ( j = 0 ; j < 3 ; j + + )
{
fint[2 * I + i] = fint[2 * I + i] +
B[j][i] * S[j] * weight;
}
}
}


}
}
```

(17) c_sol_FSI_interp_solid2fluid_T3_2D. c

```
#include "mex.h"
#include "math.h"
#include "stdio.h"
#include "malloc.h"
void mexFunction( int nlhs, mxArray * plhs[ ], int nrhs, const mxArray
* prhs[ ])
{
int * FSI_s2f_tmp;
double * FSI_s2f_sf_tmp;
int * FSI_s2f;
double * FSI_s2f_sf;
double * f_node_coord;
double * s_node_coord;
int * s_ele_NodeIndex;
```

```
double *s_ele_vol;
double *s_ele_cen;
double max_s_h;
int f_nnode;
int f_I;
double f_xI, f_yI;
double dist;
double length;
int s_nnode;
int s_I, s_I1, s_I2, s_I3;
double SF[3];
double s_x1, s_y1;
double s_x2, s_y2;
double s_x3, s_y3;
double s_iele_vol;
double s_x_min, s_x_max;
double s_y_min, s_y_max;
int ndim = 2;
int dims[2];
int f_nele, f_iele;
int s_nele, s_iele;
int i_pair, n_pair;
double x[3];
double y[3];
double z[3];
double m[2][2];
double vol;
int I1, I2;
int i, j;
int *inbox_flag;
int f_inbox_nnode;
double s_xc, s_yc;
f_node_coord = mxGetPr(prhs[0]);
f_nnode = mxGetM(prhs[0]);
s_node_coord = mxGetPr(prhs[1]);
s_nnode = mxGetM(prhs[1]);
```

```
s_ele_NodeIndex = mxGetPr(prhs[2]);
s_ele_vol = mxGetPr(prhs[3]);
s_nele = mxGetM(prhs[3]);
s_ele_cen = mxGetPr(prhs[4]);
max_s_h = mxGetScalar(prhs[5]);
s_x_max = -1.0e16;
s_x_min = 1.0e16;
s_y_max = -1.0e16;
s_y_min = 1.0e16;
for ( s_I = 0; s_I < s_nnode; s_I + +)
{
if ( s_node_coord[s_I] < s_x_min)
s_x_min = s_node_coord[s_I];
if ( s_node_coord[s_I] > s_x_max)
s_x_max = s_node_coord[s_I];
if ( s_node_coord[s_I + s_nnode] < s_y_min)
s_y_min = s_node_coord[s_I + s_nnode];
if ( s_node_coord[s_I + s_nnode] > s_y_max)
s_y_max = s_node_coord[s_I + s_nnode];
}
inbox_flag = (int *)malloc(sizeof(int) * f_nnode);
memset(inbox_flag, 0,sizeof(int) * f_nnode);
f_inbox_nnode = 0;
for ( f_I = 0; f_I < f_nnode; f_I + + ) {
x[0] = f_node_coord[f_I];
y[0] = f_node_coord[f_I + f_nnode];
if (x[0] < =s_x_max&&x[0] > =s_x_min
&&y[0] < =s_y_max&&y[0] > =s_y_min)
{
inbox_flag[f_I] = 1;
f_inbox_nnode = f_inbox_nnode + 1;
}
}
FSI_s2f_tmp = (int *)malloc(sizeof(int) * f_inbox_nnode * 4);
memset(FSI_s2f_tmp, 0,sizeof(int) * f_inbox_nnode * 4);
FSI_s2f_sf_tmp = (double *)malloc(sizeof(double) * f_inbox_nnode *
```

```
3);
    memset(FSI_s2f_sf_tmp, 0.0,sizeof(double) * f_inbox_nnode * 3);
    i_pair = 0;
    n_pair = 0;
    for ( f_I = 0; f_I < f_nnode; f_I + + ) {
    x[0] = f_node_coord[f_I];
    y[0] = f_node_coord[f_I + f_nnode];
    if (inbox_flag[f_I] = = 1) {
    for ( s_iele = 0 ; s_iele < s_nele ; s_iele + +) {
    s_xc = s_ele_cen[s_iele];
    s_yc = s_ele_cen[s_iele + s_nele];
    if (s_xc < = x[0] + max_s_h
    && s_xc > = x[0] - max_s_h
    && s_yc < = y[0] + max_s_h
    && s_yc > = y[0] - max_s_h){
    s_iele_vol = s_ele_vol[s_iele];
    for ( i = 0 ; i < 3 ; i + + ) {
    if (i = = 0) {
    I1 = s_ele_NodeIndex[s_iele + s_nele] - 1;
    I2 = s_ele_NodeIndex[s_iele + 2 * s_nele] - 1;
    }
    else if ( i = = 1) {
    I1 = s_ele_NodeIndex[s_iele] - 1;
    I2 = s_ele_NodeIndex[s_iele + 2 * s_nele] - 1;
    }
    else if ( i = = 2) {
    I1 = s_ele_NodeIndex[s_iele] - 1;
    I2 = s_ele_NodeIndex[s_iele + s_nele] - 1;
    }
    x[1] = s_node_coord[I1];
    x[2] = s_node_coord[I2];
    y[1] = s_node_coord[I1 + s_nnode];
    y[2] = s_node_coord[I2 + s_nnode];
    m[0][0] = x[0] -x[2];
    m[0][1] = y[0] -y[2];
    m[1][0] = x[1] -x[2];
```

```
m[1][1] = y[1]-y[2];
vol = m[0][0]*m[1][1]-m[1][0]*m[0][1];
SF[i] =  fabs(vol)/2.0/s_iele_vol;
}
if ( fabs(SF[0] + SF[1] + SF[2] - 1.0 ) < 1.0E-8) {
FSI_s2f_sf_tmp[i_pair] = SF[0];
FSI_s2f_sf_tmp[i_pair + f_inbox_nnode] = SF[1];
FSI_s2f_sf_tmp[i_pair + 2*f_inbox_nnode] = SF[2];

FSI_s2f_tmp[i_pair] = f_I + 1;
FSI_s2f_tmp[i_pair + f_inbox_nnode] =
s_ele_NodeIndex[s_iele];
FSI_s2f_tmp[i_pair + 2*f_inbox_nnode] =
s_ele_NodeIndex[s_iele + s_nele];
FSI_s2f_tmp[i_pair + 3*f_inbox_nnode] =
s_ele_NodeIndex[s_iele + 2*s_nele];
i_pair++;
n_pair++;
break;
}
}
}
}
}
free(inbox_flag);
plhs[0] = mxCreateNumericMatrix(n_pair, 4, mxINT32_CLASS, mxREAL);
FSI_s2f = mxGetPr(plhs[0]);
plhs[1] = mxCreateDoubleMatrix(n_pair, 3, mxREAL);
FSI_s2f_sf = mxGetPr(plhs[1]);
for (i_pair = 0; i_pair < n_pair; i_pair++) {
FSI_s2f_sf[i_pair] = FSI_s2f_sf_tmp[i_pair];
FSI_s2f_sf[i_pair + n_pair] = FSI_s2f_sf_tmp[i_pair + f_inbox_
nnode];
FSI_s2f_sf[i_pair + 2*n_pair] = FSI_s2f_sf_tmp[i_pair + \\
2*f_inbox_nnode];
FSI_s2f[i_pair] = FSI_s2f_tmp[i_pair];
```

```
FSI_s2f[i_pair + n_pair] =
FSI_s2f_tmp[i_pair + f_inbox_nnode];
FSI_s2f[i_pair + 2*n_pair] =
FSI_s2f_tmp[i_pair + 2*f_inbox_nnode];
FSI_s2f[i_pair + 3*n_pair] =
FSI_s2f_tmp[i_pair + 3*f_inbox_nnode];
}
free(FSI_s2f_tmp);
free(FSI_s2f_sf_tmp);
}
```

(18) c_sol_FSI_interp_fluid2solid_T3_2D

```
#include "mex.h"
#include "math.h"
#include "stdio.h"
#include "malloc.h"
void mexFunction( int nlhs, mxArray *plhs[], int nrhs, const mxArray
*prhs[])
{
int *FSI_f2s;
double * FSI_f2s_sf;
double *s_node_coord;
double *f_node_coord;
int *f_ele_NodeIndex;
double *f_ele_vol;
double *f_ele_cen;
double max_f_h;
int f_nele, f_iele;
int s_nele, s_iele;
int f_nnode;
int f_I, f_I1, f_I2, f_I3, f_I4;
double f_iele_vol;
double f_xc, f_yc;
double f_x1, f_y1;
double f_x2, f_y2;
double f_x3, f_y3;
double f_x4, f_y4,;
```

```
double f_x[4];
double f_y[4];
double f_xm, f_ym;
int s_nnode;
int s_i;
double s_x[4], s_y[4],;
double m[3][3];
double vol;
int I1, I2, I3;
int i,j;
double SF[3];
int ndims = 2;
int dims[2];
s_node_coord = mxGetPr(prhs[0]);
s_nnode = mxGetM(prhs[0]);
f_node_coord = mxGetPr(prhs[1]);
f_nnode = mxGetM(prhs[1]);
f_ele_NodeIndex = mxGetPr(prhs[2]);
f_ele_vol = mxGetPr(prhs[3]);
f_nele = mxGetM(prhs[3]);
f_ele_cen = mxGetPr(prhs[4]);
max_f_h = mxGetScalar(prhs[5]);
plhs[0] = mxCreateNumericMatrix(s_nnode,4, mxINT32_CLASS, mxREAL);
FSI_f2s = mxGetPr(plhs[0]);
plhs[1] = mxCreateDoubleMatrix(s_nnode, 3, mxREAL);
FSI_f2s_sf = mxGetPr(plhs[1]);
for ( s_I = 0; s_I < s_nnode; s_I + + )
{
s_x[0] = s_node_coord[s_I];
s_y[0] = s_node_coord[s_I + s_nnode];
for ( f_iele = 0 ; f_iele < f_nele ; f_iele + + )
{
f_xc = f_ele_cen[f_iele];
f_yc = f_ele_cen[f_iele + f_nele];
if (s_x[0] < f_xc + max_f_h && s_x[0] > f_xc - max_f_h
&& s_y[0] < f_yc + max_f_h && s_y[0] > f_yc - max_f_h)
```

```
{
f_I1 = f_ele_NodeIndex[f_iele] - 1;
f_I2 = f_ele_NodeIndex[f_iele + f_nele] - 1;
f_I3 = f_ele_NodeIndex[f_iele + 2 * f_nele] - 1;
f_x1 = f_node_coord[f_I1];
f_y1 = f_node_coord[f_I1 + f_nnode];
f_x2 = f_node_coord[f_I2];
f_y2 = f_node_coord[f_I2 + f_nnode];
f_x3 = f_node_coord[f_I3];
f_y3 = f_node_coord[f_I3 + f_nnode];
f_iele_vol = f_ele_vol[f_iele];
for ( i = 0 ; i < 3 ; i + + )
{
if (i = = 0) {
I1 = f_I2;
I2 = f_I3;
I3 = f_I4;
}
else if ( i = = 1)
{
I1 = f_I1;
I2 = f_I3;
I3 = f_I4;
}
else if ( i = = 2)
{
I1 = f_I1;
I2 = f_I2;
I3 = f_I4;
}
s_x[1] = f_node_coord[I1];
s_x[2] = f_node_coord[I2];
s_y[1] = f_node_coord[I1 + f_nnode];
s_y[2] = f_node_coord[I2 + f_nnode];
m[0][0] = s_x[0] - s_x[1];
m[0][1] = s_y[0] - s_y[1];
```

```
m[1][0] = s_x[1] - s_x[2];
m[1][1] = s_y[1] - s_y[2];
vol = m[0][0] * m[1][1] - m[1][0] * m[0][1];
SF[i] =  fabs(vol)/f_iele_vol/2.0;
}
if ( fabs(SF[0] + SF[1] + SF[2]  - 1.0 ) < 1.0E-8)
{
FSI_f2s[s_I] = s_I + 1;
FSI_f2s[s_I + s_nnode] = f_I1 + 1;
FSI_f2s[s_I + 2 * s_nnode] = f_I2 + 1;
FSI_f2s[s_I + 3 * s_nnode] = f_I3 + 1;
FSI_f2s_sf[s_I] = SF[0];
FSI_f2s_sf[s_I + s_nnode] = SF[1];
FSI_f2s_sf[s_I + 2 * s_nnode] = SF[2];
break;
}
}
}
}
}
```

(19) c_sol_transfer_velocity_solid2fluid_interp_2D. c

```
#include "mex.h"
#include "math.h"
#include "stdio.h"
#include "malloc.h"
void mexFunction( int nlhs, mxArray *plhs[], int nrhs, const mxArray *prhs[])
{
int *f_FSI_vbc_dof;
double *f_FSI_vbc_val;
double *s_v;
int *FSI_s2f;
double *FSI_s2f_sf;
int ipair, npair;
int ispnode;
int f_I;
```

```
int s_I;
int dims[2];
int ndim = 2;
double SF;
double s_vx, s_vy, s_vz;
s_v = mxGetPr(prhs[0]);
FSI_s2f = mxGetPr(prhs[1]);
npair = mxGetM(prhs[1]);
FSI_s2f_sf = mxGetPr(prhs[2]);
dims[0] = npair*2;
dims[1] = 1;
plhs[0] = mxCreateNumericArray(ndim,dims, mxINT32_CLASS, mxREAL);
f_FSI_vbc_dof = mxGetPr(plhs[0]);
plhs[1] = mxCreateDoubleMatrix(npair*2, 1, mxREAL);
f_FSI_vbc_val = mxGetPr(plhs[1]);
for (ipair = 0; ipair < npair; ipair++)
{
f_I = FSI_s2f[ipair] - 1;
if (f_I == -1)
break;
f_FSI_vbc_dof[2*ipair] = 2*(f_I+1)-1;
f_FSI_vbc_dof[2*ipair + 1] = 2*(f_I+1)-0;
for(ispnode = 0; ispnode < 3; ispnode++)
{
s_I = FSI_s2f[ipair + (ispnode+1)*npair] - 1;
if (s_I == -1)
{
break;
}
else
{
s_vx = s_v[2*s_I];
s_vy = s_v[2*s_I + 1];
SF = FSI_s2f_sf[ipair + ispnode*npair];
f_FSI_vbc_val[2*ipair] = f_FSI_vbc_val[2*ipair]
 + SF*s_vx;
```

```
f_FSI_vbc_val[2*ipair + 1] = f_FSI_vbc_val[2*ipair + 1]
+ SF*s_vy;
}
}
}
}
```

(20) c_sol_transfer_pressure_fluid2solid_interp_2D.c

```
#include "mex.h"
#include "math.h"
#include "stdio.h"
#include "malloc.h"
void mexFunction( int nlhs, mxArray *plhs[], int nrhs, const mxArray
*prhs[])
{
double *s_p;
double *f_p;
int *FSI_f2s;
double *FSI_f2s_sf;
int ipair, npair;
int ispnode;
int f_I;
int s_I;
int dims[2];
int ndim = 2;
double SF;
double f_p_I;
f_p = mxGetPr(prhs[0]);
FSI_f2s = mxGetPr(prhs[1]);
npair = mxGetM(prhs[1]);
FSI_f2s_sf = mxGetPr(prhs[2]);
plhs[0] = mxCreateDoubleMatrix(npair, 1, mxREAL);
s_p = mxGetPr(plhs[0]);
for (ipair = 0; ipair < npair; ipair++)
{
s_I = FSI_f2s[ipair] - 1;
if (s_I == -1)
```

```
break;
for(ispnode = 0; ispnode < 3; ispnode++)
{
f_I = FSI_f2s[ipair + (ispnode+1)*npair] - 1;
if (f_I == -1)
{
break;
}
else
{
f_p_I = f_p[f_I];
SF = FSI_f2s_sf[ipair + ispnode*npair];
s_p[s_I] = s_p[s_I] + SF*f_p_I;
}
}
}
}
```

(21)c_sol_gp_velocity_2D.c

```
#include "mex.h"
#include "math.h"
void mexFunction( int nlhs, mxArray *plhs[], int nrhs, const mxArray
*prhs[])
{
double *v;
int *gp_spnode;
int ngp;
int max_nspnode;
int nspnode;
double *gp_sf;
double sf;
double *gp_v;
double vx, vy;
double vx_I, vy_I;
int igp, i, I;
v = mxGetPr(prhs[0]);
gp_sf = mxGetPr(prhs[1]);
```

```
gp_spnode = mxGetPr(prhs[2]);
ngp = mxGetM(prhs[1]);
max_nspnode = mxGetN(prhs[1]);
plhs[0] = mxCreateDoubleMatrix(ngp, 2, mxREAL);
gp_v = mxGetPr(plhs[0]);
for ( igp = 0 ; igp < ngp ; igp + + )
{
nspnode = max_nspnode;
for ( i = 0 ; i < max_nspnode; i + + )
{
I = gp_spnode[igp + i * ngp];
if (I = = 0)
{
nspnode = i;
}
}
vx = 0.0;
vy = 0.0;
for ( i = 0 ; i < nspnode ; i + + )
{
I = gp_spnode[igp + i * ngp] - 1;
sf = gp_sf[igp + i * ngp];
vx_I = v[2 * I];
vy_I = v[2 * I + 1];
vx = vx + sf * vx_I;
vy = vy + sf * vy_I;
}
gp_v[igp] = vx;
gp_v[igp + ngp] = vy;
}
}
```

(22) c_sol_gp_velocity_gradient_2D. c

```
#include "mex.h"
#include "math.h"
void mexFunction( int nlhs, mxArray * plhs[ ], int nrhs, const mxArray
* prhs[ ])
```

```
{
double *gp_gradv;
double *v;
double *gp_sfdx;
double *gp_sfdy;
int *gp_spnode;
int ngp;
int max_nspnode;
int nspnode;
int igp;
double sfdx, sfdy, sfdz;
double vx_I, vy_I,vz_I;
double vxdx, vxdy, vxdz;
double vydx, vydy, vydz;
double vzdx, vzdy, vzdz;
int I, i ;
v = mxGetPr(prhs[0]);
gp_sfdx = mxGetPr(prhs[1]);
gp_sfdy = mxGetPr(prhs[2]);
gp_spnode = mxGetPr(prhs[3]);

ngp = mxGetM(prhs[1]);
max_nspnode = mxGetN(prhs[3]);
plhs[0] = mxCreateDoubleMatrix(ngp, 4, mxREAL);
gp_gradv = mxGetPr(plhs[0]);
for ( igp = 0 ; igp < ngp ; igp++ )
{
gp_gradv[igp] = 0.0;
gp_gradv[igp+ngp] = 0.0;
gp_gradv[igp+2*ngp] = 0.0;
gp_gradv[igp+3*ngp] = 0.0;
}
for ( igp = 0 ; igp < ngp ; igp++ )
{
nspnode = max_nspnode;
for ( i = 0 ; i < max_nspnode; i++)
```

```
{
I = gp_spnode[igp+i*ngp];
if (I == 0)
{
nspnode = i;
}
}
vxdx = 0.0;
vxdy = 0.0;
vydx = 0.0;
vydy = 0.0;
for ( i = 0 ; i < nspnode ; i++)
{
I = gp_spnode[igp+i*ngp] - 1;
sfdx = gp_sfdx[igp+i*ngp];
sfdy = gp_sfdy[igp+i*ngp];
vx_I = v[2*I];
vy_I = v[2*I+1];
vxdx = vxdx + sfdx*vx_I;
vxdy = vxdy + sfdy*vx_I;
vydx = vydx + sfdx*vy_I;
vydy = vydy + sfdy*vy_I;
}
gp_gradv[igp] = vxdx;
gp_gradv[igp+ngp] = vxdy;
gp_gradv[igp+2*ngp] = vydx;
gp_gradv[igp+3*ngp] = vydy;
}
}
```

(23) c_sol_gp_pressure_gradient_2D. c

```
#include "mex.h"
#include "math.h"
void mexFunction( int nlhs, mxArray *plhs[], int nrhs, const mxArray
*prhs[])
{
double *gp_gradp;
```

```
double *p;
double *gp_sfdx;
double *gp_sfdy;
int *gp_spnode;
int ngp;
int max_nspnode;
int nspnode;
int igp;
double sfdx, sfdy, sfdz;
double p_I, vy_I,vz_I;
double pdx, pdy, pdz;
int I, i ;
p = mxGetPr(prhs[0]);
gp_sfdx = mxGetPr(prhs[1]);
gp_sfdy = mxGetPr(prhs[2]);
gp_spnode = mxGetPr(prhs[3]);
ngp = mxGetM(prhs[1]);
max_nspnode = mxGetN(prhs[3]);
plhs[0] = mxCreateDoubleMatrix(ngp, 2, mxREAL);
gp_gradp = mxGetPr(plhs[0]);
for ( igp = 0 ; igp < ngp ; igp + + )
{
nspnode = max_nspnode;
for ( i = 0 ; i < max_nspnode; i + +)
{
I = gp_spnode[igp + i * ngp];
if (I = = 0)
{
nspnode = i;
}
}
pdx = 0.0;
pdy = 0.0;
for ( i = 0 ; i < nspnode ; i + +)
{
I = gp_spnode[igp + i * ngp] - 1;
```

```
sfdx = gp_sfdx[igp + i * ngp];
sfdy = gp_sfdy[igp + i * ngp];
p_I = p[I];
pdx = pdx + sfdx * p_I;
pdy = pdy + sfdy * p_I;
}
gp_gradp[igp] = pdx;
gp_gradp[igp + ngp] = pdy;
}
}
```

(24) c_sol_CBS_FSI_Force_Fluid_RHS_. c

```
#include "mex.h"
#include "math.h"
#include "stdio.h"
#include "malloc.h"
void mexFunction( int nlhs, mxArray *plhs[], int nrhs, const mxArray
*prhs[])
{
double *RHS;
double *RHS1;
double *RHS2;
double *RHS3;
double *RHS4;
double dt;
double rho;
double mu;
double *v;
double *gp_v;
double *gp_gradv;
double *gp_gradp;
double *gp_sf;
double *gp_sfdx;
double *gp_sfdy;
int *gp_spnode;
double *gp_weight;
double tmp;
```

```
int ndof;
int ngp;
int igp;
int max_nspnode;
int nspnode;
int i,j,k;
int I, J;
int ispnode,jspnode;
double SFI, SFJ;
double SFDI[2];
double SFDJ[2];
double v_igp[2];
double gradv_igp[2][2];
double gradv_igp_kk;
double v_J[2];
double weight;
double S[2][2];
dt = mxGetScalar(prhs[0]);
rho = mxGetScalar(prhs[1]);
mu = mxGetScalar(prhs[2]);
v = mxGetPr(prhs[3]);
gp_v = mxGetPr(prhs[4]);
gp_gradv = mxGetPr(prhs[5]);
gp_gradp = mxGetPr(prhs[6]);
gp_sf = mxGetPr(prhs[7]);
gp_sfdx = mxGetPr(prhs[8]);
gp_sfdy = mxGetPr(prhs[9]);
gp_spnode = mxGetPr(prhs[10]);
gp_weight = mxGetPr(prhs[11]);
ndof = mxGetM(prhs[3]);
ngp = mxGetM(prhs[10]);
max_nspnode = mxGetN(prhs[10]);
plhs[0] = mxCreateDoubleMatrix(ndof, 1, mxREAL);
RHS = mxGetPr(plhs[0]);
RHS1 = (double *)malloc(sizeof(double) * ndof);
memset(RHS1,0.0,sizeof(double) * ndof);
```

```
RHS2 = (double *)malloc(sizeof(double) * ndof);
memset(RHS2,0.0,sizeof(double) * ndof);
RHS3 = (double *)malloc(sizeof(double) * ndof);
memset(RHS3,0.0,sizeof(double) * ndof);
RHS4 = (double *)malloc(sizeof(double) * ndof);
memset(RHS4,0.0,sizeof(double) * ndof);
for ( igp = 0 ; igp < ngp ; igp + + )
{
weight = gp_weight[igp];
nspnode = max_nspnode;
for ( i = 0 ; i < max_nspnode; i + + )
{
I = gp_spnode[igp + i * ngp];
if (I = = 0)
{
nspnode = i;
}
}
v_igp[0] = gp_v[igp];
v_igp[1] = gp_v[igp + ngp];
gradv_igp[0][0] = gp_gradv[igp];
gradv_igp[0][1] = gp_gradv[igp + ngp];
gradv_igp[1][0] = gp_gradv[igp + 2 * ngp];
gradv_igp[1][1] = gp_gradv[igp + 3 * ngp];
gradv_igp_kk = 2.0/3.0 * (gradv_igp[0][0] + gradv_igp[1][1]);
S[0][0] = mu * (gradv_igp[0][0] + gradv_igp[0][0] - gradv_igp_kk);
S[0][1] = mu * (gradv_igp[0][1] + gradv_igp[1][0]);
S[1][0] = S[0][1];
S[1][1] = mu * (gradv_igp[1][1] + gradv_igp[1][1] - gradv_igp_kk);
for (ispnode = 0 ; ispnode < nspnode; ispnode + +)
{
I = gp_spnode[igp + ispnode * ngp] - 1;
SFI = gp_sf[igp + ispnode * ngp];
SFDI[0] = gp_sfdx[igp + ispnode * ngp];
SFDI[1] = gp_sfdy[igp + ispnode * ngp];
for ( i = 0; i < 2; i + + )
```

```
{
for (j = 0; j < 2; j++)
{
RHS1[2*I+i] = RHS1[2*I+i]
-rho*SFI*
( v_igp[i]*gradv_igp[j][j] +
v_igp[j]*gradv_igp[i][j])*weight;
RHS2[2*I+i] = RHS2[2*I+i]
-SFDI[j]*S[i][j]*weight;
for ( k = 0; k < 2 ; k++)
{
RHS3[2*I+i] = RHS3[2*I+i]
-dt/2.0*rho*
(SFDI[k]*v_igp[k]+SFI*gradv_igp[k][k])*
(v_igp[j]*gradv_igp[i][j] +
v_igp[i]*gradv_igp[j][j])*weight;
}
}
}
for ( i = 0; i < 2; i++)
{
RHS4[2*I+i] = RHS4[2*I+i]
- SFI*(gp_gradp[igp+i*ngp])*weight;
}


}
}
for(i = 0; i < ndof; i++)
{
RHS[i] = RHS1[i] + RHS2[i] + RHS3[i] + RHS4[i]  ;
}
free(RHS1);
free(RHS2);
free(RHS3);
free(RHS4);
}
```

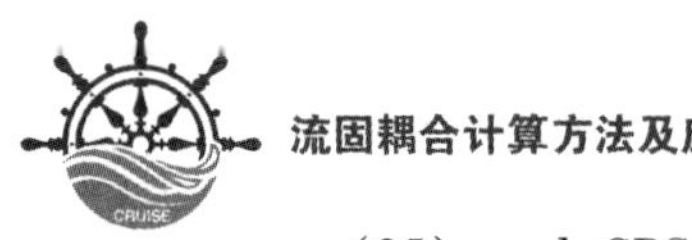

(25) c_sol_CBS_SE_Step1_2D. c

```
void mexFunction( int nlhs, mxArray *plhs[], int nrhs, const mxArray
*prhs[])
{
double *dv;
double *RHS;
double *RHS1;
double *RHS2;
double *RHS3;
double *RHS4;

double dt;
double rho;
double mu;
double *gravity;

double *m_inv;
double *v_n;
double *gp_v_n;
double *gp_gradv_n;
double *gp_sf;
double *gp_sfdx;
double *gp_sfdy;
int *gp_spnode;
double *gp_weight;
double tmp;

int ndof;
int ngp;
int igp;
int max_nspnode;
int nspnode;

int i,j,k;

int I, J;
```

```
int ispnode,jspnode;

double SFI, SFJ;
double SFDI[2];
double SFDJ[2];

double v_n_igp[2];
double gradv_n_igp[2][2];
double gradv_n_igp_kk;
double weight;

double S[2][2];

dt = mxGetScalar(prhs[0]);
rho = mxGetScalar(prhs[1]);
mu = mxGetScalar(prhs[2]);
gravity = mxGetPr(prhs[3]);

m_inv = mxGetPr(prhs[4]);
v_n = mxGetPr(prhs[5]);
gp_v_n = mxGetPr(prhs[6]);
gp_gradv_n = mxGetPr(prhs[7]);
gp_sf = mxGetPr(prhs[8]);
gp_sfdx = mxGetPr(prhs[9]);
gp_sfdy = mxGetPr(prhs[10]);
gp_spnode = mxGetPr(prhs[11]);
gp_weight = mxGetPr(prhs[12]);

ndof = mxGetM(prhs[5]);
ngp = mxGetM(prhs[11]);
max_nspnode = mxGetN(prhs[11]);

plhs[0] = mxCreateDoubleMatrix(ndof, 1, mxREAL);
dv = mxGetPr(plhs[0]);

RHS = (double *)malloc(sizeof(double) * ndof);
```

```
memset(RHS,0.0,sizeof(double)*ndof);
RHS1 = (double *)malloc(sizeof(double)*ndof);
memset(RHS1,0.0,sizeof(double)*ndof);
RHS2 = (double *)malloc(sizeof(double)*ndof);
memset(RHS2,0.0,sizeof(double)*ndof);
RHS3 = (double *)malloc(sizeof(double)*ndof);
memset(RHS3,0.0,sizeof(double)*ndof);
RHS4 = (double *)malloc(sizeof(double)*ndof);
memset(RHS4,0.0,sizeof(double)*ndof);

for ( igp = 0 ; igp < ngp ; igp++ )
{
weight = gp_weight[igp];

nspnode = max_nspnode;

for ( i = 0 ; i < max_nspnode; i++)
{
I = gp_spnode[igp+i*ngp];

if (I == 0)
{
nspnode = i;
}
}
v_n_igp[0] = gp_v_n[igp];
v_n_igp[1] = gp_v_n[igp + ngp];
gradv_n_igp[0][0] = gp_gradv_n[igp];
gradv_n_igp[0][1] = gp_gradv_n[igp + ngp];
gradv_n_igp[1][0] = gp_gradv_n[igp + 2*ngp];
gradv_n_igp[1][1] = gp_gradv_n[igp + 3*ngp];
gradv_n_igp_kk = 2.0/3.0*(gradv_n_igp[0][0]+gradv_n_igp[1][1]);
S[0][0] = mu*(gradv_n_igp[0][0]+gradv_n_igp[0][0] - gradv_n_igp_
kk);
S[0][1] = mu*(gradv_n_igp[0][1]+gradv_n_igp[1][0]);
S[1][0] = S[0][1];
```

```
    S[1][1] = mu*(gradv_n_igp[1][1]+gradv_n_igp[1][1] - gradv_n_igp_
kk);

    tao[igp] = S[0][0];
    tao[igp+ngp] = S[0][1];
    tao[igp+2*ngp] = S[1][1];
    for (ispnode = 0 ; ispnode < nspnode; ispnode++)
    {
    I = gp_spnode[igp + ispnode*ngp] - 1;

    SFI = gp_sf[igp + ispnode*ngp];
    SFDI[0] = gp_sfdx[igp + ispnode*ngp];
    SFDI[1] = gp_sfdy[igp + ispnode*ngp];

    for ( i = 0; i < 2; i++)
    {
    for (j = 0; j < 2; j++)
    {
    RHS1[2*I+i] = RHS1[2*I+i]
     -rho*SFI*
    ( v_n_igp[i]*gradv_n_igp[j][j] +
    v_n_igp[j]*gradv_n_igp[i][j])*weight;
    for ( k = 0; k < 2 ; k++)
    {
    RHS3[2*I+i] = RHS3[2*I+i]
     -dt/2.0*rho*
    (SFDI[k]*v_n_igp[k]+SFI*gradv_n_igp[k][k])*
    (v_n_igp[j]*gradv_n_igp[i][j]+
    v_n_igp[i]*gradv_n_igp[j][j])*weight;
    }

    RHS2[2*I+i] = RHS2[2*I+i]
     -SFDI[j]*S[i][j]*weight;

    }
    }
```

```
for ( i = 0; i < 2; i + + )
{
if (gravity[i] ! = 0.0)
{
RHS4[2 * I + i] = RHS4[2 * I + i]
 + rho * weight * SFI * gravity[i];
}
}


}
}

for(i = 0; i < ndof; i + + )
{
RHS[i] = RHS1[i] + RHS2[i] + RHS3[i] + RHS4[i]  ;
}


for(i = 0; i < ndof; i + + )
{
dv[i] = m_inv[i] * dt * RHS[i];
}
free(RHS);
free(RHS1);
free(RHS2);
free(RHS3);
free(RHS4);
}
```

(26) c_sol_CBS_SE_Step2_RHS_2D. c

```
#include "mex.h"
#include "math.h"
#include "stdio.h"
#include "malloc.h"
void mexFunction( int nlhs, mxArray * plhs[], int nrhs, const mxArray
```

```
*prhs[])
  {
  double *rhs;
  double rho;
  double dt;
  double *v_m;
  double *gp_sf;
  double *gp_sfdx;
  double *gp_sfdy;
  int *gp_spnode;
  double *gp_weight;
  int ndof;
  int nnode;
  int ngp;
  int igp;
  int max_nspnode;
  int nspnode;
  int i,j,k;
  int I, J;
  int ispnode,jspnode;
  double SFI,SFDI[2];
  double SFJ,SFDJ[2];
  double v_m_J[2];
  double weight;
  rho = mxGetScalar(prhs[0]);
  dt = mxGetScalar(prhs[1]);
  v_m = mxGetPr(prhs[2]);
  gp_sf = mxGetPr(prhs[3]);
  gp_sfdx = mxGetPr(prhs[4]);
  gp_sfdy = mxGetPr(prhs[5]);
  gp_spnode = mxGetPr(prhs[6]);
  gp_weight = mxGetPr(prhs[7]);
  ndof = mxGetM(prhs[2]);
  nnode = mxGetM(prhs[2])/2;
  ngp = mxGetM(prhs[6]);
  max_nspnode = mxGetN(prhs[6]);
```

```
plhs[0] = mxCreateDoubleMatrix(nnode, 1, mxREAL);
rhs = mxGetPr(plhs[0]);
for ( i = 0 ; i < nnode ; i + + )
{
rhs[i] =0.0;
for ( igp = 0 ; igp < ngp ; igp + + )
{
weight = gp_weight[igp];
nspnode = max_nspnode;
for ( i = 0 ; i < max_nspnode; i + +)
{
I = gp_spnode[igp + i * ngp];
if (I = = 0)
{
nspnode = i;
}
}
for (ispnode = 0 ; ispnode < nspnode; ispnode + +)
{
I = gp_spnode[igp + ispnode * ngp] - 1;
SFI = gp_sf[igp + ispnode * ngp];
SFDI[0] = gp_sfdx[igp + ispnode * ngp];
SFDI[1] = gp_sfdy[igp + ispnode * ngp];
for (jspnode = 0; jspnode < nspnode; jspnode + +)
{
J = gp_spnode[igp + jspnode * ngp] - 1;
SFJ = gp_sf[igp + jspnode * ngp];
SFDJ[0] = gp_sfdx[igp + jspnode * ngp];
SFDJ[1] = gp_sfdy[igp + jspnode * ngp];
v_m_J[0] = v_m[2 * J];
v_m_J[1] = v_m[2 * J + 1];
rhs[I] = rhs[I] -
1.0 /dt * rho * SFI *
(SFDJ[0] * v_m_J[0] +
SFDJ[1] * v_m_J[1]) * weight;
}
```

```
}
}
}
```

(27)c_sol_CBS_SE_Step3_2D. c

```
#include "mex.h"
#include "math.h"
#include "stdio.h"
#include "malloc.h"
void mexFunction( int nlhs, mxArray *plhs[], int nrhs, const mxArray
*prhs[])
{
double *v_new;
double *RHS;
double dt;
double rho;
double *m_inv;
double *dv_m;
double *v_n;
double *p_n;
double *gp_sf;
double *gp_sfdx;
double *gp_sfdy;
int *gp_spnode;
double *gp_weight;
double *gp_v_n;
double *gp_gradv_n;
double v_n_igp[2];
double gradv_n_igp[2][2];
int ndof;
int ngp;
int igp;
int max_nspnode;
int nspnode;
int i,j,k;
int I, J;
int ispnode,jspnode;
```

```
double SFI;
double SFDI[2];
double SFDJ[2];
double p_n_J;
double weight;
dt = mxGetScalar(prhs[0]);
rho = mxGetScalar(prhs[1]);
m_inv = mxGetPr(prhs[2]);
dv_m = mxGetPr(prhs[3]);
v_n = mxGetPr(prhs[4]);
p_n = mxGetPr(prhs[5]);
gp_sf = mxGetPr(prhs[6]);
gp_sfdx = mxGetPr(prhs[7]);
gp_sfdy = mxGetPr(prhs[8]);
gp_spnode = mxGetPr(prhs[9]);
gp_weight = mxGetPr(prhs[10]);
gp_v_n = mxGetPr(prhs[11]);
gp_gradv_n = mxGetPr(prhs[12]);
ndof = mxGetM(prhs[3]);
ngp = mxGetM(prhs[9]);
max_nspnode = mxGetN(prhs[9]);
plhs[0] = mxCreateDoubleMatrix(ndof, 1, mxREAL);
v_new = mxGetPr(plhs[0]);
plhs[1] = mxCreateDoubleMatrix(ndof, 1, mxREAL);
RHS = mxGetPr(plhs[1]);
for(i = 0; i < ndof; i + +)
{
v_new[i] = 0.0;
RHS[i] =0.0;
}
for ( igp = 0 ; igp < ngp ; igp + + )
{
weight = gp_weight[igp];
nspnode = max_nspnode;
for ( i = 0 ; i < max_nspnode; i + +)
{
I = gp_spnode[igp + i * ngp];
```

```
if (I = = 0)
{
nspnode = i;
}
}
v_n_igp[0] = gp_v_n[igp];
v_n_igp[1] = gp_v_n[igp + ngp];
gradv_n_igp[0][0] = gp_gradv_n[igp];
gradv_n_igp[0][1] = gp_gradv_n[igp + ngp];
gradv_n_igp[1][0] = gp_gradv_n[igp + 2 * ngp];
gradv_n_igp[1][1] = gp_gradv_n[igp + 3 * ngp];
for (ispnode = 0 ; ispnode < nspnode; ispnode + +)
{
I = gp_spnode[igp + ispnode * ngp] - 1;
SFI = gp_sf[igp + ispnode * ngp];
SFDI[0] = gp_sfdx[igp + ispnode * ngp];
SFDI[1] = gp_sfdy[igp + ispnode * ngp];
for (jspnode = 0; jspnode < nspnode; jspnode + +)
{
J = gp_spnode[igp + jspnode * ngp] - 1;
SFDJ[0] = gp_sfdx[igp + jspnode * ngp];
SFDJ[1] = gp_sfdy[igp + jspnode * ngp];
p_n_J = p_n[J];
for ( i = 0; i < 2; i + +)
{
RHS[2 * I + i] = RHS[2 * I + i]
 - SFI * SFDJ[i] * p_n_J * weight;
}
}
}
}
for(i = 0; i < ndof; i + +)
{
v_new[i] = v_n[i] + dv_m[i] + m_inv[i] * dt * RHS[i];
}
```

参考文献

[1] PESKIN C S. Flow patterns around heart valves: a numerical method [J]. Journal of Computational Physics, 1972, 10(2): 252 – 271.

[2] PESKIN C. The immersed boundary method [J]. Acta Numerica, 2002(11): 479 – 517.

[3] SUGIYAMA K, SATOSHI L, TAKEUCHI S, et al. A full Eulerian finite difference approach for solving fluid – structure coupling problems [J]. Journal of Computational Physics, 2011, 230(3): 596 – 627.

[4] BERTHELSEN P A, FALTINSEN O M. A local directional ghost cell approach for incompressible viscous flow problems with irregular boundaries [J]. Journal of Computational Physics, 2008, 227(9): 4354 – 4397.

[5] LUO H, DAI H, PAULO J S A, et al. On the numerical oscillation of the direct – forcing immersed – boundary method for moving boundaries [J]. Computers & Fluids, 2012, 56(6): 61 – 76.

[6] YE T, MITTAL R, UDAYKUMAR H S, et al. An accurate Cartesian grid method for viscous incompressible flows with complex immersed boundaries [J]. Journal of Computational Physics, 1999, 156(2): 209 – 240.

[7] CHENY Y, BOTELLA O. The LS – STAG method: a new immersed boundary/level-set method for the computation of incompressible viscous flows in complex moving geometries with good conservation properties [J]. Journal of Computational Physics, 2010, 229(4): 1043 – 1076.

[8] MEYER M, DEVESA A, HICKEL S, et al. A conservative immersed interface method for large-eddy simulation of incompressible flows [J]. Journal of Computational Physics, 2010, 229(18): 6300 – 6317.

[9] BROOKS A N, HUGHES T J R. Streamline upwind/Petrov – Galerkin formulations for convection dominated flows with particular emphasis on the incompressible Navier – Stokes equations [J]. Computer Methods in Applied Mechanics &

Engineering, 1982, 32(1): 199 –259.

[10] HUGHES T J R, FRANCA L P, HULBERT G M. A new finite element formulation for computational fluid dynamics: Ⅷ. The Galerkin/least – squares method for advective-diffusive equations [J]. Computer Methods in Applied Mechanics & Engineering, 1988, 73(2): 173 –189.

[11] DONEA J. A Taylor-Galerkin method for convective transport problems [J]. International Journal for Numerical Methods in Engineering, 1984, 20(1): 101 –119.

[12] ZIENKIEWICZ O C, NITHIARASU P, CODINA R, et al. The characteristic-based-split procedure: an efficient and accurate algorithm for fluid problems [J]. International Journal for Numerical Methods in Fluids, 1999, 31(1): 359 –392.

[13] NITHIARASU P, LIU C B. An artificial compressibility based characteristic based split (CBS) scheme for steady and unsteady turbulent incompressible flows [J]. Computer Methods in Applied Mechanics & Engineering, 2006, 195(23): 2961 –2982.

[14] JIANG C, ZHANG Z Q, HAN X, et al. A cell – based smoothed finite element method with semi – implicit CBS procedures for incompressible laminar viscous flows [J]. International Journal for Numerical Methods in Fluids, 2018, 86(1): 20 –45.

[15] ONATE E. A stabilized finite element method for incompressible viscous flows using a finite increment calculus formulation [J]. Computer Methods in Applied Mechanics & Engineering, 2000, 182(3): 355 –370.

[16] CODINA R, BLASCO J. Stabilized finite element method for the transient Navier – Stokes equations based on a pressure gradient projection [J]. Computer Methods in Applied Mechanics & Engineering, 2000, 182(3): 277 –300.

[17] MCNAMARA G R, ZANETTI G. Use of the Boltzmann equation to simulate lattice gas automata [J]. Physical Review Letters, 1988, 61 (20): 2332 –2335.

[18] QIAN Y H, DHUMIERES D, LALLEMAND P. Lattice BGK models for Navier – Stokes equation [J]. Europhysics Letters, 1992, 17 (6): 479 –484.

[19] CHEN S, CHEN H, MARTINEZ D, et al. Lattice Boltzmann model for simulation of magnetohydrodynamics [J]. Physical Review Letters, 1991, 67 (27): 3776 - 3779.

[20] AXNER L, LATT J, HOEKSTRA A G, et al. Simulating time harmonic flows with the regularized LBGK method [J]. International Journal of Modern Physics C, 2007, 18(4): 661 - 666.

[21] FENG Z G, MICHAELIDES E E. The immersed boundary - lattice Boltzmann method for solving fluid - particles interaction problems [J]. Journal of Computational Physics, 2004, 195(2): 602 - 628.

[22] SHU C, LIU N, CHEW Y T. A novel immersed boundary velocity correction - lattice Boltzmann method and its application to simulate flow past a circular cylinder [J]. Journal of Computational Physics, 2007, 226 (2): 1607 - 1622.

[23] KANG S K, HASSAN Y A. A comparative study of direct - forcing immersed boundary - lattice Boltzmann methods for stationary complex boundaries [J]. International Journal for Numerical Methods in Fluids, 2011, 66(9): 1132 - 1158.

[24] CHENG Y, LIU H, CHANG Z. Immersed boundary - lattice Boltzmann coupling scheme for fluid - structure interaction with flexible boundary [J]. Communications in Computational Physics, 2011, 9(5): 1375 - 1396.

[25] MACMECCAN R M, CLAUSEN J R, NEITZEL G P, et al. Simulating deformable particle suspensions using a coupled lattice - Boltzmann and finite - element method [J]. Journal of Fluid Mechanics, 2009, 618(1): 13 - 39.

[26] KRÜGER T, VARNIK F, RAABE D. Efficient and accurate simulations of deformable particles immersed in a fluid using a combined immersed boundary lattice Boltzmann finite element method [J]. Computers & Mathematics With Applications, 2011, 61(12): 3485 - 3505.

[27] FOUREY G, HERMANGE C, TOUZE D L, et al. An efficient FSI coupling strategy between smoothed particle hydrodynamics and finite element methods [J]. Computer Physics Communications, 2017, 217(1): 66 - 81.

[28] YANG Q, JONES V, MCCUE L. Free - surface flow interactions with deformable structures using an SPH - FEM model [J]. Ocean Engineering, 2012, 55 (15): 136 - 147.

[29] LONG T, HU D, YANG G, et al. A particle – element contact algorithm incorporated into the coupling methods of FEM – ISPH and FEM – WCSPH for FSI problems [J]. Ocean Engineering, 2016, 123(1): 154 – 163.

[30] ANTOCI C, GALLATI M, SIBILLA S. Numerical simulation of fluid – structure interaction by SPH [J]. Computers & Structures, 2007, 85 (11 14): 879 – 890.

[31] LIU M B, SHAO J R, LI H Q. Numerical simulation of hydro – elastic problems with smoothed particle hydrodynamics method [J]. Journal of Hydrodynamics, SerB, 2013, 25(5): 673 – 682.

[32] RAFIEE A, THIAGARAJAN K P. An SPH projection method for simulating fluid – hypoelastic structure interaction [J]. Computer Methods in Applied Mechanics & Engineering, 2009, 198(33): 2785 – 2795.

[33] KHAYYER A, GOTOH H, FALAHATY H, et al. Towards development of enhanced fully – Lagrangian mesh – free computational methods for fluid – structure interaction [J]. Journal of Hydrodynamics, 2018, 30(1): 49 – 61.

[34] CHEN J S, WU C T, YOON S, et al. A stabilized conforming nodal integration for Galerkin mesh – free methods [J]. International Journal for Numerical Methods in Engineering, 2015, 50(2): 435 – 466.

[35] LIU G R, NGUYEN T T. Smoothed finite element methods [M]. Boca Raton: CRC Press, 2010.

[36] LIU G R, ZHANG G Y. Smoothed point interpolation methods: G space and weakened weak forms [M]. Singapore: World Scientific Press, 2013.

[37] LIU G R, ZHANG G Y. A normed G space and weakened weak (W^2) formulation of a cell – based smoothed point interpolation method [J]. International Journal of Computational Methods, 2009, 6(1): 147 – 179.

[38] ZHANG G Y, LIU G R. A meshfree cell – based smoothed point interpolation method for solid mechanics problems [J]. AIP Conference Proceedings, 2010, 1233(1):887 – 892.

[39] ZHANG G Y, LIU G R, WANG Y Y, et al. A linearly conforming point interpolation method (LC – PIM) for three – dimensional elasticity problems [J]. International Journal for Numerical Methods in Engineering, 2010, 72 (13): 1524 – 1543.

[40] LIU R, ZHANG G Y. Edge – based smoothed point interpolation methods

[J]. International Journal of Computational Methods, 2008, 5 (4): 621 -646.

[41] LIU G R. Mesh free methods moving beyond the finite element method [M]. 2 ed. Boca Raton: CRC Press, 2009.

[42] YAO J R, LIU G R, NARMONEVA D, et al. Immersed smoothed finite element method for fluid - structure interaction simulation of aortic valves [J]. Computational Mechanics, 2012, 50(6): 789 -804.

[43] ZHANG L T, GERSTENBERGER A, WANG X, et al. Immersed finite element method [J]. Computer Methods in Applied Mechanics & Engineering, 2004, 193(21 -22): 2051 -2067.

[44] ZHANG Z Q, LIU G R, KHOO B C. Immersed smoothed finite element method for two dimensional fluid - structure interaction problems [J]. International Journal for Numerical Methods in Engineering, 2012, 90(10): 1292 -1320.

[45] LIU W K, KIM D W, TANG S. Mathematical foundations of the immersed finite element method [J]. Computational Mechanics, 2007, 39 (3): 211 -222.

[46] ZIENKIEWICZ O C, TAYLOR R L, NITHIARASU P. The finite element method for fluid dynamics [M]. The Finite Element Method for Fluid Dynamics, Elsevier, 2014.

[47] ZHANG G , WANG S , LU H , et al. Coupling immersed method with node - based partly smoothed point interpolation method (NPS - PIM) for large - displacement fluid - structure interaction problems[J]. Ocean Engineering, 2018,157:180 -201.

[48] WANG S, ZHANG G, ZHANG Z, et al. An immersed smoothed point interpolation method (IS - PIM) for fluid - structure interaction problems[J]. International Journal for Numerical Methods in Fluids, 2017, 85 (4): 213 -234.

[49] JIANG C, YAO J Y, ZHANG Z Q, et al. A sharp - interface immersed smoothed finite element method for interactions between incompressible flows and large deformation solids [J]. Computer Methods in Applied Mechanics and Engineering, 2018, 340(1): 24 -53.

[50] TUREK S, HRON J. Proposal for numerical benchmarking of fluid - structure

interaction between an elastic object and laminar incompressible flow [M]. Berlin, Heidelberg: Springer, 2006.

[51] HWANG J, YANG K, SUN S. Reduction of flow - induced forces on a circular cylinder using a detached splitter plate [J]. Physics of Fluids, 2003, 15(8): 2433 - 2436.

[52] NAYER G D, KALMBACH A, BREUER M, et al. Flow past a cylinder with a flexible splitter plate: a complementary experimental - numerical investigation and a new FSI test case (FSI - PfS - 1a) [J]. Computers & Fluids, 2014,99:18 - 43.

[53] SHUKLA S, GOVARDHAN R N, ARAKERI J H. Dynamics of a flexible splitter plate in the wake of a circular cylinder [J]. Journal of Fluids & Structures, 2013, 41(8): 127 - 134.

[54] WU J, SHU C, ZHAO N. Numerical study of flow control via the interaction between a circular cylinder and a flexible plate [J]. Journal of Fluids & Structures, 2014, 49(8): 594 - 613.

[55] DEHKORDI B G, JAFARI H H. On the suppression of vortex shedding from circular cylinders using detached short splitter - plates [J]. Journal of Fluids Engineering, 2010, 132(4): 44499 - 44501.

[56] LIU C, ZHENG X, SUNG C H. Preconditioned multigrid methods for unsteady incompressible flows [J]. Journal of Computational Physics, 1998, 139(1): 35 - 57.

[57] CALHOUN D. A Cartesian grid method for solving the two - dimensional streamfunction - vorticity equations in irregular regions [J]. Journal of Computational Physics, 2002, 176(2): 231 - 275.

[58] RUSSELL D A, WANG Z J. A Cartesian grid method for modeling multiple moving objects in 2D incompressible viscous flow [J]. Journal of Computational Physics, 2003, 191(1): 177 - 205.

[59] BAHMANI M H, AKBARI M H. Effects of mass and damping ratios on VIV of a circular cylinder [J]. Ocean Engineering, 2012, 37(5): 511 - 519.

[60] ANAGNOSTOPOULOS P. Numerical investigation of response and wake characteristics of a vortex - excited cylinder in a uniform stream [J]. Journal of Fluids & Structures, 1994, 8(4): 367 - 390.

[61] ZHANG L T, GAY M. Immersed finite element method for fluid - structure

interactions [J]. Journal of Fluids & Structures, 2007, 23(6): 839 - 857.

[62] YAN B, WANG S, ZHANG G, et al. A sharp - interface immersed smoothed point interpolation method with improved mass conservation for fluid - structure interaction problems[J]. Journal of Hydrodynamics, 2020, 32(2): 267 - 285.

[63] DENNIS, S C R, CHANG G Z. Numerical solutions for steady flow past a circular cylinder at Reynolds numbers up to 100 [J]. Journal of Fluid Mechanics, 1970, 42(3): 471 - 489.

[64] FORNBERG B. A numerical study of steady viscous flow past a circular[J]. Journal of Fluid Mechanics, 1980, 98(4): 819 - 855.

[65] HE X, LUO L S. Lattice Boltzmann model for the incompressible Navier - Stokes equation [J]. Journal of Statistical Physics, 1997, 88 (3): 927 - 944.

[66] LADD A J C. Numerical simulations of particulate suspensions via a discretized Boltzmann equation. Part 2. Theoretical foundation [J]. Journal of Fluid Mechanics, 1994, 271(1): 311 - 339.

[67] NOBLE D R, CHEN S, GEORGIADIS J G, et al. A consistent hydrodynamic boundary condition for the lattice Boltzmann method [J]. Physics of Fluids, 1995, 7(1): 203 - 209.

[68] CHEN S, MARTÍNEZ D, MEI R. On boundary conditions in lattice Boltzmann methods [J]. Physics of Fluids, 1996, 8(9): 2527 - 2536.

[69] GUO Z L,ZHENG C G,SHI B C. Non - equilibrium extrapolation method for velocity and pressure boundary conditions in the lattice Boltzmann method [J]. Chinese Physics, 2002, 11(4): 366 - 369.

[70] WANG S, CAI Y, ZHANG G, et al. A coupled immersed boundary - lattice Boltzmann method with smoothed point interpolation method for fluid - structure interaction problems [J]. International Journal for Numerical Methods in Fluids, 2018, 88(8): 363 - 384.

[71] GHIA U, GHIA K N, SHIN C T. High - Re solutions for incompressible flow using the Navier - Stokes equations and a multigrid method [J]. Journal of Computational Physics, 1982, 48(3): 387 - 411.

[72] LUAN H, XU H, CHEN L, et al. Numerical illustrations of the coupling between the lattice Boltzmann method and finite - type macro - numerical

methods [J]. Numerical Heat Transfer Part B - fundamentals, 2010, 57(2): 147 - 171.

[73] DUNNE T. An Eulerian approach to fluid - structure interaction and goal - oriented mesh adaptation [J]. International Journal for Numerical Methods in Fluids, 2006, 51(9 - 10): 1017 - 1039.

[74] WANG X, ZHANG L T. Interpolation functions in the immersed boundary and finite element methods [J]. Computational Mechanics, 2010, 45(4): 321 - 334.

[75] CELIK I B, GHIA U, ROACHE P J, et al. Procedure for estimation and reporting of uncertainty due to discretization in CFD applications [J]. Journal of Fluids Engineering, 2008, 130(7): 1 - 4.

[76] SIGÜENZA J, MENDEZ S, AMBARD D, et al. Validation of an immersed thick boundary method for simulating fluid - structure interactions of deformable membranes [J]. Journal of Computational Physics, 2016, 322 (1): 723 - 746.

[77] TUREK S, HRON J. Proposal for numerical benchmarking of fluid - structure interaction between an elastic object and laminar incompressible flow [M]. Berlin, Heidelberg: Springer, 2006.

[78] TUREK S, HRON J, MÁDLÍK M, et al. Numerical simulation and benchmarking of a monolithic multigrid solver for fluid - structure interaction problems with application to hemodynamics [M]. Berlin, Heidelberg: Springer, 2011.

[79] ROY S, HELTAI L, COSTANZO F. Benchmarking the immersed finite element method for fluid - structure interaction problems [J]. Computers & Mathematics With Applications, 2015, 69(10): 1167 - 1188.

[80] NORDANGER K, RASHEED A, OKSTAD K M, et al. Numerical benchmarking of fluid - structure interaction: an isogeometric finite element approach [J]. Ocean Engineering, 2016, 124(1): 324 - 339.

[81] MORDANT N, PINTON J F. Velocity measurement of a settling sphere [J]. The European Physical Journal B - Condensed Matter and Complex Systems, 2000, 18(2): 343 - 352.

[82] LAWRENCE C J, MEI R. Long - time behaviour of the drag on a body in impulsive motion [J]. Journal of Fluid Mechanics, 1995, 283 (1): 307 - 327.

[83] GUO Z, SHU C. Lattice Boltzmann method and its applications in engineering [M]. Singapore: World Scientific, 2013.

[84] CAI Y, WANG S, LU J, et al. Efficient immersed - boundary lattice Boltzmann scheme for fluid - structure interaction problems involving large solid deformation[J]. Physical Review E, 2019, 99(2): 023310.

[85] LIU M B, CHANG J Z. On the treatment of solid boundary in smoothed particle hydrodynamics [J]. Science China - Technological Sciences, 2012, 55(1): 244 - 254.

[86] CHEN Z, ZONG Z, LIU M B, et al. An SPH model for multiphase flows with complex interfaces and large density differences [J]. Journal of Computational Physics, 2015, 283(C): 169 - 188.

[87] ZHANG G, WANG S, SUI Z, et al. Coupling of SPH with smoothed point interpolation method for violent fluid - structure interaction problems [J]. Engineering Analysis with Boundary Elements, 2019(103): 1 - 10.

[88] ANTOCI C, GALLATI M, SIBILLA S. Numerical simulation of fluid - structure interaction by SPH [J]. Computers & Structures, 2007, 85 (11 - 14): 879 - 890.

[89] KOSHIZUKA S, OKA Y. Moving - particle semi - implicit method for fragmentation of incompressible fluid [J]. Nuclear Science & Engineering, 1996, 123(3): 421 - 434.

[90] IDELSOHN S R, MARTI J, LIMACHE A, et al. Unified Lagrangian formulation for elastic solids and incompressible fluids: Application to fluid - structure interaction problems via the PFEM [J]. Computer Methods in applied Mechanics & Engineering, 2008, 197(19): 1762 - 1776.

[91] MARTI J, IDELSOHN S, LIMACHE A, et al. A fully coupled particle method for quasi - incompressible fluid - hypoelastic structure interactions [J]. Arteriosclerosis Thrombosis and Vascular Biology, 2006, 17 (12): 809 - 827.

[92] WALHORN E, KÖLKE A, HÜBNER B, et al. Fluid - structure coupling within a monolithic model involving free surface flows [J]. Computers & Structures, 2005, 83(25): 2100 - 2111.

[93] DELORME L, COLAGROSSI A, SOUTO - LGLESIAS A, et al. A set of canonical problems in sloshing, part I: pressure field in forced roll—

comparison between experimental results and SPH [J]. Ocean Engineering, 2009, 36(2): 168 - 178.

[94] HWANG S C, PARK J C, GOTOH H, et al. Numerical simulations of sloshing flows with elastic baffles by using a particle - based fluid - structure interaction analysis method [J]. Ocean Engineering, 2016, 118 (1): 227 - 241.

[95] IDELSOHN S R, MARTI J, SOUTO - LGLESIAS A, et al. Interaction between an elastic structure and free-surface flows: experimental versus numerical comparisons using the PFEM [J]. Computational Mechanics, 2008, 43(1): 125 - 132.

[96] BOTIA - VERA E A, SOUTO - LGLESIAS A, BULIAN G, et al. Three SPH novel benchmark test cases for free surface flows[C]. Proceedings of the 5th Ercoftac Spheric Workshop on SPH Applications, Manchester, 2010.

[97] SCOLAN Y M. Hydroelastic behaviour of a conical shell impacting on a quiescent - free surface of an incompressible liquid [J]. Journal of Sound & Vibration, 2004, 277(1 - 2): 163 - 203.

[98] KHAYYER A, GOTOH H, FALAHATY H, et al. An enhanced ISPH - SPH coupled method for simulation of incompressible fluid - elastic structure interactions [J]. Computer Physics Communications, 2018, 232: 139 - 164.

[99] OGER G, GUILCHER P M, JACQUIN E, et al. Simulations of hydro - elastic impacts using a parallel SPH model [J]. International Journal of Offshore and Polar Engineering, 2010, 20(3): 1 - 9.